Basiswissen Analysis

Burkhard Lenze

Basiswissen Analysis

Eine Einführung mit Aufgaben, Lösungen, Selbsttests und interaktivem Online-Tool

2., überarbeitete Auflage

Burkhard Lenze
FH Dortmund
Dortmund, Deutschland

ISBN 978-3-658-29921-7   ISBN 978-3-658-29922-4 (eBook)
https://doi.org/10.1007/978-3-658-29922-4

Die Deutsche Nationalbibliothek verzeichnet diese Publikation in der Deutschen Nationalbibliografie; detaillierte bibliografische Daten sind im Internet über http://dnb.d-nb.de abrufbar.

Springer Vieweg

Planung: Sybille Thelen

Springer Vieweg ist ein Imprint der eingetragenen Gesellschaft Springer Fachmedien Wiesbaden GmbH und ist ein Teil von Springer Nature.
Die Anschrift der Gesellschaft ist: Abraham-Lincoln-Str. 46, 65189 Wiesbaden, Germany

Vorwort

Angesichts der vielen sehr guten und didaktisch vorbildlich strukturierten Bücher zur Analysis drängt sich bestimmt einigen die Frage auf: Warum noch ein Buch zur Analysis? Genau diese Frage habe ich mir auch gestellt und mir daraufhin Gedanken gemacht, welche Akzente man setzen könnte, um das Buch zumindest für einige Leserinnen und Leser besonders attraktiv werden zu lassen. Da man sich durch mathematische Sorgfalt und Struktur (Definition, Satz, Beweis, Beispiel, Aufgabe) nicht von den übrigen guten Büchern unterscheidbar machen kann, habe ich mich bewusst auf drei spezielle Aspekte fokussiert, die bei anderen Büchern nicht unbedingt im Vordergrund stehen:

- Der schon durch das vorangestellte Substantiv „**Basiswissen**" angedeutete Grundlagencharakter des Buchs wird sehr ernst genommen: Es wird äußerst zielgerichtet der wesentliche Kern der Analysis erarbeitet und das so gewonnene Wissen dann durch zahlreiche Beispiele und Aufgaben mit Lösungen gefestigt. Es handelt sich also um eine schlanke Hinführung zur Analysis, die insbesondere für Studierende mit Nebenfach Mathematik und Fachhochschulstudierende besonders geeignet ist.
- Es werden kleine Selbsttests am Ende vieler Abschnitte angeboten, deren Fragen direkt durch ?+? (richtig) oder ?−? (falsch) beantwortet werden. Verdeckt man beim Lesen der Tests die angegebenen Antworten, hat man eine gute Möglichkeit der unmittelbaren Wissensüberprüfung.
- Online wird begleitend zum Buch ein interaktives PDF-Tool bereitgestellt, welches knapp 50 Aufgaben enthält, die zur Überprüfung des erlernten Wissens zufällige konkrete Aufgabenstellungen generieren können und auf Knopfdruck auch zur Kontrolle die jeweiligen Lösungen liefern. Der besondere Charme dieses Tools besteht darin, dass man lediglich über einen guten JavaScript-fähigen PDF-Viewer verfügen muss und keine aufwändige Installation von Zusatzsoftware erforderlich ist.

Im Folgenden noch in aller Kürze die wesentlichen Inhalte des Buchs, die allerdings, außer den kleinen Abstechern zu Bernstein-Bézier- und B-Spline-Techniken als konkrete Anwendungen von Polynomen und dem Konzept der Differenzierbarkeit, keine Überraschungen bieten:

- Motivation und Einführung
- Mathematische Grundkonzepte
- Relationen und Funktionen
- Funktionen vom Bernstein-Bézier-Typ
- Folgen und Reihen
- Transzendente Funktionen
- Stetige Funktionen
- Differenzierbare Funktionen
- Funktionen vom B-Spline-Typ
- Integrierbare Funktionen

Abschließend möchte ich dem gesamten Springer-Team ganz herzlich für die angenehme und professionelle Zusammenarbeit danken und Ihnen nun viel Spaß mit dem Buch wünschen!

Dortmund   Burkhard Lenze
März 2020

Inhaltsverzeichnis

Motivation und Einführung

1

In vielen praktischen Gebieten und Anwendungen kommt der **Mathematik** als Grundlagentechnik im weitesten Sinne eine tragende Rolle zu. Ob in der Physik, der Chemie, der Biologie, der Elektrotechnik, der Nachrichtentechnik, dem Maschinenbau, den Sozial- und Wirtschaftswissenschaften oder der Medizin: Mathematische Konzepte sind stets von fundamentaler Bedeutung, um Zusammenhänge kompakt und exakt darzustellen und Modelle angemessen zu beschreiben. Eine weitere Disziplin, die inzwischen in alle Bereiche des täglichen Lebens eingedrungen ist und natürlich auch im Rahmen der oben ohne Anspruch auf Vollständigkeit aufgezählten Wissenschaften eine immer dominantere Rolle spielt, ist die **Informatik**. Aus diesem Grunde ist es naheliegend, den Einsatz mathematischer Strategien im Bereich der Informatik als motivierende und fächerübergreifende Elemente bei der Erarbeitung mathematischen Grundlagenwissens heranzuziehen. Ob sichere Kommunikation über unsichere Kanäle, ob Visualisierung von statischen Objekten, Messreihen, Erhebungen oder dynamischen Simulationen, ob computerbasierte Berechnung von Längen, Flächen oder Volumina, stets handelt es sich dabei um Fragestellungen aus dem Umfeld der Informatik mit hoher Affinität zu den oben erwähnten wissenschaftlichen Disziplinen und natürlich zur Mathematik. Neben den tiefer liegenden mathematischen Verfahren, mit denen man es zum Beispiel in der Codierungs- und Verschlüsselungstechnik, der Kompressions- und Signalverarbeitungstechnik oder der Computer-Grafik zu tun hat, sind auch relativ elementare mathematische Konzepte von grundlegender Bedeutung. Im vorliegenden Buch werden die aus der **Analysis** kommenden Techniken dieses Typs vorgestellt. Damit man einen ersten Eindruck über die diskutierten Begriffe erhält und ihre Zusammenhänge mit der Informatik erkennt, sollen im Folgenden in aller Kürze einige Stichworte angerissen werden.

In der **Analysis** beschäftigt man sich u. a. mit Funktionen und hier insbesondere mit den bereits aus der Schule bekannten elementaren Funktionen (sin, cos, exp etc.). Auf je-

Elektronisches Zusatzmaterial Die elektronische Version dieses Kapitels enthält Zusatzmaterial, das berechtigten Benutzern zur Verfügung steht https://doi.org/10.1007/978-3-658-29922-4_1.

dem etwas komfortableren Taschenrechner und in jeder mathematischen Bibliothek einer höheren Programmiersprache (Java, C++ etc.) müssen diese Funktionen mit hinreichender Genauigkeit implementiert sein. Damit stellt sich die Frage, wie man diese Funktionen unter Benutzung möglichst weniger elementarer Operationen (Addition/Subtraktion, Multiplikation/Division, Vergleich) möglichst genau berechnen kann. Eine ähnliche Fragestellung ergibt sich, wenn es darum geht, Kurven und in weiterer Verallgemeinerung auch Flächen auf dem Rechner realitätsnah und performant darzustellen. Im Rahmen der Analysis spielen hier die Polynome sowie spezielle, von ihnen abgeleitete Funktionen eine herausragende Rolle. Unter den Stichworten Bézier-Kurven und B-Spline-Kurven werden erste Schritte in diese Richtung beschrieben und zur Visualisierung eingesetzt. Eine andere Frage, die man mit Hilfe von Techniken aus der Analysis beantworten kann, ist die nach der Größe von Längen, Flächen oder Volumina gegebener geometrischer Objekte. Fragen dieses Typs tauchen z. B. im CAGD-Bereich (Computer Aided Geometric Design) auf, bei der medizinischen Bilddatenanalyse oder aber bei der Implementierung anspruchsvoller computerbasierter Simulationsprogramme. Hier ist die Kenntnis der Integrationstechniken der Analysis für ein tieferes Verständnis unabdingbar.

Man könnte diese Liste an möglichen Anwendungen der Analysis speziell in der Informatik noch beliebig fortsetzen; in jedem Fall sollte genügend Motivation vorhanden sein, sich vor dem Hintergrund der praktischen Relevanz der angerissenen Fragestellungen engagiert mit dieser auf den ersten Blick rein mathematischen Theorie auseinanderzusetzen und ihr enormes Potential zu erkennen.

Im Folgenden einige Bemerkungen zur generellen **Konzeption des Buchs**: Neben umfangreichen Sach-, Namen- und Mathe-Indizes ist die kleinste Einheit ein Abschnitt Y in einem Kapitel X, kurz X.Y. Es wurde versucht, die einzelnen Kapitel und auch die zugehörigen Abschnitte so autonom, einfach und unabhängig von anderen Kapiteln oder Abschnitten zu gestalten, wie eben möglich. Das hat den Vorteil, dass der Lesefluss nur in Ausnahmefällen von Verweisen auf andere Teile des Buchs unterbrochen wird und man das Buch bei entsprechenden Vorkenntnissen auch weitgehend nicht linear studieren kann, d. h. selektiv diejenigen Kapitel auswählen kann, die von eigenem Interesse sind. Diese übersichtliche und möglichst einfach gehaltene Konzeption der einzelnen Kapitel stellt im Vergleich zu den zahlreichen anderen guten Lehrbüchern zur Analysis das **Alleinstellungsmerkmal** dieses Buchs dar: Jedes Kapitel kommt so schnell wie möglich und mit möglichst wenig Referenzen auf bereits bearbeitete Abschnitte auf den Punkt, wobei neben den in der Mathematik unverzichtbaren Definitionen, Sätzen und Beweisen besonders viel Wert auf konkrete, jeweils bis zum Ende durchgerechnete Beispiele gelegt wird, sowie kleine Selbsttests zur Festigung des Gelernten integriert sind. Das Buch orientiert sich also an der Maxime, **in schlanker und transparenter Form Basiswissen in Analysis zu vermitteln** und nicht etwa am Anspruch, ein auf angehende Mathematikerinnen und Mathematiker zugeschnittenes Werk mit einem weitgehend vollständigen Kanon der Analysis zu präsentieren.

Im Detail ist dieses Buch wie folgt gegliedert:

- Motivation und Einführung
- Mathematische Grundkonzepte
- Relationen und Funktionen
- Funktionen vom Bernstein-Bézier-Typ
- Folgen und Reihen
- Transzendente Funktionen
- Stetige Funktionen
- Differenzierbare Funktionen
- Funktionen vom B-Spline-Typ
- Integrierbare Funktionen

Die ersten beiden Kapitel dienen dem behutsamen **Einstieg** in die Materie und sollten größtenteils bereits aus der Schule bekannt sein. Lediglich das im Grundlagenkapitel eingeführte **Prinzip der vollständigen Induktion** dürfte für einige Leserinnen und Leser neu sein und wird deshalb sehr ausführlich behandelt.

Die folgenden Kapitel sind dann im engeren Sinne der Analysis zuzurechnen, wobei die Ausflüge zu den **Bernstein-Bézier- und B-Spline-Anwendungen** etwas aus dem Rahmen fallen und der Nähe zur Informatik, speziell der Computer-Grafik, geschuldet sind. Diese Anwendungen bieten aber sehr schöne konkrete Beispiele für die zentralen Objekte der Analysis, nämlich die **Funktionen**, und lassen erkennen, welches Potential die Analysis hat. Die weiteren Kapitel, speziell die zur **Stetigkeit**, **Differenzierbarkeit** und **Integrierbarkeit**, sind dann wieder klassische Analysis-Themen und in jedem Analysis-Buch gesetzt.

Generell gilt, dass das Buch **ohne Zusatzliteratur** studiert werden kann. Sollten Sie jedoch bereits deutliche Schwächen im Bereich der Schulmathematik bei sich erkannt haben, bieten sich neben einem Blick in die alten Schulbücher als **Basis- und Einstiegsliteratur** die Bücher von Knorrenschild [1] oder von Walz, Zeilfelder und Rießinger [2] an. Dort werden diejenigen Aspekte der Mathematik ausführlich behandelt, die im Folgenden als bekannt vorausgesetzt werden. Diese **Voraussetzungen** sind im Einzelnen:

- Elementare Operationen mit Mengen
- Umformen algebraischer Ausdrücke
- Auflösen quadratischer Gleichungen
- Bruch- und Potenzrechnung
- Umgehen mit der Exponential- und Logarithmusfunktion
- Trigonometrische Funktionen mit Umkehrfunktionen
- Dreieck, Rechteck und Kreis mit Eigenschaften

Möchte man über das Buch hinausgehende weiterführende Literatur aus dem Bereich der Analysis, so findet man diese beispielsweise in den Büchern von Forster [3, 4] oder Walter [5, 6]. Ist man nicht so sehr an der mathematischen Breite und Tiefe, sondern mehr an der Anwendung interessiert, so lohnt sich ein Blick in die Bücher von Teschl und Teschl [7, 8]. Möchte man schließlich nur gezielt etwas nachschlagen, so bietet sich das mathematische Taschenbuch [9] an. Grundsätzlich bleibt es aber dabei: Mit soliden mathematischen Grundkenntnissen lässt sich das vorliegende Buch ohne weitere Zusatzliteratur bearbeiten!

Abschließend der obligatorische Hinweis, dass für möglicherweise noch vorhandene Fehler inhaltlicher oder schreibtechnischer Art, die trotz größter Sorgfalt bei der Erstellung des Buchs nie ganz auszuschließen sind, ausschließlich der Autor verantwortlich ist. In jedem Fall sind konstruktive Kritik und Verbesserungsvorschläge immer herzlich willkommen.

Und nun viel Spaß mit dem Buch!

Literatur

1. Knorrenschild, M.: Vorkurs Mathematik: Ein Übungsbuch für Fachhochschulen. Carl Hanser, München (2013)
2. Walz, G., Zeilfelder, F., Rießinger, T.: Brückenkurs Mathematik, 5. Aufl. Springer Spektrum, Berlin: (2019)
3. Forster, O.: Analysis 1, 12. Aufl. Springer Spektrum, Wiesbaden (2016)
4. Forster, O., Wessoly, R.: Übungsbuch zur Analysis 1, 7. Aufl. Springer Spektrum, Wiesbaden (2017)
5. Walter, W.: Analysis 1, 7. Aufl. Springer, Berlin, Heidelberg, New York (2009)
6. Walter, W.: Analysis 2, 5. Aufl. Springer, Berlin, Heidelberg, New York (2013)
7. Teschl, G., Teschl, S.: Mathematik für Informatiker, Band 1, 4. Aufl. Springer, Berlin, Heidelberg (2013)
8. Teschl, G., Teschl, S.: Mathematik für Informatiker, Band 2, 3. Aufl. Springer, Berlin, Heidelberg (2014)
9. Bronstein, I.N., Semendjajew, K.A., Musiol, G., Mühlig, H.: Taschenbuch der Mathematik. Verlag Europa, Haan-Gruiten, S. 9 (2016)

Dieses einführende Kapitel hat lediglich die Aufgabe, neben einigen grundsätzlichen Begriffen, Zeichen, Abkürzungen und Mengennotationen das Prinzip der vollständigen Induktion bereitzustellen sowie anhand einfacher Mengenkonstruktionen ein wenig elementare Kombinatorik zu betreiben.

2.1 Mathematische Zeichen

Der folgende Auszug aus der Menge wichtiger **mathematischer Zeichen** dient als Nachschlagemöglichkeit, falls man beim Lesen des Buchs auf Kürzel stößt, deren Bedeutungen nicht mehr klar sind. Sie sind vollständig in den entsprechenden **DIN-Normen** (vgl. [1]) festgelegt und ihre konsequente Benutzung bedarf einer gewissen Eingewöhnung. Generell ist der gesamte Stoff dieses Kapitels elementar und zum großen Teil auch bereits in Schulbüchern zu finden. Zum Nachlesen seien [2] oder die sehr gut aufbereiteten Skripte [3] der Universität Stuttgart zu den mathematischen Grundlagen genannt.

$$= \text{ zu lesen als:} \quad \text{ist gleich}$$
$$\neq \text{ zu lesen als:} \quad \text{ist ungleich}$$
$$:= \text{ zu lesen als:} \quad \text{ist definitionsgemäß gleich}$$
$$=: \text{ zu lesen als:} \quad \text{ist definitionsgemäß gleich}$$
$$< \text{ zu lesen als:} \quad \text{ist kleiner als}$$
$$> \text{ zu lesen als:} \quad \text{ist größer als}$$
$$\leq \text{ zu lesen als:} \quad \text{ist kleiner als oder gleich}$$
$$\geq \text{ zu lesen als:} \quad \text{ist größer als oder gleich}$$

Elektronisches Zusatzmaterial Die elektronische Version dieses Kapitels enthält Zusatzmaterial, das berechtigten Benutzern zur Verfügung steht https://doi.org/10.1007/978-3-658-29922-4_2.

$+$ zu lesen als: plus

$-$ zu lesen als: minus

$\cdot$ zu lesen als: mal

$—$ zu lesen als: durch

$\{\cdots \mid \cdots\cdots\}$ zu lesen als: ist die Menge aller $\cdots$ für die gilt $\cdots$

$\emptyset$ oder $\{\}$ zu lesen als: leere Menge

$\in$ zu lesen als: ist Element der Menge

$\ni$ zu lesen als: enthält das Element

$\subseteq$ zu lesen als: ist Teilmenge von oder gleich

$\supseteq$ zu lesen als: ist Obermenge von oder gleich

$\setminus$ zu lesen als: ohne

$\cup$ zu lesen als: vereinigt mit

$\cap$ zu lesen als: geschnitten mit

$\exists$ zu lesen als: es existiert

$\forall$ zu lesen als: für alle

$\vee$ zu lesen als: oder

$\wedge$ zu lesen als: und

$:$ zu lesen als: so dass gilt oder gelte

$|\cdots|$ zu lesen als: Betrag von $\cdots$

$\sqrt{\cdots}$ zu lesen als: Wurzel aus $\cdots$

$\rightarrow$ zu lesen als: wird abgebildet in (Mengen)

$\mapsto$ zu lesen als: wird abgebildet auf (Elemente)

$\implies$ zu lesen als: impliziert

$\iff$ zu lesen als: ist äquivalent mit

$:\!\iff$ zu lesen als: ist definitionsgemäß äquivalent mit

$\iff\!:$ zu lesen als: ist definitionsgemäß äquivalent mit

Speziell die vier häufig auftauchenden Zeichen $:=$ und $=:$ sowie $:\!\iff$ und $\iff\!:$ werden stets so verwendet, dass auf der Seite des Doppelpunktes die jeweils neue und auf der anderen Seite die jeweils bekannte Größe oder Aussage steht, also z. B. $0^0 := 1$ oder $1 =: 0^0$, beides gleichbedeutend mit der Aussage **Null hoch Null ist definitionsgemäß gleich Eins**. Vielfach tauchen die obigen Zeichen aber nicht einzeln, sondern gemeinsam und recht zahlreich in mathematischen Ausdrücken auf, wobei, ähnlich wie beim Umgang mit einer Fremdsprache, sowohl die Übersetzung dieser Kurzschreibweisen in eine verständliche Sprache, als auch die Umkehrung, d. h. das kompakte Aufschreiben mathematischer Sachverhalte unter Zugriff auf diese mathematischen Zeichen, beherrscht werden muss. Es kommt also nicht nur darauf an, die einzelnen **Zeichen und ihre Be-**

deutung zu kennen, sondern auch zu wissen, in welcher **Reihenfolge** die Zeichen zu sinnvollen mathematischen Ausdrücken werden. Dies in völliger Allgemeinheit einzuführen, soll nicht Gegenstand dieses Buchs sein. Hier geht es lediglich darum, basierend auf Beispielen ein **Arbeitswissen** zu vermitteln, welches durch ständigen Umgang langsam wachsen und verinnerlicht werden soll. Bevor also nun erste kleine Beispiele zur **Erlangung dieses Basiswissens** besprochen werden können, bedarf es zunächst noch der Einführung des Begriffs der Menge bzw. im Speziellen der Einführung der Zahlenmengen, mit denen man es in der Mathematik primär zu tun hat.

2.2 Mengen und Zahlen

Die widerspruchsfreie Definition einer **Menge** von Objekten ist eine durchaus kritische Angelegenheit und hat in der Geschichte der Mathematik zu einigen Problemen und Verwirrungen geführt:

In einem Dorf lebt ein Barbier, der alle Männer des Dorfes rasiert, die sich nicht selbst rasieren. Betrachten Sie nun die Menge, die aus allen Männern des Dorfes besteht, die sich nicht selbst rasieren. Gehört der Barbier zu dieser Menge oder nicht? Was ist passiert?

Fragen dieses Typs decken sogenannte Antinomien auf, im vorliegenden Fall ist es im Wesentlichen die bekannte **Russellsche Antinomie** (Bertrand Russell, 1872–1970). Sie haben zur Folge gehabt, dass hitzige Debatten über die korrekte, widerspruchsfreie Definition von Mengen geführt wurden, die in die Disziplin der **axiomatischen Mengenlehre** mündeten. Um derartig verwickelte Mengen soll es aber in diesem Buch nicht gehen, so dass auf die Konzepte der axiomatischen Mengenlehre verzichtet werden kann. Hier soll stattdessen ein naiver Standpunkt eingenommen werden, der für die im Folgenden auftauchenden Mengen völlig ausreicht. Im Sinne dieser **naiven Mengenlehre**, die auch als **Cantorsche Mengenlehre** (Georg Cantor, 1845–1918) bezeichnet wird, versteht man unter einer **Menge** die **Zusammenfassung bestimmter, wohlunterschiedener Objekte unserer Anschauung oder unseres Denkens zu einem Ganzen.** Die in einer Menge zusammengefassten Objekte werden **Elemente der Menge** genannt. Im Folgenden werden Mengen mit großen lateinischen Buchstaben abgekürzt (zum Beispiel mit A, B, C, M oder G) und ihre Elemente stets in geschweiften Klammern $\{\}$ angegeben. Dabei werden die Objekte entweder aufgezählt, oder aber nach einem senkrechten Strich durch Angabe ihrer Eigenschaften beschrieben.

Beispiel 2.2.1

Die Mengen $A := \{1, 3, 5, 7\}$ und $B := \{x \mid x$ ungerade natürliche Zahl zwischen 0 und 8$\}$ sind identisch. Bei A wurde die **aufzählende Notation** gewählt, zu lesen als: A ist definitionsgemäß gleich der Menge mit den Elementen $1, 3, 5$ und 7. Bei B wurde die **beschreibende Notation** gewählt, zu lesen als: B ist definitionsgemäß gleich der Menge mit den Elementen x für die gilt, dass x eine ungerade natürliche Zahl zwischen 0 und 8 ist. Offenbar gilt $A = B$.

Es möge ferner die Vereinbarung gelten, dass mehrfach auftauchende identische Elemente in einer Menge die Menge selbst nicht verändern und es natürlich nicht auf die Reihenfolge der Nennung der Elemente einer Menge ankommt.

Beispiel 2.2.2
Die Menge $C := \{1, 1, 3, 5, 7, 3, 3, 5\}$ ist identisch mit der Menge A, und damit natürlich auch mit der Menge B, aus dem vorherigen Beispiel, so dass insgesamt $A = B = C$ gilt.

Man hat nun für **Beziehungen** zwischen Mengen und ihren Elementen sowie für **Operationen** mit Mengen und ihren Elementen eine Reihe von Zeichen eingeführt, deren Bedeutung und Handhabung vermutlich schon bekannt sind und die wir deshalb im Folgenden nur noch einmal sehr kurz erläutern.

Man verwendet folgende Schreibweisen mit den entsprechenden Bedeutungen:

Schreibweise	Bedeutung
$a \in A$	a ist Element von A
$a \notin A$	a ist nicht Element von A
$A \subseteq B$	A ist Teilmenge von B
$A \nsubseteq B$	A ist keine Teilmenge von B
$|A|$	Anzahl der Elemente in A
$\emptyset$	leere Menge

Gilt $|A| < \infty$, so spricht man von einer **endlichen Menge** oder einer Menge **endlicher Kardinalität**. Gilt $|A| = \infty$, so spricht man von einer **unendlichen Menge** oder einer Menge **unendlicher Kardinalität**. Endliche Mengen heißen **gleichmächtig** oder von **gleicher Kardinalität**, wenn $|A| = |B|$ gilt. Die Untersuchung unendlicher Mengen auf Gleichmächtigkeit ist deutlich komplizierter!

Für zwei Mengen A und B sind die folgenden Operationen definiert.

Vereinigung	$A \cup B := \{x \mid x \in A \lor x \in B\}$
Durchschnitt	$A \cap B := \{x \mid x \in A \land x \in B\}$
Differenz	$A \setminus B := \{x \mid x \in A \land x \notin B\}$

Zwei Mengen mit der leeren Menge als Durchschnitt nennt man **disjunkt**. Man kann diese Mengenoperationen mit Hilfe sogenannter Venn-Diagramme (John Venn, 1834–1923)

Abb. 2.1 Einige Venn-Diagramme

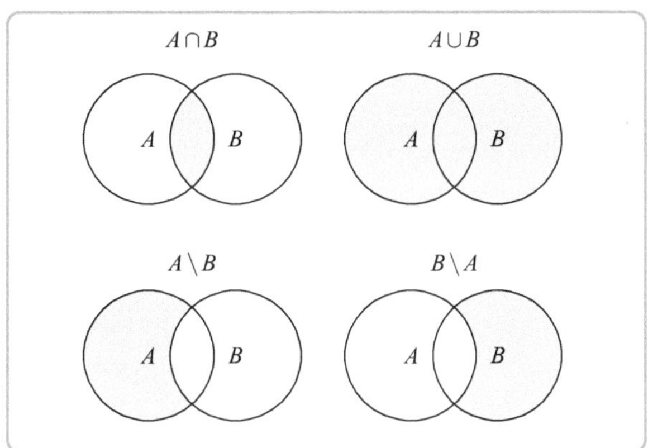

veranschaulichen, worauf hier aber verzichtet werden soll (siehe zur Illustration lediglich Abb. 2.1).

Speziell im Fall, dass M eine feste Grundmenge ist, ist für die Differenz von Mengen auch die folgende Notation üblich

$$\overline{A} := M \setminus A$$

und $\overline{A}$ wird **Komplement von** A (**bezüglich** M) genannt. Ferner gelten einige Rechenregeln für Mengenoperationen, von denen die wesentlichen im Folgenden genannt werden. Dazu seien A, B, C drei beliebige Teilmengen einer beliebig vorgegebenen nicht leeren Grundmenge M.

(1) **Doppeltes Komplement:**	$\overline{\overline{A}} = A$	
(2) **Idempotenz:**	$A \cup A = A$	
	$A \cap A = A$	
(3) **Kommutativität:**	$A \cup B = B \cup A$	
	$A \cap B = B \cap A$	
(4) **Assoziativität:**	$A \cup (B \cup C) = (A \cup B) \cup C$	
	$A \cap (B \cap C) = (A \cap B) \cap C$	
(5) **Regeln mit $\emptyset$ und M:**	$A \cup \emptyset = A$ und $A \cup M = M$	
	$A \cap \emptyset = \emptyset$ und $A \cap M = A$	
(6) **Distributivität:**	$(A \cup B) \cap C = (A \cap C) \cup (B \cap C)$	
	$(A \cap B) \cup C = (A \cup C) \cap (B \cup C)$	
(7) **De Morgansche Regeln:**	$\overline{(A \cup B)} = \overline{A} \cap \overline{B}$	
	$\overline{(A \cap B)} = \overline{A} \cup \overline{B}$	
(8) **Absorption:**	$(A \cap (A \cup B)) = A$	
	$(A \cup (A \cap B)) = A$	

Wir kommen nun wieder konkret auf die wesentlichen mathematischen Zahlenmengen zurück und führen sie in der folgenden Definition präzise ein.

Definition 2.2.3 Natürliche, ganze und rationale Zahlen

Die natürlichen, ganzen und rationalen Zahlen sind der Reihe nach wie folgt definiert:

$$\mathbb{N} := \{0, 1, 2, 3, 4, \ldots\} \, ,$$
$$\mathbb{Z} := \{\ldots, -2, -1, 0, 1, 2, \ldots\} \, ,$$
$$\mathbb{Q} := \{\tfrac{p}{q} \mid p, q \in \mathbb{Z}, q \neq 0\} \, .$$

Die entsprechenden Zahlenmengen ohne die Null werden durch die Ergänzung eines Sterns definiert, also

$$\mathbb{N}^* := \mathbb{N} \setminus \{0\} \, , \quad \mathbb{Z}^* := \mathbb{Z} \setminus \{0\} \, , \quad \mathbb{Q}^* := \mathbb{Q} \setminus \{0\} \, . \quad \blacktriangleleft$$

Zur Einübung der Lesart mathematischer Kurzschreibweisen wird die Definition von $\mathbb{N}$ nochmal in Worte gefasst: $\mathbb{N}$ ist definitionsgemäß gleich der Menge aller Zahlen $0, 1, 2, 3, \ldots$. Bekanntlich sind in den obigen Mengen die Operationen $+$ und $\cdot$ erklärt, wobei beginnend beim **Rechnen in** $\mathbb{N}$ gewisse Gesetze gelten. Für beliebig gegebene Zahlen $x, y, z \in \mathbb{N}$ lauten diese Gesetze:

$$
\begin{array}{lll}
\textbf{(A1)} & x + y = y + x & \textbf{(Kommutativität)} \\
\textbf{(A2)} & (x + y) + z = x + (y + z) & \textbf{(Assoziativität)} \\
\textbf{(A3)} & \exists 0 \in \mathbb{N} \; \forall x \in \mathbb{N} \colon x + 0 = x & \textbf{(neutrales Element)} \\
\textbf{(M1)} & x \cdot y = y \cdot x & \textbf{(Kommutativität)} \\
\textbf{(M2)} & (x \cdot y) \cdot z = x \cdot (y \cdot z) & \textbf{(Assoziativität)} \\
\textbf{(M3)} & \exists 1 \in \mathbb{N} \; \forall x \in \mathbb{N} \colon x \cdot 1 = x & \textbf{(neutrales Element)} \\
\textbf{(D)} & x \cdot (y + z) = (x \cdot y) + (x \cdot z) & \textbf{(Distributivität)}
\end{array}
$$

Zur Übung wird das Gesetz (A3) erneut in Worten formuliert: Es existiert ein Element 0 in $\mathbb{N}$, so dass für alle Elemente x in $\mathbb{N}$ gilt, dass $x + 0$ gleich x ist. Die Gesetze (A1) und (M1) werden **Kommutativgesetze**, die Gesetze (A2) und (M2) **Assoziativgesetze** sowie die Gesetzmäßigkeiten (A3) und (M3) die Gesetze vom **neutralen Element** genannt. Das Gesetz (D), welches eine Verbindung zwischen der Addition und der Multiplikation herstellt, bezeichnet man als **Distributivgesetz**.

▶   **Bemerkung 2.2.4 Punktrechnung vor Strichrechnung**   Von nun an gilt die Vereinbarung, dass Multiplikationen vor Additionen auszuführen sind (Punktrechnung geht vor Strichrechnung), so dass z. B. bei der Formulierung des Distributivgesetzes auf der rechten Seite die Klammern weggelassen werden können. Ferner wird, falls Missverständnisse ausgeschlossen sind, auf den

Multiplikationspunkt verzichtet, so dass z. B. $2x$ dasselbe wie $2 \cdot x$ bedeuten soll.

Eigentlich müsste man bei allen Gesetzen stets explizit erwähnen, auf welche Operation(en) sie sich beziehen und welche neutralen Elemente gemeint sind (das Nullelement 0 oder das Einselement 1). Durch die Angabe der Buchstaben (A) und (M) bei den Nummerierung der Gesetze ist dies aber implizit immer klar und (D) bezieht sich halt auf beide Operationen. Eine nicht leere Menge von Elementen mit einer inneren Verknüpfung (d. h. die Verknüpfung zweier Elemente der Menge liefert stets wieder ein Element dieser Menge), die den Rechenregeln (A1) bis (A3) bzw. (M1) bis (M3) genügt, wird **kommutative Halbgruppe mit neutralem Element** genannt. $\mathbb{N}$ ist also sowohl bezüglich der inneren Verknüpfung $+$ als auch bezüglich der inneren Verknüpfung $\cdot$ eine kommutative Halbgruppe mit neutralem Element. Schließlich nennt man eine nicht leere Menge mit zwei inneren Verknüpfungen, die allen obigen Gesetzen genügt, einen **kommutativen Halbring mit neutralen Elementen**. $\mathbb{N}$ ist also bezüglich der beiden inneren Verknüpfungen $+, \cdot$ ein kommutativer Halbring mit neutralen Elementen.

Beim Übergang von $\mathbb{N}$ zu den **ganzen Zahlen** $\mathbb{Z}$ stellt man zunächst fest, dass alle obigen Gesetze immer noch gelten. Hinzu kommt noch das Gesetz

$$\textbf{(A4)} \quad \forall x \in \mathbb{Z} \; \exists (-x) \in \mathbb{Z} \colon x + (-x) = 0 \quad \textbf{(inverse Elemente)}$$

Die Gesetzmäßigkeit (A4) wird das Gesetz über die **inversen Elemente** genannt. Auch hier soll das Gesetz zur Übung nochmals in Worten formuliert werden: Für alle Elemente x in $\mathbb{Z}$ existiert ein Element $(-x)$ in $\mathbb{Z}$, so dass $x + (-x)$ gleich 0 ist.

▶ **Bemerkung 2.2.5 Schlichtes Minus statt Plus-Minus** Als Kurzschreibweise hat sich durchgesetzt, statt der Addition eines inversen Elements ein schlichtes Minuszeichen zu schreiben und statt von Addition eines inversen Elements von **Subtraktion** eines Elements zu sprechen, obwohl es streng genommen die Subtraktion als Operation gar nicht gibt. Die bekannte Schreibweise ist z. B. $17 + (-9) =: 17 - 9 = 8$.

Allgemein nennt man eine nicht leere Menge von Elementen mit einer inneren Verknüpfung, die den Rechenregeln (A1) bis (A4) genügt, eine **kommutative Gruppe** oder auch eine **abelsche Gruppe**. $\mathbb{Z}$ ist also bezüglich der inneren Verknüpfung $+$ eine kommutative bzw. abelsche Gruppe. Das Adjektiv abelsch erinnert dabei an den bereits im Alter von nur 26 Jahren verstorbenen norwegischen Mathematiker Niels Henrik Abel (1802–1829), der zu Beginn des 19-ten Jahrhunderts Strukturen dieses Typs intensiv studierte. Schließlich nennt man eine nicht leere Menge mit zwei inneren Verknüpfungen, die allen obigen Gesetzen genügt, einen **kommutativen Ring mit Einselement**. $\mathbb{Z}$ ist also bezüglich der beiden inneren Verknüpfungen $+, \cdot$ ein kommutativer Ring mit Einselement.

Bei der nächsten Erweiterung der Zahlenmengen von $\mathbb{Z}$ zu den **rationalen Zahlen** $\mathbb{Q}$ stellt man zunächst erneut fest, dass alle obigen Gesetze immer noch gelten. Hinzu kommt noch das Gesetz

$$\textbf{(M4)} \quad \forall x \in \mathbb{Q}^* \; \exists x^{-1} \in \mathbb{Q}^* : x \cdot x^{-1} = 1 \quad \textbf{(inverse Elemente)}$$

Die Gesetzmäßigkeit (M4) wird wieder das Gesetz über die **inversen Elemente** genannt, diesmal allerdings bezüglich der Multiplikation. Auch hier soll das Gesetz zur Übung nochmals in Worten formuliert werden: Für alle Elemente x in $\mathbb{Q}$ ohne die 0 existiert ein Element x^{-1} in $\mathbb{Q}$ ohne die 0, so dass $x \cdot x^{-1}$ gleich 1 ist.

▶   **Bemerkung 2.2.6 Schlichtes Divisionszeichen statt inverses Element** Als Kurzschreibweise hat sich auch hier durchgesetzt, statt der Multiplikation mit einem inversen Element ein schlichtes Divisionszeichen zu schreiben und statt von Multiplikation mit einem inversen Element von **Division** durch ein Element zu sprechen, obwohl es streng genommen die Division als Operation gar nicht gibt. Die bekannten Schreibweisen sind z. B.

$$18 \cdot 4^{-1} =: 18 : 4 =: \frac{18}{4} = 4.5 \, ,$$

wobei im Folgenden primär die Notation mit dem Bruchstrich benutzt wird.

Damit ist $\mathbb{Q}$ also auch bezüglich der Multiplikation eine kommutative Gruppe, wobei als kleiner Sonderfall allerdings kein inverses Element zum Nullelement der Addition existiert. $\mathbb{Q}$ ist also mit dieser Einschränkung sowohl bezüglich der inneren Verknüpfung $+$ als auch bezüglich der inneren Verknüpfung $\cdot$ eine kommutative Gruppe. Allgemein nennt man eine nicht leere Menge mit zwei inneren Verknüpfungen, die allen obigen Gesetzen genügt, einen **Körper**. $\mathbb{Q}$ ist also bezüglich der beiden inneren Verknüpfungen $+, \cdot$ ein Körper.

Zusammenfassend gilt also festzuhalten:

$(\mathbb{N}, +)$	**kommutative Halbgruppe mit Nullelement**
$(\mathbb{N}, \cdot)$	**kommutative Halbgruppe mit Einselement**
$(\mathbb{N}, +, \cdot)$	**kommutativer Halbring mit Null- und Einselement**
$(\mathbb{Z}, +)$	**kommutative Gruppe**
$(\mathbb{Z}, \cdot)$	**kommutative Halbgruppe mit Einselement**
$(\mathbb{Z}, +, \cdot)$	**kommutativer Ring mit Einselement**
$(\mathbb{Q}, +)$	**kommutative Gruppe**
$(\mathbb{Q}^*, \cdot)$	**kommutative Gruppe**
$(\mathbb{Q}, +, \cdot)$	**Körper**

Es bleibt also lediglich noch die Frage zu klären, worum es sich bei den **reellen Zahlen** $\mathbb{R}$ handelt. Um diese Frage zu beantworten, sind einige Vorbereitungen erforderlich, die sich auf sogenannte **beschränkte Mengen** beziehen. Es sei also nun $G \subseteq \mathbb{Q}$, $G \neq \emptyset$, beliebig gegeben.

$$G \text{ heißt } \textbf{nach oben beschränkt} :\Longleftrightarrow \exists s \in \mathbb{Q} \; \forall x \in G : x \leq s$$
$$G \text{ heißt } \textbf{nach unten beschränkt} :\Longleftrightarrow \exists s \in \mathbb{Q} \; \forall x \in G : x \geq s$$
$$G \text{ heißt } \textbf{beschränkt} :\Longleftrightarrow \exists s \in \mathbb{Q} \; \forall x \in G : |x| \leq s$$

Zum Beispiel ist die Menge $\mathbb{N}$ nach unten beschränkt durch -5.31 oder -19 oder 0, aber nach oben ist sie unbeschränkt. Die 0 als untere Schranke ist dabei offenbar besonders ausgezeichnet, denn es handelt sich bei ihr um die **größte untere Schranke** von $\mathbb{N}$. Entsprechend ist die Menge aller negativen ungeraden ganzen Zahlen z. B. durch 10.02, 7 oder -1 nach oben beschränkt, wobei hier der -1 eine Sonderrolle zukommt, da sie die **kleinste obere Schranke** ist. Allgemein stellt sich nun die Frage, ob alle beschränkten Teilmengen in $\mathbb{Q}$ größte untere oder kleinste obere Schranken besitzen. Bevor dies genauer untersucht wird, sollen zunächst die eingeführten Begriffe präzisiert werden.

Es sei nun $G \subseteq \mathbb{Q}$ wieder eine nicht leere Teilmenge von $\mathbb{Q}$ und zur Suche nach der **größten unteren Schranke** von G, dem sogenannten **Infimum von G** (bezeichnet mit $\inf G$), nach unten beschränkt. Entsprechend sei G zur Suche nach der **kleinsten oberen Schranke** von G, dem sogenannten **Supremum von G** (bezeichnet mit $\sup G$), nach oben beschränkt. Dann stellt sich die Frage, ob es stets derartige Zahlen $\inf G$ und $\sup G$ gibt, also Zahlen, die den folgenden Bedingungen genügen:

$$(\forall x \in G : \inf G \leq x) \wedge (\forall y \in \mathbb{Q} : ((\forall x \in G : y \leq x) \implies y \leq \inf G))$$
$$(\forall x \in G : \sup G \geq x) \wedge (\forall y \in \mathbb{Q} : ((\forall x \in G : y \geq x) \implies y \geq \sup G))$$

In Worten bedeuten die obigen, etwas schwer zu lesenden Zeilen das Folgende: Die Zahl $\inf G$ soll erstens kleiner oder gleich jeder Zahl aus G sein und zweitens soll es in $\mathbb{Q}$ keine größere Zahl mit derselben Eigenschaft geben; genau deshalb nennt man $\inf G$ auch, falls es existiert, die **größte untere Schranke** von G. Entsprechend soll die Zahl $\sup G$ erstens größer oder gleich jeder Zahl aus G sein und zweitens soll es in $\mathbb{Q}$ keine kleinere Zahl mit derselben Eigenschaft geben; genau deshalb nennt man $\sup G$ auch, falls es existiert, die **kleinste obere Schranke** von G. Betrachtet man nun z. B. die Menge

$$G_1 := \{x \in \mathbb{Q} \mid (x > 0) \wedge (x^2 \geq 2)\}$$

so kann man zeigen, dass diese Menge zwar nach unten beschränkt ist, aber **kein Infimum in $\mathbb{Q}$** besitzt. Entsprechend kann man z. B. für die Menge

$$G_2 := \{x \in \mathbb{Q} \mid (x > 0) \wedge (x^2 \leq 2)\}$$

zeigen, dass diese Menge zwar nach oben beschränkt ist, aber **kein Supremum in $\mathbb{Q}$** besitzt. Da man jedoch gerne die Existenz von Infimum bzw. Supremum für nach unten bzw.

nach oben beschränkte Mengen gesichert hätte, muss man den Körper $\mathbb{Q}$ vervollständigen. Man kommt so zum Körper der **reellen Zahlen** $\mathbb{R}$, in dem jede nicht leere, nach unten beschränkte Teilmenge ein Infimum und jede nicht leere, nach oben beschränkte Teilmenge ein Supremum besitzt. Man bezeichnet diese Eigenschaft als **Vollständigkeit der reellen Zahlen**, wobei hier die genaue Konstruktion von $\mathbb{R}$ nicht durchgeführt werden soll, sondern lediglich anhand einiger Beispiele erläutert werden soll. So besitzt z. B. die obige Menge G_1 die größte untere Schranke

$$\inf G_1 = \inf\{x \in \mathbb{Q} \mid (x > 0) \wedge (x^2 \geq 2)\} = \sqrt{2}$$

sowie die oben ebenfalls bereits betrachtete Menge G_2 die kleinste obere Schranke

$$\sup G_2 = \sup\{x \in \mathbb{Q} \mid (x > 0) \wedge (x^2 \leq 2)\} = \sqrt{2}\,.$$

Neben der jetzt möglichen Bestimmung von Infimum und Supremum einer entsprechend beschränkten Menge führt man nun noch den Begriff des **Minimums** und des **Maximums** einer Menge ein, je nachdem ob das jeweilige Infimum oder Supremum zur untersuchten Menge gehört oder nicht:

$$\inf G \in G \implies \min G := \inf G$$
$$\sup G \in G \implies \max G := \sup G$$

Am einfachsten kann man sich diese Begriffe anhand spezieller Mengen, der sogenannten **reellen Intervalle**, veranschaulichen.

Definition 2.2.7 Reelle Intervalle

Es seien $a, b \in \mathbb{R}$ mit $a < b$ gegeben. Dann bezeichnet man die folgenden Mengen als **reelle Intervalle**, wobei jeweils in Klammern der genaue Intervalltyp angegeben ist:

$$[a, b] := \{x \in \mathbb{R} \mid a \leq x \leq b\} \quad \textbf{(abgeschlossen)}$$
$$(a, b) := \{x \in \mathbb{R} \mid a < x < b\} \quad \textbf{(offen)}$$
$$[a, b) := \{x \in \mathbb{R} \mid a \leq x < b\} \quad \textbf{(halboffen)}$$
$$(a, b] := \{x \in \mathbb{R} \mid a < x \leq b\} \quad \textbf{(halboffen)}$$

und

$$[a, \infty) := \{x \in \mathbb{R} \mid a \leq x\} \quad \textbf{(einseitig unbeschränkt)}$$
$$(-\infty, b] := \{x \in \mathbb{R} \mid x \leq b\} \quad \textbf{(einseitig unbeschränkt)}$$
$$(a, \infty) := \{x \in \mathbb{R} \mid a < x\} \quad \textbf{(einseitig unbeschränkt)}$$
$$(-\infty, b) := \{x \in \mathbb{R} \mid x < b\} \quad \textbf{(einseitig unbeschränkt)}$$
$$(-\infty, \infty) := \mathbb{R} \quad \textbf{(beidseitig unbeschränkt)} \quad \blacktriangleleft$$

Man macht sich z. B. sofort klar, dass das **abgeschlossene Intervall** $[-3, 4]$ die Eigenschaften

$$\inf[-3, 4] = -3 = \min[-3, 4] \quad \text{und} \quad \sup[-3, 4] = 4 = \max[-3, 4]$$

besitzt, während das **offene Intervall** $(-3, 4)$ zwar das Infimum -3 und das Supremum 4 besitzt, diese jedoch nicht Minimum oder Maximum des Intervalls sind, da sie nicht zum Intervall gehören.

Damit sind nun in ziemlich kompakter Form diejenigen grundlegenden Begriffe und Konzepte bereitgestellt, die im Folgenden ständig benötigt werden.

2.3 Aufgaben mit Lösungen

Aufgabe 2.3.1 *Fassen Sie die folgenden Kurzschreibweisen in Worte:*

(a) $\forall x \in \mathbb{Z}^*: x^2 \geq 1$,
(b) $\forall \epsilon > 0 \; \exists x \in \mathbb{R} \setminus \mathbb{Z}: |1 - x| < \epsilon$,
(c) $\forall x \in \mathbb{R}: ((x > 3) \Longrightarrow (x^2 > 9))$.

Lösung der Aufgabe
(a) Für alle ganzen Zahlen x außer Null gilt x^2 ist größer oder gleich 1.
(b) Für alle ϵ größer als 0 existiert eine nicht ganze reelle Zahl x mit Betrag von $1 - x$ keiner als ϵ.
(c) Für alle reellen Zahlen x impliziert x größer als 3 die Ungleichung x^2 größer als 9.

Aufgabe 2.3.2 *Schreiben Sie in mathematischer Terminologie:*

(a) *Zwei reelle Zahlen sind gleich oder ungleich.*
(b) *Eine natürliche Zahl ist stets größer oder gleich ihrer Wurzel.*
(c) *Die Multiplikation jeder reellen Zahl mit Null ergibt Null.*

Lösung der Aufgabe
(a) $\forall x, y \in \mathbb{R}: ((x = y) \vee (x \neq y))$,
(b) $\forall x \in \mathbb{N}: x \geq \sqrt{x}$,
(c) $\forall x \in \mathbb{R}: 0 \cdot x = 0$.

Aufgabe 2.3.3 *Geben Sie, falls möglich,* inf, sup, min *und* max *der folgenden Mengen an:*

(a) $G := \{x \in \mathbb{R}: 0 < x < 1\}$,
(b) $G := \{-1, 0, 1, 9\}$,
(c) $G := (-2, 6] \cup [3, 9]$,
(d) $G := \{x \in \mathbb{R}: |x| < 1\}$,
(e) $G := (-2, 6] \cap [-2, 7]$.

Lösung der Aufgabe

(a) Es gilt $\inf G = 0$, $\sup G = 1$. $\min G$ und $\max G$ existieren nicht.

(b) Es gilt $\inf G = \min G = -1$ und $\sup G = \max G = 9$.

(c) Es gilt $\inf G = -2$, $\sup G = \max G = 9$. $\min G$ existiert nicht.

(d) Es gilt $\inf G = -1$, $\sup G = 1$. $\min G$ und $\max G$ existieren nicht.

(e) Es gilt $\inf G = -2$, $\sup G = \max G = 6$. $\min G$ existiert nicht.

Selbsttest 2.3.4 Gegeben sei die Menge $G := (-4, 2]$. Welche der folgenden Aussagen sind wahr?

?+? $\inf G = -4$

?−? $\min G = -4$

?+? $\sup G = 2$

?+? $\max G = 2$

Selbsttest 2.3.5 Gegeben sei die mathematische Kurzschreibweise $\forall x \in \mathbb{R}: ((x^2 = 0) \vee (x^2 > 0))$. Welche der folgenden Übersetzungen der Kurzschreibweise sind inhaltlich korrekt?

?+? Für alle x in $\mathbb{R}$ gilt $x^2 = 0$ oder $x^2 > 0$.

?−? Für alle x in $\mathbb{R}$ gilt $x^2 = 0$ und $x^2 > 0$.

?+? Die Quadrate reeller Zahlen sind gleich Null oder positiv.

?+? Die Quadrate reeller Zahlen sind nicht negativ.

Selbsttest 2.3.6 Gegeben sei die umgangssprachliche Formulierung: Wenn eine reelle Zahl größer als ihr Quadrat ist, dann muss sie kleiner als Eins sein. Welche der folgenden Übersetzungen in mathematische Terminologie sind inhaltlich korrekt?

?−? $\forall x \in \mathbb{R}: (x > x^2 \iff x < 1)$

?+? $\forall x \in \mathbb{R}: (x > x^2 \implies x < 1)$

?−? $\forall x \subseteq \mathbb{R}: (x > x^2 \implies x < 1)$

?−? $\exists x \in \mathbb{R}: (x > x^2 \implies x < 1)$

2.4 Vollständige Induktion

Sowohl in der Mathematik als auch in der Informatik ist es häufig so, dass man für eine Menge von Aussagen, die von einem Parameter $n \in \mathbb{N}$ abhängen, nachweisen muss, dass diese wahr sind. Zum Einstieg betrachten wir das folgende kleine Problem:

Wie geht man vor, wenn man sicherstellen soll, dass eine Reihe von Domino-Steinen beim Fallen des ersten Steins sukzessiv umfällt?

Abb. 2.2 Einige Domino-Steine

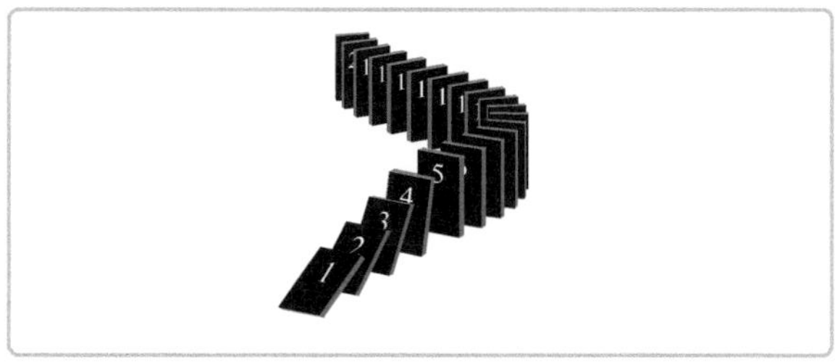

In vielen Fällen ist es am einfachsten, sich bei der Lösung eines derartigen Problems vom Prinzip der vollständigen Induktion leiten zu lassen. Um die Idee dieses Vorgehens zu verstehen, wird das obige **Domino-Problem** nun genauer betrachtet (vgl. Abb. 2.2). Das Prinzip besteht einfach darin, jeden n-ten Stein so aufzustellen, dass er beim Fallen den (n+1)-ten Stein mit umwirft. Ist dies für alle Steine sichergestellt, muss nur noch der erste Stein zum Fallen gebracht werden, und die Reihe der Domino-Steine wird kippen. Etwas formalisiert kann man also die Tauglichkeit einer Reihe von Domino-Steinen in Hinblick auf sukzessives Umfallen wie folgt überprüfen:

- Man stelle sicher, dass der erste Stein fällt.
- Man stelle sicher, dass das Umfallen irgendeines n-ten Steins auch das Umfallen seines Nachfolgers, also des (n+1)-ten Steins, impliziert.

Hat man diese beiden Bedingungen erfüllt, dann kann man sicher sein, dass die gesamte Domino-Reihe fällt. Genau dies ist das Prinzip der **vollständigen Induktion**.

> **Satz 2.4.1 Vollständige Induktion** Es sei für jedes $n \in \mathbb{N}$, $n \geq n_0$, eine Aussage $A(n)$ gegeben. Um zu beweisen, dass $A(n)$ für alle $n \in \mathbb{N}$, $n \geq n_0$, wahr ist, genügt es, Folgendes zu zeigen:

$$A(n_0) \text{ ist wahr} \qquad\qquad \textbf{(Induktionsanfang)}$$
$$\forall n \geq n_0: \ \big(A(n) \text{ ist wahr} \implies A(n+1) \text{ ist wahr}\big) \quad \textbf{(Induktionsschluss)}$$

Beweis Im Folgenden wird lediglich kurz die generelle Beweisidee skizziert. Dass dieses Prinzip funktioniert, macht man sich leicht klar: Wenn $A(n_0)$ wahr ist (Induktionsanfang), dann ist auch $A(n_0 + 1)$ wahr (Induktionsschluss für $n = n_0$), damit ist aber auch sofort $A(n_0 + 2)$ wahr (wieder Induktionsschluss, jetzt für $n = n_0 + 1$) ... etc. ..... Damit kann man also Schritt für Schritt die Korrektheit aller Aussagen $A(n)$ für $n \geq n_0$ nachweisen. $\square$

Angewandt auf das konkrete Beispiel der Domino-Steine wären die für alle $n \in \mathbb{N}^*$ zu verifizierenden Aussagen $A(n)$ genau die folgenden:

$A(n)$: Der n-te Domino-Stein fällt.

In diesem Beispiel ist $n_0 = 1$, also der Index für den ersten Stein. Nach den bereits erfolgten Überlegungen genügt es zum Nachweis der Korrektheit der Aussagen $A(n)$, $n \geq 1$, die folgenden Nachweise zu erbringen:

- $A(1)$ ist wahr, d. h. der erste Domino-Stein fällt (Induktionsanfang).
- $\forall n \geq 1: \big(A(n) \text{ ist wahr} \implies A(n+1) \text{ ist wahr}\big)$, d. h. für alle $n \geq 1$ folgt aus dem Fallen des n-ten Domino-Steins auch das Fallen des (n+1)-ten Domino-Steins (Induktionsschluss).

Im Folgenden sollen nun einige Probleme aus dem mathematischen Umfeld unter Zugriff auf das Prinzip der vollständigen Induktion gelöst werden.

Beispiel 2.4.2

Zu zeigen ist die Gültigkeit der sogenannten **Gaußschen Summenformel**

$$A(n): \quad 0 + 1 + 2 + 3 + \cdots + n = \frac{n(n+1)}{2} \quad \text{für alle} \quad n \in \mathbb{N} ,$$

die Carl Friedrich Gauß (1777–1855) der Überlieferung nach als neunjähriger Schüler gefunden hat und deshalb häufig mit seinem Namen verbunden wird, obwohl sie auch vorher bereits bekannt war.

Induktionsanfang: Für $n = 0$ ist die Aussage $A(0)$ wahr, denn es gilt

$$0 = \frac{0(0+1)}{2} .$$

Induktionsschluss: Es gelte die Aussage $A(n)$ für ein beliebiges $n \in \mathbb{N}$ (Induktionsannahme). Dann folgt

$$0 + 1 + 2 + 3 + \cdots + n + (n+1) = (0 + 1 + 2 + 3 + \cdots + n) + (n+1)$$
$$= \frac{n(n+1)}{2} + (n+1) \quad \text{(Induktionsannahme)}$$
$$= (n+1)\left(\frac{n}{2} + 1\right) = \frac{(n+1)((n+1)+1)}{2} ,$$

also die behauptete Aussage $A(n+1)$ für den Index $(n+1)$. Insgesamt ergibt sich damit die Korrektheit der Aussagen $A(n)$ für alle $n \in \mathbb{N}$.

Im obigen Beispiel wurde zur Verdeutlichung für jede der Identitäten noch die Bezeichnung $A(n)$ mitgeführt, damit man den Zusammenhang zum allgemeinen Prinzip der vollständigen Induktion unmittelbar erkennt. Es ist allerdings in der Praxis üblich, auf diese ausführliche Notation zu verzichten, da sich die in Frage stehenden Aussagen stets direkt aus dem Kontext ergeben. Im Folgenden wird also auf die präzise Identifikation jeder zu zeigenden Aussage mit einem formalen Aussagenkürzel $A(n)$ verzichtet.

Beispiel 2.4.3

Zu zeigen ist die Gültigkeit der Summenformel

$$0^2 + 1^2 + 2^2 + \cdots + n^2 = \frac{n(n+1)(2n+1)}{6} \quad \text{für alle} \quad n \in \mathbb{N}.$$

Induktionsanfang: Für $n = 0$ ist die Aussage wahr, denn

$$0^2 = \frac{0(0+1)(0+1)}{6}.$$

Induktionsschluss: Es gelte die Aussage für ein beliebiges $n \in \mathbb{N}$ (Induktionsannahme). Dann folgt

$$\begin{aligned}
0^2 + 1^2 + \cdots &+ n^2 + (n+1)^2 \\
&= (0^2 + 1^2 + 2^2 + 3^2 + \cdots + n^2) + (n+1)^2 \\
&= \frac{n(n+1)(2n+1)}{6} + (n+1)^2 \quad \text{(Induktionsannahme)} \\
&= \frac{n+1}{6}(n(2n+1) + 6(n+1)) = \frac{n+1}{6}(2n^2 + 7n + 6) \\
&= \frac{n+1}{6}(2n+3)(n+2) = \frac{(n+1)((n+1)+1)(2(n+1)+1)}{6},
\end{aligned}$$

also die behauptete Aussage für $(n+1)$. Insgesamt folgt die zu zeigende Identität für alle $n \in \mathbb{N}$.

Beispiel 2.4.4

Zu zeigen ist die sogenannte **Bernoulli-Ungleichung** (Jakob Bernoulli I, 1654–1705)

$$(1+x)^n \geq 1 + nx \quad \text{für alle} \quad n \in \mathbb{N} \quad \text{und alle} \quad x \in [-1, \infty).$$

Induktionsanfang: Für $n = 0$ ist die Aussage wahr, denn

$$(1+x)^0 = 1 = 1 + 0.$$

Induktionsschluss: Es gelte die Aussage für ein beliebiges $n \in \mathbb{N}$ (Induktionsannahme). Dann folgt

$$(1+x)^{n+1} = (1+x)^n(1+x) \geq (1+nx)(1+x) \quad \text{(Induktionsannahme)}$$
$$= 1 + (n+1)x + nx^2 \geq 1 + (n+1)x \,,$$

also die behauptete Aussage für $(n+1)$. Insgesamt folgt die zu zeigende Ungleichung für alle $n \in \mathbb{N}$.

Um im Folgenden die Notation längerer mathematischer Ausdrücke etwas zu verkürzen, werden zum Abschluss einige **Kurzschreibweisen** vereinbart. Für $n, m, k \in \mathbb{N}$ und $a_k \in \mathbb{R}$ gelte die **Summennotation**

$$\sum_{k=m}^{n} a_k := a_m + a_{m+1} + \cdots + a_n \,, \quad \text{falls } m \leq n \,,$$
$$\sum_{k=m}^{n} a_k := 0 \,, \quad \text{falls } n < m \,,$$

die **Produktnotation**

$$\prod_{k=m}^{n} a_k := a_m \cdot a_{m+1} \cdots \cdot a_n \,, \quad \text{falls } m \leq n \,,$$
$$\prod_{k=m}^{n} a_k := 1 \,, \quad \text{falls } n < m \,,$$

sowie die **Fakultät- und Binomialnotation**

$$n! := \prod_{k=1}^{n} k \,,$$
$$\binom{n}{k} := \frac{n!}{k!(n-k)!} \,, \quad \text{falls } 0 \leq k \leq n \,.$$

Die beiden letzten definierten Abkürzungen spielen in der Mathematik eine sehr wesentliche Rolle. Man bezeichnet $n!$ als **n-Fakultät**, wobei gemäß Definition $0! = 1$ gilt. Die Zahl $\binom{n}{k}$ wird **Binomialkoeffizient** genannt und gelesen als n **über** k. Er erfüllt z. B. die Symmetriebedingung $\binom{n}{k} = \binom{n}{n-k}$ und gibt, wie man leicht zeigen kann, genau die Anzahl aller k-elementigen Teilmengen einer n-elementigen Menge an.

Beispiel 2.4.5

Betrachtet man die Menge $M := \{1, 2, 3, 4\}$, so ergeben sich z. B. alle zweielementigen Teilmengen dieser Menge zu

$$\{1, 2\}, \{1, 3\}, \{1, 4\}, \{2, 3\}, \{2, 4\} \quad \text{und} \quad \{3, 4\}.$$

Dies sind offensichtlich in Hinblick auf ihre Anzahl genau

$$\binom{4}{2} = \frac{4!}{2!(4-2)!} = \frac{24}{4} = 6 \, .$$

Die folgenden beiden Beispiele zur vollständigen Induktion schließen diesen Abschnitt ab.

Beispiel 2.4.6

Zu zeigen ist die sogenannte **geometrische Summenformel**

$$\sum_{k=0}^{n} x^k = \frac{1 - x^{n+1}}{1 - x} \quad \text{für alle} \quad n \in \mathbb{N} \quad \text{und alle} \quad x \in \mathbb{R} \setminus \{1\}.$$

Induktionsanfang: Für $n = 0$ ist die Aussage wahr, denn

$$\sum_{k=0}^{0} x^k = 1 = \frac{1 - x}{1 - x} \, .$$

Induktionsschluss: Es gelte die Aussage für ein beliebiges $n \in \mathbb{N}$ (Induktionsannahme). Dann folgt

$$\sum_{k=0}^{n+1} x^k = \left(\sum_{k=0}^{n} x^k \right) + x^{n+1} = \frac{1 - x^{n+1}}{1 - x} + x^{n+1} \quad \text{(Induktionsannahme)}$$

$$= \frac{1 - x^{n+1} + (1 - x)x^{n+1}}{1 - x} = \frac{1 - x^{(n+1)+1}}{1 - x} \, ,$$

also die behauptete Aussage für $(n + 1)$. Insgesamt folgt die zu zeigende Identität für alle $n \in \mathbb{N}$.

Beispiel 2.4.7

Zu zeigen ist der sogenannte **binomische Lehrsatz** (auch kurz **(verallgemeinerte) binomische Formel** genannt)

$$(a + b)^n = \sum_{k=0}^{n} \binom{n}{k} a^k b^{n-k} \quad \text{für alle} \quad n \in \mathbb{N} \quad \text{und alle} \quad a, b \in \mathbb{R}.$$

Induktionsanfang: Für $n = 0$ ist die Aussage wahr, denn

$$(a + b)^0 = 1 = \sum_{k=0}^{0} \binom{0}{k} a^k b^{0-k} = \binom{0}{0} a^0 b^{0-0} = 1 \,.$$

Induktionsschluss: Es gelte die Aussage für ein beliebiges $n \in \mathbb{N}$ (Induktionsannahme). Dann folgt

$$
\begin{aligned}
(a + b)^{n+1} &= (a + b)^n (a + b) \\[2mm]
&= \left(\sum_{k=0}^{n} \binom{n}{k} a^k b^{n-k} \right) (a + b) \quad \text{(Induktionsannahme)} \\[2mm]
&= \left(\sum_{k=0}^{n} \binom{n}{k} a^{k+1} b^{n-k} \right) + \left(\sum_{k=0}^{n} \binom{n}{k} a^k b^{n-k+1} \right) \\[2mm]
&= \left(\sum_{k=1}^{n+1} \binom{n}{k-1} a^k b^{n-k+1} \right) + \left(\sum_{k=0}^{n} \binom{n}{k} a^k b^{n-k+1} \right) \\[2mm]
&= a^{n+1} + \left(\sum_{k=1}^{n} \underbrace{\left(\binom{n}{k-1} + \binom{n}{k} \right)}_{=\binom{n+1}{k} \text{ (nachrechnen!)}} a^k b^{n+1-k} \right) + b^{n+1} \\[2mm]
&= \sum_{k=0}^{n+1} \binom{n+1}{k} a^k b^{(n+1)-k},
\end{aligned}
$$

also die behauptete Aussage für $(n + 1)$. Insgesamt folgt die zu zeigende Identität für alle $n \in \mathbb{N}$.

2.5 Aufgaben mit Lösungen

Aufgabe 2.5.1 *Zeigen Sie die Gültigkeit der Summenformel*

$$\sum_{k=0}^{n} k^3 = 0^3 + 1^3 + 2^3 + \cdots + n^3 = \frac{n^2(n+1)^2}{4} \quad \textit{für alle} \quad n \in \mathbb{N}.$$

Lösung der Aufgabe Induktionsanfang: Für $n = 0$ ist die Aussage wahr, denn

$$0 = \frac{0^2(0+1)^2}{4}.$$

Induktionsschluss: Es gelte die Aussage für ein beliebiges $n \in \mathbb{N}$ (Induktionsannahme). Dann folgt

$$\sum_{k=0}^{n+1} k^3 = \left(\sum_{k=0}^{n} k^3\right) + (n+1)^3 = \frac{n^2(n+1)^2}{4} + (n+1)^3 \quad \text{(Induktionsannahme)}$$

$$= \frac{(n+1)^2}{4}(n^2 + 4n + 4) = \frac{(n+1)^2}{4}(n+2)^2 = \frac{(n+1)^2((n+1)+1)^2}{4},$$

also die behauptete Aussage für $(n+1)$. Insgesamt folgt die zu zeigende Identität für alle $n \in \mathbb{N}$.

Aufgabe 2.5.2 *Zeigen Sie die Gültigkeit der Ungleichung* $2^n > n^2$ *für alle* $n \in \mathbb{N}$ *mit* $n \geq 5$.

Lösung der Aufgabe Induktionsanfang: Für $n = 5$ ist die Aussage wahr, denn

$$2^5 = 32 > 25 = 5^2.$$

Induktionsschluss: Es gelte die Aussage für ein beliebiges $n \in \mathbb{N}$ mit $n \geq 5$ (Induktionsannahme). Da für $n \geq 5$ die Implikation

$$n^2 - 2n + 1 = (n-1)^2 \geq 2 \quad \Longrightarrow \quad n^2 \geq 2n + 1$$

gilt, ergibt sich mit der Induktionsannahme sofort

$$2^{n+1} = 2 \cdot 2^n > 2n^2 = n^2 + n^2 \geq n^2 + 2n + 1 = (n+1)^2,$$

also die behauptete Aussage für $(n+1)$. Insgesamt folgt die zu zeigende Ungleichung für alle $n \in \mathbb{N}$ mit $n \geq 5$.

Selbsttest 2.5.3 Gegeben seien die von $n \in \mathbb{N}$ abhängigen Summen

$$s_n := \sum_{k=0}^{n} (2k + 1).$$

Welche der folgenden Summenformeln sind wahr (Nachweis durch vollständige Induktion)?

?+? $s_n = (n + 1)^2$
?−? $s_n = n^2$
?+? $s_n = n^2 + 2n + 1$
?−? $s_n = (n - 1)^2$

Selbsttest 2.5.4 Für alle $n \in \mathbb{N}$ folgt aus der Induktionsannahme, dass $n = n + 1$ ist, sofort, dass auch $n + 1 = (n + 1) + 1 = n + 2$ ist. Dennoch ist die Gleichung $n = n + 1$ für alle $n \in \mathbb{N}$ falsch. Warum kann man hier nicht mit dem Prinzip der vollständigen Induktion argumentieren?

?−? Weil die Induktionsannahme falsch ist.
?−? Weil der Induktionsschluss falsch ist.
?+? Weil der Induktionsanfang falsch ist.

2.6 Kombinatorik von Mengen

Das Gebiet der **Kombinatorik** beschäftigt sich mit dem Abzählen der Elemente endlicher Mengen und ist ausgesprochen umfangreich. Die Resultate sind dabei häufig mit vollständiger Induktion zu beweisen, worauf wir aber im Folgenden zugunsten von Beispielen verzichten werden. Wir beginnen mit zwei einführenden Definitionen, die direkt auch allgemein für nicht endliche Mengen formuliert werden.

Definition 2.6.1 Potenzmenge und Teilmengen

Es sei M eine nicht leere Menge. Die Menge aller Teilmengen von M (einschließlich der leeren Menge und M selbst), kurz

$$\mathbf{P}(M) := 2^M := \left\{ T \mid T \subseteq M \right\},$$

wird als **Potenzmenge von M** bezeichnet. Für $k \in \mathbb{N}$ kürzt man ferner mit

$$\binom{M}{k} := \left\{ T \mid (T \subseteq M) \wedge (|T| = k) \right\}$$

die Menge aller k**-elementigen Teilmengen** von M ab. ◄

Beispiel 2.6.2

Gegeben sei die endliche Menge $M := \{1, 2, 3\}$ mit $|M| := 3$ Elementen. Ihre Potenzmenge ergibt sich zu

$$\mathbf{P}(M) = \{\emptyset, \{1\}, \{2\}, \{3\}, \{1, 2\}, \{1, 3\}, \{2, 3\}, \{1, 2, 3\}\}.$$

Die k-elementigen Teilmengen von M lauten der Reihe nach

$$\binom{M}{0} = \{\emptyset\},$$

$$\binom{M}{1} = \{\{1\}, \{2\}, \{3\}\},$$

$$\binom{M}{2} = \{\{1, 2\}, \{1, 3\}, \{2, 3\}\},$$

$$\binom{M}{3} = \{\{1, 2, 3\}\}.$$

Definition 2.6.3 Kartesisches Produkt

Es seien M_1 und M_2 zwei nicht leere Mengen. Die Menge aller geordneten Paare von Elementen aus M_1 und M_2, kurz

$$M_1 \times M_2 := \left\{ \binom{m_1}{m_2} \mid (m_1 \in M_1) \wedge (m_2 \in M_2) \right\},$$

wird als **kartesisches Produkt von M_1 und M_2** bezeichnet. Gilt speziell $M_1 = M_2 =: M$, dann schreibt man auch kurz M^2 statt $M \times M$. ◄

Das Adjektiv **kartesisch** erinnert dabei an den französischen Mathematiker und Philosoph René Descartes (1596–1650), der die Bedeutung dieser Art von Mengenverknüpfungen für die moderne Mathematik als einer der Ersten erkannte. Bei der Notation der geordneten Paare benutzt man dabei auch häufig anstelle der obigen **Spaltennotation** die sogenannte **Zeilennotation** (m_1, m_2), wobei man mittels **transponieren** die eine Notation in die andere überführen kann, konkret

$$\binom{m_1}{m_2}^T := (m_1, m_2) \quad \text{bzw.} \quad (m_1, m_2)^T := \binom{m_1}{m_2}.$$

Ferner gilt

$$(m_1, m_2) = (n_1, n_2) \quad :\Longleftrightarrow \quad ((m_1 = n_1) \wedge (m_2 = n_2)) \,,$$

d. h. im Gegensatz zur Gleichheit von Mengen $\{m_1, m_2\} = \{m_2, m_1\}$ ist bei kartesischen Produkten die Reihenfolge wesentlich, also im Allgemeinen $(m_1, m_2) \neq (m_2, m_1)$. Schließlich definiert man für n gegebene nicht leere Mengen $M_1, M_2, \ldots, M_n$ das n-fache kartesische Produkt $M_1 \times M_2 \times \cdots \times M_n$ als die Menge aller geordneten n-Tupel $(m_1, m_2, \ldots, m_n)$ mit $m_i \in M_i$ für alle $1 \leq i \leq n$. Sind die Mengen wieder alle gleich einer Menge M, so schreibt man kurz $M^n := M \times M \times \cdots \times M$.

Für Potenzmengen und kartesische Produkte endlicher Mengen gilt offenbar folgender Satz.

> **Satz 2.6.4** Es sei M eine nicht leere endliche Menge mit $|M|$ Elementen. Dann besitzt die Potenzmenge $\mathbf{P}(M)$ genau $2^{|M|}$ Elemente und das kartesische Produkt M^2 genau $|M|^2$ Elemente.

Beispiel 2.6.5

Gegeben sei die Menge $M := \{1, 2, 3\}$ mit $|M| = 3$ Elementen. Ihre Potenzmenge ist bereits bekannt,

$$\mathbf{P}(M) = \{\emptyset, \{1\}, \{2\}, \{3\}, \{1,2\}, \{1,3\}, \{2,3\}, \{1,2,3\}\} \,,$$

und hat offenbar $2^{|M|} = 2^3 = 8$ Elemente. Das kartesische Produkt M^2 von M ergibt sich zu

$$M^2 = \left\{ \binom{1}{1}, \binom{1}{2}, \binom{1}{3}, \binom{2}{1}, \binom{2}{2}, \binom{2}{3}, \binom{3}{1}, \binom{3}{2}, \binom{3}{3} \right\}$$

und hat offenbar $|M|^2 = 3^2 = 9$ Elemente.

Nach diesen einfachen Vorüberlegungen formulieren wir nun einen Satz, der die Anzahl der Möglichkeiten angibt, aus einer nicht leeren Menge M mit n verschiedenen Elementen k Elemente auszuwählen, wobei unterschieden werden muss, ob die Reihenfolge eine Rolle spielt (mit/ohne Berücksichtigung der Reihenfolge, kurz mBdR oder oBdR) und ob Wiederholungen zugelassen sind (mit/ohne Wiederholung, kurz mW oder oW).

> **Satz 2.6.6** Es sei M eine nicht leere endliche Menge mit $n := |M|$ Elementen. Ferner sei $k \in \mathbb{N}$ mit $0 \leq k \leq n$ (Fall oW) oder $k \in \mathbb{N}$ beliebig (Fall mW). Dann gibt es für die Wahl von k Elementen aus der n-elementigen

Grundmenge M

$$n^k \qquad \text{Möglichkeiten mBdR und mW,}$$

$$\binom{n}{k} \qquad \text{Möglichkeiten oBdR und oW,}$$

$$n(n-1)(n-2)\cdots(n-k+1) \qquad \text{Möglichkeiten mBdR und oW,}$$

$$\binom{n+k-1}{k} \qquad \text{Möglichkeiten oBdR und mW.}$$

Die Vorgabe mBdR und mW entspricht genau der Anzahl der Elemente des k-fachen kartesischen Produkts M^k von M, also $|M|^k$ Elemente, und die Vorgabe oBdR und oW entspricht genau der Anzahl der k-elementigen Teilmengen $\binom{M}{k}$ von M, also $\binom{|M|}{k}$ Elemente. Ferner bezeichnet man bei der Vorgabe mBdR und oW sowie dem Fall $k = n$ die entstehenden Möglichkeiten als die Menge der **Permutationen** der n Elemente von M und erhält dafür genau $n!$ Möglichkeiten.

Beweis Die Beweise der einzelnen Behauptungen benutzen einfache Abzählargumente oder vollständige Induktion. Wir verzichten auf die Details. $\qquad\qquad\Box$

Beispiel 2.6.7

Gegeben sei die Menge $M := \{1, 2, 3, 4, 5\}$ mit $n := |M| = 5$ Elementen sowie $k := 2$.

- Wegen

$$M^2 = \{(1,1),(1,2),\ldots,(1,5),(2,1),(2,2),\ldots(5,5)\}$$

erkennt man für mBdR und mW sofort die Anzahl $5^2 = 25$.

- Wegen

$$\binom{M}{2} = \{\{1,2\},\{1,3\}\ldots,\{1,5\},\{2,3\},\ldots\{4,5\}\}$$

erkennt man für oBdR und oW sofort die Anzahl $\binom{5}{2} = 10$.

- Wegen

$$\{(1,2),(1,3),\ldots,(1,5),(2,1),(2,3),\ldots(4,5)\}$$

erkennt man für mBdR und oW sofort die Anzahl $5 \cdot 4 = 20$.

- Wegen

$$\{(1,1),(1,2)\ldots,(1,5),(2,2),(2,3)\ldots(5,5)\}$$

erkennt man für oBdR und mW sofort die Anzahl $\binom{6}{2} = 15$.

▶ **Bemerkung 2.6.8 Urnenmodell** Die oben skizzierten Auswahlszenarien kann man sich auch anhand eines sogenannten **Urnenmodells** veranschaulichen. Dabei betrachtet man eine Urne mit n unterscheidbaren Kugeln, aus der man jeweils k Kugeln zieht. Die beiden Fälle mit Wiederholung bedeuten dabei, dass man nach einem Zug aus der Urne die gezogene Kugel wieder in die Urne zurücklegt, so dass sie eventuell erneut gezogen werden kann.

2.7 Aufgaben mit Lösungen

Aufgabe 2.7.1 *An einem Pferderennen nehmen* 20 *Pferde teil. Wie viele Möglichkeiten gibt es, die ersten* 3 *Plätze zu belegen?*

Lösung der Aufgabe Hierbei handelt es sich um ein Problem der Auswahl von $k := 3$ Elementen aus einer Grundmenge mit $n := 20$ Elementen mBdR und oW. Also ergeben sich

$$n(n-1)(n-2) = 20 \cdot 19 \cdot 18 = 6840$$

Möglichkeiten.

Aufgabe 2.7.2 *In einer* 4×100 m *Staffel muss die Reihenfolge der Läufer festgelegt werden. Wie viele Möglichkeiten gibt es für die Aufstellung, wenn lediglich genau vier Läufer zur Verfügung stehen?*

Lösung der Aufgabe Hierbei handelt es sich um ein Problem der Auswahl von $k := 4$ Elementen aus einer Grundmenge mit $n := 4$ Elementen mBdR und oW. Also ergeben sich

$$n(n-1)(n-2)\cdots 1 = 4 \cdot 3 \cdot 2 \cdot 1 = 4! = 24$$

Möglichkeiten.

Aufgabe 2.7.3 *Wie viele mögliche Worte mit sieben Buchstaben kann man aus den Buchstaben des Wortes* **ENTENEI** *bilden, wobei die entstehenden Worte keinen Sinn ergeben müssen?*

Lösung der Aufgabe Hierbei handelt es sich um ein Problem der Auswahl von $k := 7$ Elementen aus einer Grundmenge mit $n := 7$ Elementen mBdR und oW. Also würden sich im Fall, dass alle Buchstaben verschieden sind,

$$n(n-1)(n-2)\cdots 1 = 7 \cdot 6 \cdots 2 \cdot 1 = 7! = 5040$$

Möglichkeiten ergeben. Allerdings kommt bei dem gegebenen Wort der Buchstabe **E** dreimal und der Buchstabe **N** zweimal vor. In Hinblick auf **N** sind damit offensichtlich jeweils zwei der zuvor als verschieden klassifizierten Worte identisch, so dass sich die Anzahl der Möglichkeiten auf 2520 reduziert. In Hinblick auf **E** sind jeweils sechs der zuvor als verschieden klassifizierten Worte identisch (Auswahl von 3 Elementen aus einer Grundmenge von 3 Elementen, die zuvor im Sinne von mBdR und oW gezählt wurden), so dass sich die Anzahl der Möglichkeiten auf 420 reduziert. Allgemein kann man zeigen, dass bei einer Auswahl von n Elementen aus einer Menge mit n z. T. identischen Elementen die Anzahl der Möglichkeiten

$$\frac{n!}{k_1! \cdot k_2! \cdots k_s!}$$

beträgt, wobei $\sum_{r=1}^{s} k_r = n$ gilt und das erste Element k_1-mal vorkommt, das zweite Element k_2-mal vorkommt usw.

Aufgabe 2.7.4 *In einer $4 \times 100m$ Staffel muss die Reihenfolge der Läufer festgelegt werden. Wie viele Möglichkeiten gibt es für die Aufstellung, wenn insgesamt sechs Läufer zur Verfügung stehen?*

Lösung der Aufgabe Hierbei handelt es sich um ein Problem der Auswahl von $k := 4$ Elementen aus einer Grundmenge mit $n := 6$ Elementen mBdR und oW. Also ergeben sich

$$n(n-1)(n-2)\cdots(n-k+1) = 6 \cdot 5 \cdot 4 \cdot 3 = 360$$

Möglichkeiten.

Aufgabe 2.7.5 *Bei der Zusammenstellung einer Getränkekiste mit 12 Flaschen stehen 3 Sorten (Apfel, Birne, Orange) zur Auswahl. Wie viele Möglichkeiten gibt es?*

Lösung der Aufgabe Hierbei handelt es sich um ein Problem der Auswahl von $k := 12$ Elementen aus einer Grundmenge mit $n := 3$ Elementen oBdR und mW. Also ergeben sich

$$\binom{n+k-1}{k} = \frac{(n+k-1)!}{k!(n-1)!} = \frac{(3+12-1)!}{12!(3-1)!} = \frac{14 \cdot 13}{2} = 91$$

Möglichkeiten.

Aufgabe 2.7.6 *Wie viele Möglichkeiten gibt es bei der Ziehung von 6 Zahlen aus einem Vorrat von 49 verschiedenen Zahlen unter den gewöhnlichen Lotto-Bedingungen?*

Lösung der Aufgabe Hierbei handelt es sich um ein Problem der Auswahl von $k := 6$ Elementen aus einer Grundmenge mit $n := 49$ Elementen oBdR und oW. Also ergeben sich

$$\binom{n}{k} = \frac{n!}{k!(n-k)!} = \frac{49!}{6!(49-6)!} = \frac{49 \cdot 48 \cdot 47 \cdots 44}{720} = 13\,983\,816$$

Möglichkeiten.

Aufgabe 2.7.7 *Wie viele Möglichkeiten gibt es, die Ziffern 0 und 1 auf 10 Plätze zu verteilen (Anzahl der 10-Bit-Worte)?*

Lösung der Aufgabe Hierbei handelt es sich um ein Problem der Auswahl von $k := 10$ Elementen aus einer Grundmenge mit $n := 2$ Elementen mBdR und mW. Also ergeben sich

$$n^k = 2^{10} = 1024$$

Möglichkeiten.

Aufgabe 2.7.8 *Wie viele Möglichkeiten gibt es beim Morse-Alphabet, aus den drei Elementar-Codes (kurzes Signal, langes Signal und Pause) Code-Folgen der Länge 5 zu generieren?*

Lösung der Aufgabe Hierbei handelt es sich um ein Problem der Auswahl von $k := 5$ Elementen aus einer Grundmenge mit $n := 3$ Elementen mBdR und mW. Also ergeben sich

$$n^k = 3^5 = 243$$

Möglichkeiten.

Aufgabe 2.7.9 *Betrachten Sie eine Urne mit $n := 3$ unterscheidbaren Kugel (z. B. verschiedenfarbig oder nummeriert) und bestimmen Sie beim Ziehen von jeweils $k := 2$ Kugeln die Anzahl der Möglichkeiten in den vier Fällen mBdR+mW, oBdR+oW, mBdR+oW und oBdR+mW.*

Lösung der Aufgabe Wir veranschaulichen die vier Möglichkeiten anhand einer kleinen Grafik, die selbsterklärend sein sollte (vgl. Abb. 2.3).

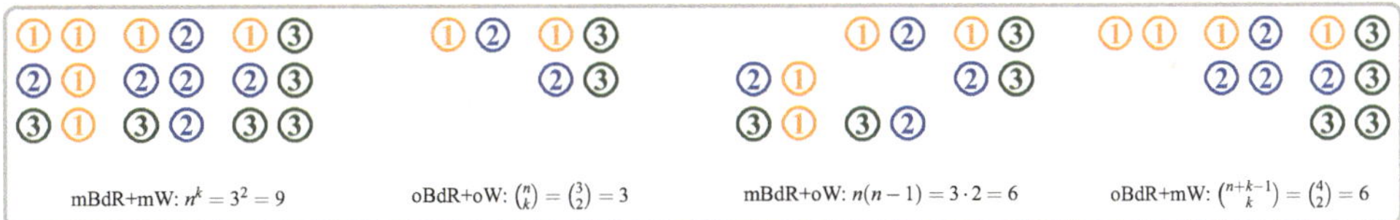

Abb. 2.3 Skizze der vier Szenarien beim Urnenmodell

Literatur

1. DIN-Taschenbuch 202. Formelzeichen, Formelsatz, mathematische Zeichen und Begriffe, 3. Aufl., Beuth, Berlin, Wien, Zürich (2009)
2. Teschl, G., Teschl, S.: Mathematik für Informatiker, Band 1, 4. Aufl. Springer, Berlin, Heidelberg (2013)
3. Höllig, K., Kimmerle, W.: Online Skripte zur Mathematik, Universität Stuttgart (2020). https://mo.mathematik.uni-stuttgart.de/kurse/

Relationen und Funktionen

3

In den Anwendungen tauchen häufig Situationen auf, in denen bestimmte Größen in einer ganz speziellen Art und Weise von anderen Größen abhängen oder mit ihnen in Verbindung, in Relation, stehen.

Um als Einstieg ein konkretes Beispiel vor Augen zu haben, wird im Folgenden ein Auto betrachtet, das eine vorgegebene Wegstrecke zurückzulegen hat. Befindet sich in diesem Auto ein hinreichend präzise arbeitender Fahrtenschreiber, so zeichnet er z. B. für jeden Zeitpunkt t eines Tages die momentane Geschwindigkeit V des Fahrzeugs auf. Ein tabellarischer Ausschnitt dieser Aufzeichnung könnte wie folgt aussehen, wobei die angegebenen Minuten ab einem festgelegten Startzeitpunkt gemessen sein mögen:

$t\,[\mathrm{min}]$	125	126	127	128	129	130	131
$V\,[\mathrm{km/h}]$	44	59	64	42	29	33	42

Es gibt also für jeden Zeitpunkt t des Tages **genau eine** Geschwindigkeit V, mit der sich das Auto zu diesem Zeitpunkt fortbewegt hat. Aus diesem Grunde ist es sinnvoll, diese Abhängigkeit dadurch deutlich zu machen, dass man V_t oder $V(t)$ schreibt. Mit dieser Notation lässt sich z. B. aus der Tabelle direkt entnehmen, dass der funktionale Zusammenhang $V(127) = 64$ gilt bzw. $t = 127$ in Relation zu $V = 64$ steht, wobei auf das Mitführen der Einheiten verzichtet wurde.

In der Mathematik werden zur Beschreibung von Zusammenhängen des obigen Typs sowohl **Relationen** als auch **Funktionen** verwendet. Relationen sind dabei vielleicht aus dem Umfeld der sogenannten relationalen Datenbanken bereits bekannt und Funktionen (auch **Abbildungen** genannt) gehören generell zu den wichtigsten mathematischen Objekten überhaupt. Nicht nur innerhalb der Mathematik, sondern in nahezu allen Anwendungsgebieten spielen sie eine zentrale Rolle. Diese universelle Anwendbarkeit rührt daher, dass ihre prinzipielle Funktionalität ausgesprochen einfach ist. Unter einer Funktion

Elektronisches Zusatzmaterial Die elektronische Version dieses Kapitels enthält Zusatzmaterial, das berechtigten Benutzern zur Verfügung steht https://doi.org/10.1007/978-3-658-29922-4_3.

kann man sich ganz allgemein einen **Eingabe-Ausgabe-Prozess** vorstellen. Dieser nimmt ein Objekt (z. B. eine Zahl, einen Buchstaben, eine Datei, eine Zustandsbeschreibung, ein Bild etc.) als **Eingabe** entgegen und gibt daraufhin ein anderes (oder auch dasselbe) Objekt als **Ausgabe** aus. Wichtig ist dabei, dass der Prozess dies gemäß einer genauen, eindeutig festgelegten Vorschrift tut, d. h. insbesondere, dass gleiche Eingaben stets zu exakt denselben Ausgaben führen. Bei Relationen ist der Zusammenhang zwischen Ein- und Ausgabe sogar noch etwas allgemeiner: Hier darf dieselbe Eingabe durchaus in Relationen zu verschiedenen Ausgaben stehen. Wir beginnen im Folgenden zunächst mit den Relationen als allgemeinerem Konzept und gehen dann zu den Funktionen über.

3.1   Grundlegendes zu Relationen

Stehen Elemente einer nicht leeren Menge A in Beziehung zu Elementen aus einer nicht leeren Menge B, so kann dies mit Hilfe einer **Relation** ausgedrückt werden. Diese besteht genau aus den geordneten Paaren $(a, b) \in A \times B$, die durch die Beziehung miteinander verknüpft sind. Eine Relation R ist also eine **Teilmenge des kartesischen Produkts von A und B**. Man sagt dann a steht in Relation zu b und schreibt häufig kurz $a R b$ im Sinne von

$$a R b \quad :\Longleftrightarrow \quad (a, b) \in R \subseteq A \times B \ .$$

Falls $R = \emptyset$ spricht man auch von der **leeren Relation**, falls $R = A \times B$ von der **Allrelation**, und falls $A = B$ und $R = \{(x, x) \mid x \in A\}$ von der **Identitätsrelation**. Insbesondere nennt man Relationen mit $A = B$ auch **homogene Relationen** und bisweilen werden Relationen mit $A \neq B$ auch als **heterogene Relationen** bezeichnet.

Beispiel 3.1.1
(1) Seien $A := \{2, 3, 4, 5, 6, 7\}$ und $B := \{10, 12, 15, 17\}$. Die Beziehung zweier Zahlen $a \in A$ und $b \in B$ im Sinne von a teilt b ohne Rest ergibt die (heterogene) Relation

$$R = \{(2, 10), (2, 12), (3, 12), (3, 15), (4, 12), (5, 10), (5, 15), (6, 12)\} \subseteq A \times B \ .$$

Insbesondere dürfte man z. B. $2R10$ schreiben, da $(2, 10) \in R$.

(2) Seien $A := \{wien, rom, budapest, berlin, genua\}$ und $B := \{italien, belgien, ungarn, schweiz\}$. Die Beziehung einer Stadt $a \in A$ zu einem Land $b \in B$ im Sinne von a ist eine Stadt in b ergibt die (heterogene) Relation

$$R = \{(rom, italien), (budapest, ungarn), (genua, italien)\} \subseteq A \times B \ .$$

Insbesondere dürfte man z. B. $romRitalien$ schreiben, da $(rom, italien) \in R$. Ferner kann man derartige Relationen auch in einer sogenannten **Matrix-Notation** zum Ausdruck bringen, wobei diese im Sinne von **Zeile zuerst, Spalte später** zu lesen ist und eine 1 bedeutet, dass eine Relation besteht, und eine 0, dass keine Relation besteht (Matrizen dieses Typs werden auch **Inzidenzmatrizen** genannt):

	Italien	Belgien	Ungarn	Schweiz
Wien	0	0	0	0
Rom	1	0	0	0
Budapest	0	0	1	0
Berlin	0	0	0	0
Genua	1	0	0	0

(3) Ein typisches und wichtiges Anwendungsbeispiel für den Einsatz von und den Umgang mit Relationen sind die sogenannten **relationalen Datenbanken**, bei denen der gegebene enge Zusammenhang bereits am Namen abzulesen ist. Hier stehen beispielsweise eine Tabelle mit Wohnorten und eine Tabelle von Bewohnern in Beziehung zueinander. Die Relation ist also zwischen einem Wohnort und einer Person genau dann gegeben, wenn die Person in diesem Ort ihren Wohnsitz hat.

Speziell für die Menge **homogener Relationen** führt man folgende zusätzlichen Klassifizierungen ein.

Definition 3.1.2 Klassifizierung homogener Relationen

Es seien A und R nicht leere Mengen mit $R \subseteq A^2$, also R eine homogene Relation auf A^2. Dann heißt R

$$
\begin{aligned}
\textbf{reflexiv:} \quad & \forall a \in A \colon (a,a) \in R \\
\textbf{symmetrisch:} \quad & \forall a,b \in A \colon (a,b) \in R \implies (b,a) \in R \\
\textbf{antisymmetrisch:} \quad & \forall a,b \in A \colon ((a,b) \in R) \wedge ((b,a) \in R) \implies a = b \\
\textbf{transitiv:} \quad & \forall a,b,c \in A \colon ((a,b) \in R) \wedge ((b,c) \in R) \implies (a,c) \in R \\
\textbf{total:} \quad & \forall a,b \in A \colon ((a,b) \in R) \vee ((b,a) \in R) \quad \blacktriangleleft
\end{aligned}
$$

In etwas informellerer Sprechweise bedeutet dies also:

reflexiv: Jedes Element steht in Relation zu sich selbst.

symmetrisch: Die Reihenfolge der Elemente spielt keine Rolle.

antisymmetrisch: Aus der Symmetrie folgt die Identität.

transitiv: Zwei durch ein Element gekoppelte Relationen implizieren transitiv eine dritte.

total: Je zwei Elemente stehen in mindestens einer Richtung in Relation zueinander.

Beispiel 3.1.3

(1) Die Relation a teilt b ohne Rest auf $\mathbb{N}^* \times \mathbb{N}^*$ ist reflexiv, antisymmetrisch und transitiv.

(2) Die Relation $a - b$ ist durch 4 teilbar auf $\mathbb{Z}^2$ ist reflexiv, symmetrisch und transitiv.

(3) Die Relation $a \neq b$ auf $\mathbb{N}^2$ ist symmetrisch.

(4) Die Relation $a = b$ auf $\mathbb{N}^2$ ist reflexiv, symmetrisch und transitiv.

(5) Die Relation $a < b$ auf $\mathbb{N}^2$ ist transitiv.

(6) Die Relation $a \leq b$ auf $\mathbb{N}^2$ ist reflexiv, antisymmetrisch, transitiv und total.

Ist eine Relation R reflexiv, symmetrisch und transitiv, so wird sie **Äquivalenzrelation** genannt. Für Äquivalenzrelationen wird üblicherweise die Notation $a \equiv b$ statt aRb benutzt. Eine Äquivalenzrelation unterteilt die Menge A in disjunkte Teilmengen, die sogenannten **Äquivalenzklassen**, wobei zwei Elemente einer Teilmenge zueinander in Relation stehen (sprich: äquivalent sind), während zwei Elemente aus unterschiedlichen Teilmengen dies nicht tun. Man definiert in diesem Zusammenhang

$$[a] := \{x \in A \mid xRa\} = \{x \in A \mid x \equiv a\}$$

und bezeichnet $[a]$ als **Äquivalenzklasse von** a **bezüglich** R.

Beispiel 3.1.4

(1) Die Relation $a = b$ auf $\mathbb{N}^2$ ist reflexiv, symmetrisch und transitiv, also eine Äquivalenzrelation.

(2) Die Relation $a - b$ ist gerade auf $\mathbb{N}^2$ ist reflexiv, symmetrisch und transitiv, also eine Äquivalenzrelation.

(3) Die Relation $a - b$ ist ungerade auf $\mathbb{N}^2$ ist nur symmetrisch, also keine Äquivalenzrelation.

Ist eine Relation reflexiv, antisymmetrisch und transitiv, so ist sie eine **Halbordnung** und man schreibt meist $a \leq b$ statt aRb. Ist eine Halbordnung zusätzlich total, heißt sie **(totale) Ordnung** und A heißt durch $\leq$ geordnet.

Beispiel 3.1.5

(1) Die Relation $A \subseteq B$ auf $\mathbf{P}(\mathbb{N})^2$ ist reflexiv, antisymmetrisch und transitiv, also eine Halbordnung.

(2) Die Relation $a \leq b$ auf $\mathbb{N}^2$ ist reflexiv, antisymmetrisch, transitiv und total, also eine (totale) Ordnung.

3.2 Aufgaben mit Lösungen

Aufgabe 3.2.1 *Auf der Menge $A \times B := \{2, 3, 4, 5, 6, 7, 8\} \times \{2, 3, 4, 5, 6, 7, 8\}$ sei die Relation R,*

$$x R y \quad :\Longleftrightarrow \quad x \neq y \quad \wedge \quad x \text{ teilt } y \text{ ohne Rest},$$

gegeben. Visualisieren Sie R in Matrix-Notation.

Lösung der Aufgabe Die gesuchte Matrix ergibt sich wie folgt:

	2	3	4	5	6	7	8
2	0	0	1	0	1	0	1
3	0	0	0	0	1	0	0
4	0	0	0	0	0	0	1
5	0	0	0	0	0	0	0
6	0	0	0	0	0	0	0
7	0	0	0	0	0	0	0
8	0	0	0	0	0	0	0

Aufgabe 3.2.2 *Zeigen Sie, dass für fest vorgegebenes $n \in \mathbb{N}^*$ die auf $\mathbb{Z}^2$ gegebene Relation R,*

$$x R y \quad :\Longleftrightarrow \quad n \text{ teilt } x - y \text{ ohne Rest},$$

*eine Äquivalenzrelation ist. Man bezeichnet diese Äquivalenzrelation als **modulare Gleichheit** und benutzt statt $x R y$ häufig die Notation $x \equiv y \mod n$, in Worten: x ist kongruent y modulo n.*

Lösung der Aufgabe Zu zeigen ist, dass die Relation reflexiv, symmetrisch und transitiv ist.

Die Reflexivität ist klar, denn 0 ist ganzzahlig durch jedes $n \in \mathbb{N}^*$ teilbar, $0 = 0 \cdot n$.

Die Symmetrie ist auch klar, denn aus $x - y = r \cdot n$ folgt sofort $y - x = (-r) \cdot n$.

Schließlich ergibt sich die Transitivität aus $x - y = r \cdot n$ und $y - z = s \cdot n$ gemäß

$$x - z = (x - y) + (y - z) = r \cdot n + s \cdot n = (r + s) \cdot n .$$

Selbsttest 3.2.3   Gegeben sei die folgende Relation R auf $\mathbb{R}^2$,

$$x\,R\,y \qquad :\Longleftrightarrow \qquad x < y \, .$$

Welche der folgenden Aussagen über R sind wahr?

?+? R ist transitiv.
?−? R ist reflexiv.
?−? R ist symmetrisch.
?−? R ist total.

3.3   Rechenregeln für Relationen

Die wichtigsten beiden Operationen, die man mit Relationen durchführen kann, sind die
Verkettung und die **Umkehrung**. Um diese Begriffe einzuführen, bedarf es zunächst einiger weitergehender Klassifizierungen von Relationen. Ehe wir die präzise Definition
formulieren, werden die einzuführenden Begriffe in einer mehr umgangssprachlichen Notation skizziert. Dazu seien A, B und R nicht leere Mengen mit $R \subseteq A \times B$, also R eine
Relation auf $A \times B$.

linkstotal:	Für **jedes** Element aus A gibt es **mindestens** ein Element aus B mit $a\,R\,b$.
rechtseindeutig:	Für **jedes** Element aus A gibt es **höchstens** ein Element aus B mit $a\,R\,b$.
rechtstotal:	Für **jedes** Element aus B gibt es **mindestens** ein Element aus A mit $a\,R\,b$.
linkseindeutig:	Für **jedes** Element aus B gibt es **höchstens** ein Element aus A mit $a\,R\,b$.

In mathematisch präziser Form lassen sich diese Begriffe wie folgt definieren.

Definition 3.3.1 Klassifizierung von Relationen

Es seien A, B und R nicht leere Mengen mit $R \subseteq A \times B$, also R eine Relation auf
$A \times B$. Dann heißt R

$$
\begin{aligned}
\textbf{linkstotal:} \quad & \forall a \in A\ \exists b \in B:\ (a,b) \in R \\
\textbf{rechtseindeutig:} \quad & \forall a \in A\ \forall x,y \in B:\ \big(((a,x) \in R \wedge (a,y) \in R) \Longrightarrow x = y\big) \\
\textbf{rechtstotal:} \quad & \forall b \in B\ \exists a \in A:\ (a,b) \in R \\
\textbf{linkseindeutig:} \quad & \forall b \in B\ \forall x,y \in A:\ \big(((x,b) \in R \wedge (y,b) \in R) \Longrightarrow x = y\big) \quad \blacktriangleleft
\end{aligned}
$$

> **Bemerkung 3.3.2 Surjektive und injektive Relationen** Bisweilen bezeichnet man rechtstotale Relationen auch als **surjektive Relationen** und linkseindeutige Relationen auch als **injektive Relationen**.

Beispiel 3.3.3

Im Folgenden sei die zugrunde liegende Menge $A \times B$ definiert als

$$A \times B := \{1, 2, 3, 4\} \times \{a, b, c\} \, .$$

(1) Die Relation $R := \{(1, a), (1, b), (2, b), (3, b), (4, a)\}$ ist linkstotal.

(2) Die Relation $R := \{(1, a), (1, b), (2, b), (3, b), (4, c)\}$ ist linkstotal und rechtstotal.

(3) Die Relation $R := \{(1, a), (2, b), (3, b), (4, a)\}$ ist linkstotal und rechtseindeutig.

(4) Die Relation $R := \{(2, c), (2, b), (4, a)\}$ ist rechtstotal und linkseindeutig.

(5) Die Relation $R := \{(2, b), (3, c), (4, a)\}$ ist rechtstotal sowie links- und rechtseindeutig.

(6) Die Relation $R := \{(1, b), (2, b), (3, c), (4, a)\}$ ist links- und rechtstotal sowie rechtseindeutig.

Die obigen Begriffe spielen insbesondere im Zusammenhang mit einer wichtigen Verknüpfung von Relationen eine entscheidende Rolle, nämlich der **Verkettung** (auch **Komposition** genannt) von Relationen. Grob gesprochen versteht man unter einer Verkettung die Hintereinanderausführung von zwei oder mehreren Relationen, sofern dies möglich ist.

Definition 3.3.4 Verkettung von Relationen

Es seien A, B, C drei nicht leere Mengen sowie $R_1 \subseteq A \times B$ und $R_2 \subseteq B \times C$ zwei Relationen. Dann ist die **Verkettungsrelation** R von R_2 mit R_1 definiert als

$$R := \{(a, c) \in A \times C \mid \exists b \in B \colon (((a, b) \in R_1) \wedge ((b, c) \in R_2))\} \, .$$

Man schreibt dafür abkürzend $R_2 \circ R_1 := R$ und liest die linke Seite als R_2 **verkettet mit** R_1. ◄

> **Bemerkung 3.3.5 Gesetze für die Verkettung von Relationen** Man kann zeigen, dass die Verkettung von Relationen **assoziativ** ist, aber im Allgemeinen **nicht kommutativ** ist.

Beispiel 3.3.6

(1) Die Mengen A, B und C seien definiert als

$$A := \{a,b,c\}\,, \qquad B := \{3,4,8,a,c\} \quad \text{und} \quad C := \{1,2,3,4\}\,.$$

Die Verkettung von $R_2 := \{(3,3),(8,1),(a,4),(c,3),(c,4)\} \subseteq B \times C$ mit $R_1 := \{(a,3),(b,4),(c,a),(a,a)\} \subseteq A \times B$ ergibt

$$R_2 \circ R_1 = \{(a,3),(c,4),(a,4)\}\,.$$

(2) Die Mengen A, B und C seien definiert als

$$A := \{klaus, werner, fritz, egon\}\,,$$
$$B := \{anne, suse, frieda, heidi, helga\}\,,$$
$$C := \{hans, kurt, rudi, olga, rita\}\,.$$

Die Relation $R_1 \subseteq A \times B$ sei gegeben durch die Beziehung ist verheiratet mit und besteht aus

$$R_1 := \{(klaus, suse),(werner, frieda),(fritz, anne)\}$$

und die Relation $R_2 \subseteq B \times C$ sei gegeben durch die Beziehung ist Mutter von und besteht aus

$$R_2 := \{(anne, hans),(anne, olga),(frieda, rita),(helga, kurt)\}\,.$$

Dann beschreibt $R := R_2 \circ R_1$ genau die Relation ist Vater von und ergibt sich zu

$$R = \{(werner, rita),(fritz, hans),(fritz, olga)\}\,.$$

Insbesondere ist R_1 rechts- und linkseindeutig (keine Bigamie erlaubt), aber weder rechts- noch linkstotal (man kann ledig bleiben). Hingegen ist R_2 linkseindeutig (jedes Kind hat nur eine Mutter), aber weder rechtseindeutig (eine Mutter kann mehrere Kinder haben) noch rechts- oder linkstotal (kinderlose Frauen oder Kinder, deren Mütter in B nicht benannt sind), und gleiches gilt für R.

Bei der Datenbankprogrammierung und -abfrage spielen Verkettungen von Relationen eine zentrale Rolle und werden z. B. im Rahmen von **SQL** (**S**tructured **Q**uery **L**anguage) durch den **JOIN-Befehl** realisiert:

```
SELECT <spaltenliste>
  FROM <tabelle1>
  [<join-typ>] JOIN <tabelle2> ON <bedingung>
```

Nach diesen Vorbereitungen sind wir nun in der Lage, die sogenannte **Umkehrrelation** einzuführen und einige ihrer wesentlichen Eigenschaften zu formulieren.

Definition 3.3.7 Umkehrrelation

Es seien A, B zwei nicht leere Mengen sowie $R \subseteq A \times B$ eine Relation. Dann ist die **Umkehrrelation** R^{-1} von R definiert als

$$R^{-1} := \{(b,a) \in B \times A \mid (a,b) \in R\} \subseteq B \times A \ . \quad \blacktriangleleft$$

Satz 3.3.8 Verkettung mit der Umkehrrelation Es seien A, B zwei nicht leere Mengen sowie $R \subseteq A \times B$ eine Relation und $R^{-1} \subseteq B \times A$ die zugehörige Umkehrrelation. Dann ist $R^{-1} \circ R$ die Identitätsrelation auf A^2, falls R linkstotal sowie links- und rechtseindeutig ist. Entsprechend ist $R \circ R^{-1}$ die Identitätsrelation auf B^2, falls R rechtstotal sowie links- und rechtseindeutig ist. Insbesondere ist also $R^{-1} \circ R$ die Identitätsrelation auf A^2 und $R \circ R^{-1}$ die Identitätsrelation auf B^2, falls R links- und rechtstotal sowie links- und rechtseindeutig ist.

Beweis (1) Es sei $R \subseteq A \times B$ linkstotal sowie links- und rechtseindeutig. Dann gibt es für alle $a \in A$ genau ein $b_a \in B$ mit $(a, b_a) \in R$ und damit auch $(b_a, a) \in R^{-1}$. Wegen

$$R^{-1} \circ R = \{(a,c) \in A \times A \mid \exists b \in B \quad \text{mit} \quad (a,b) \in R \quad \text{und} \quad (b,c) \in R^{-1}\}$$

ist damit auf jeden Fall schon mal $(a,a) \in R^{-1} \circ R$ für alle $a \in A$, denn man kann das nötige $b \in B$ als b_a wählen. Angenommen, es gäbe nun ein $(a,c) \in R^{-1} \circ R \subseteq A^2$ mit $c \neq a$. Da R rechtseindeutig ist, kann nur für $b := b_a$ die Elementbeziehung $(a, b_a) \in R$ gelten. Also muss $(b_a, c) \in R^{-1}$ gelten bzw. $(c, b_a) \in R$. Aus $(a, b_a) \in R$ und $(c, b_a) \in R$ folgt wegen der Linkseindeutigkeit von R sofort $c = a$ und damit der gewünschte Widerspruch.

(2) Es sei $R \subseteq A \times B$ rechtstotal sowie links- und rechtseindeutig. Dann gibt es für alle $b \in B$ genau ein $a_b \in A$ mit $(a_b, b) \in R$ und damit auch $(b, a_b) \in R^{-1}$. Wegen

$$R \circ R^{-1} = \{(b,c) \in B \times B \mid \exists a \in A \quad \text{mit} \quad (b,a) \in R^{-1} \quad \text{und} \quad (a,c) \in R\}$$

ist damit auf jeden Fall schon mal $(b,b) \in R \circ R^{-1}$ für alle $b \in B$, denn man kann das nötige $a \in A$ als a_b wählen. Angenommen, es gäbe nun ein $(b,c) \in R \circ R^{-1} \subseteq B^2$ mit $c \neq b$. Da R linkseindeutig ist, ist R^{-1} rechtseindeutig und es kann nur für $a := a_b$ die Elementbeziehung $(b, a_b) \in R^{-1}$ gelten. Also muss $(a_b, c) \in R$ liegen. Aus $(a_b, b) \in R$ und $(a_b, c) \in R$ folgt wegen der Rechtseindeutigkeit von R sofort $c = b$ und damit der gewünschte Widerspruch. $\qquad \square$

Beispiel 3.3.9

Im Folgenden sei die zugrunde liegende Menge $A \times B$ definiert als

$$A \times B := \{1,2,3\} \times \{a,b,c,d\} \, .$$

(1) Die Relation $R := \{(1,a),(2,b),(3,b)\}$ ist linkstotal und rechtseindeutig. Die Umkehrrelation lautet $R^{-1} = \{(a,1),(b,2),(b,3)\}$ und die jeweiligen Verkettungen

$$R^{-1} \circ R = \{(1,1),(2,2),(2,3),(3,2),(3,3)\} \, ,$$
$$R \circ R^{-1} = \{(a,a),(b,b)\} \, .$$

Insbesondere ist $R^{-1} \circ R$ nicht die Identitätsrelation auf A^2 wegen $(2,3) \in R^{-1} \circ R$ und auch $R \circ R^{-1}$ ist nicht die Identitätsrelation auf B^2 wegen $(c,c) \notin R \circ R^{-1}$.

(2) Die Relation $R := \{(1,a),(2,b),(2,c)\}$ ist rechtstotal und linkseindeutig. Die Umkehrrelation lautet $R^{-1} = \{(a,1),(b,2),(c,2)\}$ und die jeweiligen Verkettungen

$$R^{-1} \circ R = \{(1,1),(2,2)\} \, ,$$
$$R \circ R^{-1} = \{(a,a),(b,b),(b,c),(c,b),(c,c)\} \, .$$

Insbesondere ist $R^{-1} \circ R$ nicht die Identitätsrelation auf A^2 wegen $(3,3) \notin R^{-1} \circ R$ und auch $R \circ R^{-1}$ ist nicht die Identitätsrelation auf B^2 wegen $(c,b) \in R \circ R^{-1}$.

(3) Die Relation $R := \{(1,a),(2,b),(3,d)\}$ ist linkstotal und links- und rechtseindeutig. Die Umkehrrelation lautet $R^{-1} = \{(a,1),(b,2),(d,3)\}$ und die jeweiligen Verkettungen

$$R^{-1} \circ R = \{(1,1),(2,2),(3,3)\} \, ,$$
$$R \circ R^{-1} = \{(a,a),(b,b),(d,d)\} \, .$$

Insbesondere ist $R^{-1} \circ R$ jetzt die Identitätsrelation auf A^2, während $R \circ R^{-1}$ nach wie vor nicht die Identitätsrelation auf B^2 ist, denn $(c,c) \notin R \circ R^{-1}$.

3.4 Aufgaben mit Lösungen

Aufgabe 3.4.1 *Auf der Menge* $A^2 := \{2,3,4,5,6,7,8\}^2$ *sei die Relation R,*

$$x R y \quad :\Longleftrightarrow \quad x \neq y \ \wedge \ x \text{ teilt } y \text{ ohne Rest} \, ,$$

gegeben. Überprüfen Sie, ob die Relation linkstotal, linkseindeutig, rechtstotal oder rechtseindeutig ist, indem Sie die Matrix-Notation von R zur Hilfe nehmen. Wie sieht die Matrix für die Umkehrrelation R^{-1} *aus und wie ergibt sie sich aus der Matrix für R?*

Lösung der Aufgabe Die gesuchte Matrix hatten wir bereits bestimmt und sie lautete:

	2	3	4	5	6	7	8
2	0	0	1	0	1	0	1
3	0	0	0	0	1	0	0
4	0	0	0	0	0	0	1
5	0	0	0	0	0	0	0
6	0	0	0	0	0	0	0
7	0	0	0	0	0	0	0
8	0	0	0	0	0	0	0

Mit einem Blick auf die Matrix lassen sich die Fragen sofort beantworten:

Da in der Zeile beginnend mit 5 nur 0-en stehen, ist R nicht linkstotal.

Da in der Spalte beginnend mit 6 zwei 1-en stehen, ist R nicht linkseindeutig.

Da in der Spalte beginnend mit 2 nur 0-en stehen, ist R nicht rechtstotal.

Da in der Zeile beginnend mit 2 drei 1-en stehen, ist R nicht rechtseindeutig.

Die Matrix für R^{-1} ergibt sich aus der Matrix für R dadurch, dass aus den Spalten Zeilen werden und umgekehrt, konkret lautet die Matrix-Notation für R^{-1} also:

	2	3	4	5	6	7	8
2	0	0	0	0	0	0	0
3	0	0	0	0	0	0	0
4	1	0	0	0	0	0	0
5	0	0	0	0	0	0	0
6	1	1	0	0	0	0	0
7	0	0	0	0	0	0	0
8	1	0	1	0	0	0	0

Aufgabe 3.4.2 *Überprüfen Sie, ob die für fest vorgegebenes $n \in \mathbb{N}^*$ auf $\mathbb{Z}^2$ erklärte Relation R,*

$$x R y \quad :\Longleftrightarrow \quad n \text{ teilt } x - y \text{ ohne Rest},$$

linkstotal, linkseindeutig, rechtstotal oder rechtseindeutig ist.

Lösung der Aufgabe Offensichtlich ist R links- und rechtstotal, denn R ist als (homogene) Äquivalenzrelation insbesondere reflexiv. Da $x R y$ sofort $x R (y + n)$ impliziert, ist R nicht rechtseindeutig und damit als symmetrische Relation automatisch auch nicht linkseindeutig.

Selbsttest 3.4.3 Gegeben sei eine beliebige Äquivalenzrelation R auf einer nicht leeren Menge A^2. Welche der folgenden Aussagen über R sind wahr?

?+? $R \circ R$ ist linkstotal.

?−? $R \circ R$ ist rechtseindeutig.

?−? $R \circ R$ ist linkseindeutig.

?+? $R \circ R$ ist rechtstotal.

?−? $R^{-1} \circ R$ ist die Identitätsrelation auf A^2.

?+? $R \circ R$ ist gleich R.

3.5 Grundlegendes zu Funktionen

Eine **Funktion** oder **Abbildung** f ordnet jedem Element x einer nicht leeren Menge D genau ein Element einer nicht leeren Menge W zu. Die Menge D wird **Definitions- oder Urbildbereich** der Funktion und die Menge W **Werte- oder Bildbereich** der Funktion genannt. Die kompakte Notation einer Funktion f geschieht im Allgemeinen in zwei Teilschritten: Im ersten Schritt werden Definitions- und Wertebereich der Funktion angegeben; man schreibt $f \colon D \to W$ und liest dies als f **bildet D in W ab**. Im zweiten Schritt wird die konkrete Zuordnung der Elemente angegeben; man schreibt z. B. $f \colon x \mapsto x^2$ und liest dies als f **bildet x auf x^2 ab**. Letzteres wird häufig auch kurz geschrieben als $f(x) := x^2$ und ist zu lesen als f **von x ist definitionsgemäß gleich x^2**. Beide Definitionen sind so zu interpretieren, dass für die sogenannte **Variable** bzw. für das sogenannte **Argument x jedes Element des Definitionsbereichs von** f eingesetzt werden darf und diesem Element dann entsprechend der für die Variable x angegebenen Rechnung **genau ein Element des Wertebereichs von** f zugeordnet wird. Betrachtet man die Paare $(x, f(x))$ für alle $x \in D$, dann kann man Funktionen auch als Spezialfälle von Relationen interpretieren.

> **Satz 3.5.1 Funktionen als spezielle Relationen** Es seien D und W nicht leere Mengen sowie $f \colon D \to W$ eine Funktion. Dann ist die **durch f induzierte Relation** R_f,
>
> $$R_f := \{(x, f(x)) \mid x \in D\} \subseteq D \times W \,,$$
>
> **linkstotal** und **rechtseindeutig**.

Beweis Da eine Funktion f für alle Elemente aus ihrem Definitionsbereich erklärt sein muss, ist klar, dass R_f linkstotal ist. Da ferner ein Element $x \in D$ auf genau ein Element $f(x) \in W$ abgebildet wird, ist ebenfalls offensichtlich, dass R_f rechtseindeutig ist. □

Die vollständige Menge aller Urbild-Bild-Werte im Sinne der obigen Relation R_f wird auch manchmal mit G_f abgekürzt und als **Graph** der Funktion bezeichnet. Ferner wird

Abb. 3.1 Parabelfunktion

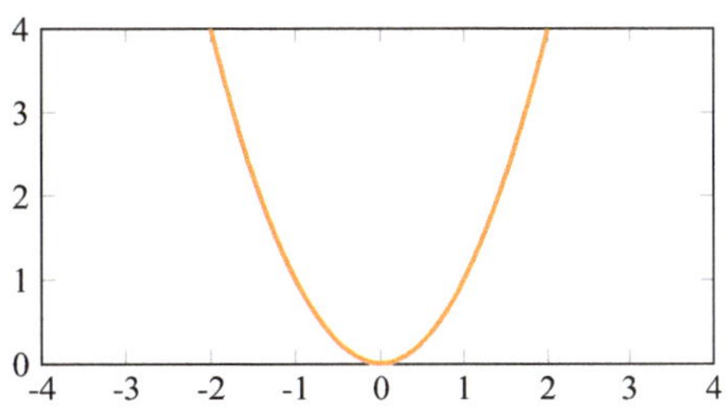

eine Stelle $x \in D$ mit $f(x) = 0$ **Nullstelle** von f genannt, wobei dann natürlich $0 \in W$ gelten muss.

> **Bemerkung 3.5.2 Gleichheit von Funktionen** Zwei Funktionen $f_1\colon D_1 \to W_1$ und $f_2\colon D_2 \to W_2$ werden genau dann als **gleich** identifiziert, wenn ihre Definitions- und Bildbereiche gleich sind **und** sie auf allen Elementen des Definitionsbereichs dieselben Werte liefern, kurz, es gilt $f_1 = f_2$ genau dann, wenn
>
> $$((D_1 = D_2) \wedge (W_1 = W_2) \wedge (\forall x \in D_1 = D_2\colon f_1(x) = f_2(x)))\,.$$

Beispiel 3.5.3

Man betrachte die Funktion f mit Definitionsbereich $[-2, 2]$ und Wertebereich $\mathbb{R}$,

$$f\colon [-2, 2] \to \mathbb{R}, \qquad x \mapsto x^2.$$

Eine kleine Wertetabelle für diese Funktion ergibt

x	-2	-1	0	1	2
$f(x)$	4	1	0	1	4

Anhand dieser Tabelle lässt sich die Funktion bereits qualitativ skizzieren (vgl. Abb. 3.1).

Der Graph der Funktion lautet

$$G_f := \{(x, x^2) \mid x \in [-2, 2]\}\,.$$

Diese spezielle Funktion wird **Parabelfunktion** oder **Normalparabel** oder auch häufig schlicht **Parabel** genannt.

Möchte man eine Funktion in Java implementieren, so ist das kein Problem. Für das obige Beispiel ergibt sich z. B. folgender einfacher Code:

Abb. 3.2 Betragsfunktion

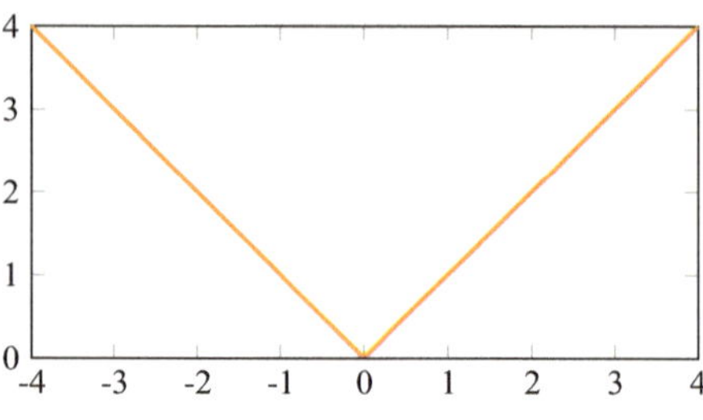

Abb. 3.3 Wurzelfunktion

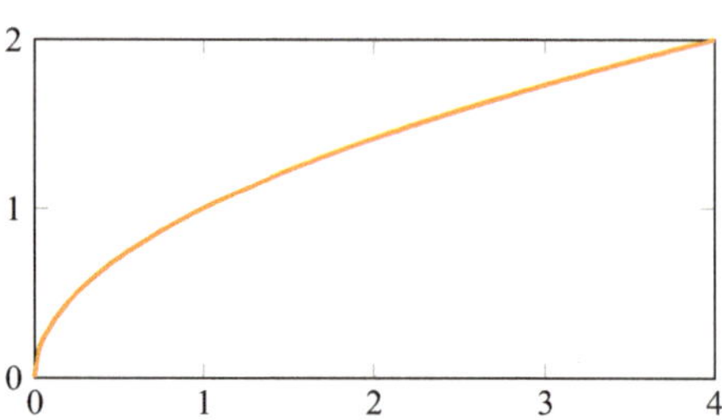

```
public float parabel(float x)
{
        return x*x;
}
```

Zum Abschluss dieses einführenden Abschnitts über Funktionen werden einige Funktionen angegeben und skizziert, die sowohl in der Mathematik als auch in der Informatik eine wesentliche Rolle spielen. Es werden dabei neben den in der Mathematik üblichen Abkürzungen auch die Bezeichnungen der entsprechenden Java-Bibliothek angegeben.

Die **Betragsfunktion** (vgl. Abb. 3.2, Signatur der Java-Methode: static double abs(double x)) ordnet jeder Zahl $x \in \mathbb{R}$ ihren Absolutbetrag zu und ist definiert als

$$|x| := \mathrm{abs}(x) := \left\{ \begin{array}{l} -x \text{ falls } x < 0 \\ x \text{ falls } x \geq 0 \end{array} \right\} .$$

Die **Wurzelfunktion** (vgl. Abb. 3.3, Signatur der Java-Methode: static double sqrt(double x)) ordnet jeder Zahl $x \in \mathbb{R}$, $x \geq 0$, ihre nicht negative Quadratwurzel zu und ist definiert als

$$\sqrt{x} := \mathrm{sqrt}(x) := t \quad \text{mit } t \geq 0 \text{ und } t^2 = x .$$

Die **floor-Funktion** (vgl. Abb. 3.4, Signatur der Java-Methode: static double floor(double x)) ordnet jeder Zahl $x \in \mathbb{R}$ die größte ganze Zahl zu, die kleiner oder gleich x ist und ist definiert als

$$\lfloor x \rfloor := \mathrm{floor}(x) := \max\{n \in \mathbb{Z} \mid n \leq x\} .$$

Abb. 3.4 floor-Funktion

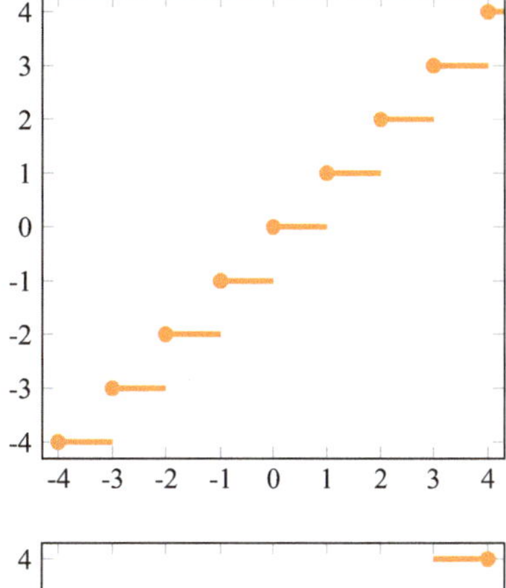

Abb. 3.5 ceil-Funktion

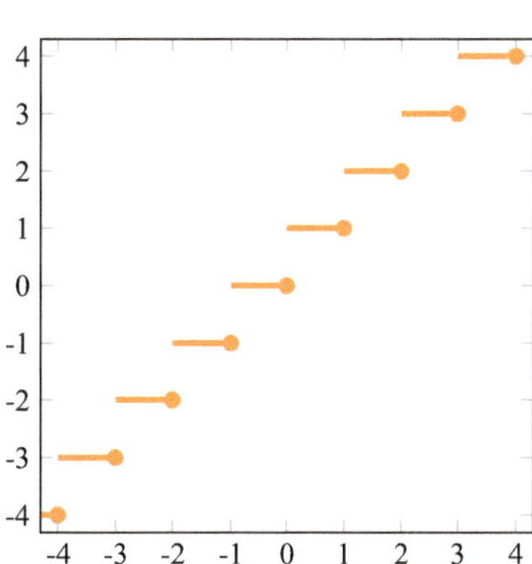

Die **ceil-Funktion** (vgl. Abb. 3.5, Signatur der Java-Methode: static double ceil(double x)) ordnet jeder Zahl $x \in \mathbb{R}$ die kleinste ganze Zahl zu, die größer oder gleich x ist und ist definiert als

$$\lceil x \rceil := \mathrm{ceil}(x) := \min\{n \in \mathbb{Z} \mid n \geq x\}\,.$$

Beispiel 3.5.4

Im Einkommensteuergesetz (EStG, Stand: 01.01.2004) befand sich u. a. folgender Passus:

Das zu versteuernde Einkommen ist auf den nächsten durch 36 ohne Rest teilbaren vollen Euro-Betrag abzurunden, wenn es nicht bereits durch 36 ohne Rest teilbar ist, und um 18 Euro zu erhöhen.

Bezeichnet man hier den Betrag, auf den diese Operation anzuwenden ist, mit $x \in \mathbb{R}$, $x \geq 0$, dann lässt sich z. B. die floor-Funktion einsetzen, um die obige

Berechnung durchzuführen. Konkret erhält man den geforderten Betrag $y \in \mathbb{R}$, $y \geq 0$, gemäß

$$y := \left\lfloor \frac{x}{36} \right\rfloor \cdot 36 + 18 \,.$$

3.6 Rechenregeln für Funktionen

Grundsätzlich besteht das Ziel bei der Suche nach Rechenregeln für neue Objekte, hier für Funktionen, stets darin, sich mit Hilfe dieser Regeln den Umgang mit aus mehreren Objekten des bekannten Typs zusammengesetzten Objekten zu vereinfachen. Man erhält auf diese Weise Einblicke in die strukturellen Zusammenhänge der Objekte und kann so für einen im Allgemeinen effizienteren Umgang mit ihnen sorgen. Die wesentlichen **Rechenregeln für Funktionen** sind in der folgenden Definition festgehalten.

Definition 3.6.1 Rechenregeln für Funktionen

Es seien $D, W \subseteq \mathbb{R}$ zwei nicht leere Teilmengen von $\mathbb{R}$ und $f \colon D \to W$ und $g \colon D \to W$ zwei Funktionen. Ferner seien $\alpha, \beta \in \mathbb{R}$ reelle Zahlen, und es möge im Fall der Quotientenbildung zusätzlich $g(x) \neq 0$ für alle $x \in D$ sein. Dann sind folgende Rechenregeln bzw. Verknüpfungen definiert, wobei stets $x \in D$ beliebig gegeben sei:

$$
\begin{aligned}
(\alpha f + \beta g)(x) &:= \alpha f(x) + \beta g(x) \qquad &&\textbf{(Linearitätsregel)} \\
(f \cdot g)(x) &:= f(x) \cdot g(x) \qquad &&\textbf{(Produktregel)} \\
\left(\frac{f}{g} \right)(x) &:= \frac{f(x)}{g(x)} \qquad &&\textbf{(Quotientenregel)} \;\blacktriangleleft
\end{aligned}
$$

Aufgrund der obigen Definition sind nun Ausdrücke wie **Summe**, **Vielfaches**, **Produkt** und **Quotient** von Funktionen erklärt und benutzbar.

Um nun die recht unübersichtliche Menge der Funktionen etwas zu klassifizieren, hat man u. a. die Begriffe **gerade**, **ungerade**, **monoton fallend** und **monoton wachsend** eingeführt (vgl. Abb. 3.6 und Abb. 3.7).

Abb. 3.6 Gerade und ungerade Funktionen

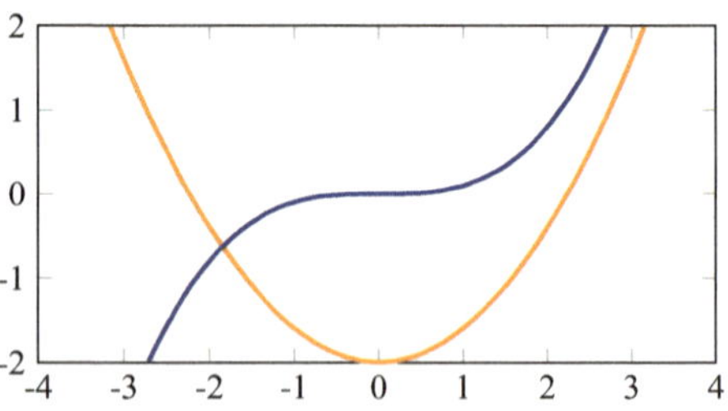

Abb. 3.7 Zwei streng monotone Funktionen

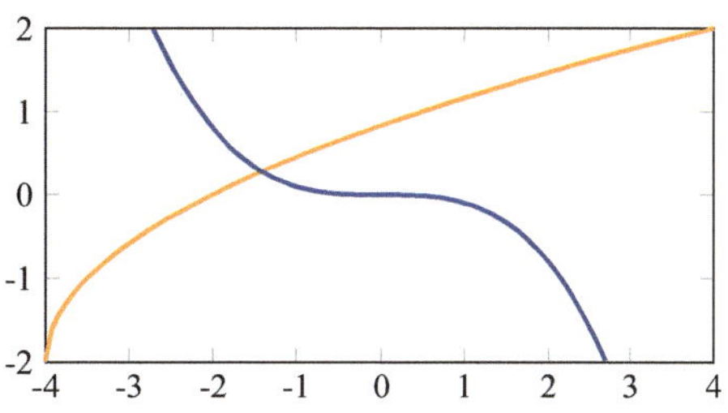

Definition 3.6.2 Spezielle Klassen von Funktionen

Es seien $D, W \subseteq \mathbb{R}$ zwei nicht leere Teilmengen von $\mathbb{R}$ und $f: D \to W$ eine Funktion. Dann nennt man die Funktion f

$$
\begin{aligned}
\textbf{gerade:} &\quad \forall x, -x \in D:\ f(x) = f(-x) \\
\textbf{ungerade:} &\quad \forall x, -x \in D:\ f(x) = -f(-x) \\
\textbf{monoton wachsend:} &\quad \forall x, \tilde{x} \in D, x \leq \tilde{x}:\ f(x) \leq f(\tilde{x}) \\
\textbf{streng monoton wachsend:} &\quad \forall x, \tilde{x} \in D, x < \tilde{x}:\ f(x) < f(\tilde{x}) \\
\textbf{monoton fallend:} &\quad \forall x, \tilde{x} \in D, x \leq \tilde{x}:\ f(x) \geq f(\tilde{x}) \\
\textbf{streng monoton fallend:} &\quad \forall x, \tilde{x} \in D, x < \tilde{x}:\ f(x) > f(\tilde{x}) \quad \blacktriangleleft
\end{aligned}
$$

Beispiel 3.6.3

Im Folgenden werden einige konkrete Funktionen angegeben, für die man die Zugehörigkeit zu der jeweils genannten Funktionenklasse leicht nachprüft:

$$
\begin{aligned}
f: \mathbb{R} \to \mathbb{R}, x \mapsto x^2, &\qquad\qquad\qquad\qquad\qquad \text{ist gerade} \\
f: \mathbb{R} \to \mathbb{R}, x \mapsto x^3, &\qquad\qquad\qquad\qquad\qquad \text{ist ungerade} \\
f: \mathbb{R} \to \mathbb{R}, x \mapsto 5, &\qquad\qquad \text{ist monoton wachsend und fallend} \\
f: \mathbb{R} \to \mathbb{R}, x \mapsto \lceil x \rceil, &\qquad\qquad\qquad\qquad \text{ist monoton wachsend} \\
f: \mathbb{R} \to \mathbb{R}, x \mapsto -x^3, &\qquad\qquad\qquad \text{ist streng monoton fallend}
\end{aligned}
$$

Um die Funktionen noch etwas genauer zu katalogisieren, hat man ferner die Begriffe **injektiv**, **surjektiv** und **bijektiv** eingeführt. Bei diesen Klassifikationen geht es darum, das Abbildungsverhalten der Funktionen mit dem späteren Ziel der möglichen Umkehrbarkeit zu analysieren. Zur Vorbereitung der präzisen Definition dieser Funktionseigenschaften wird zunächst einmal eine etwas umgangssprachliche Formulierung gegeben. Für eine beliebige Funktion $f: D \to W$ sind die neuen Begriffe wie folgt zu verwenden:

> **injektiv:**   Jedes Element aus W wird durch f **höchstens einmal** getroffen.
>
> **surjektiv:**   Jedes Element aus W wird durch f **mindestens einmal** getroffen.
>
> **bijektiv:**   Jedes Element aus W wird durch f **genau einmal** getroffen.

Am einfachsten macht man sich den Umgang mit diesen Begriffen an einigen Beispielen klar.

Beispiel 3.6.4

(1) Die Funktion $f\colon [-1, 1] \to [-2, 2]$, $x \mapsto 2x^2$, ist weder injektiv noch surjektiv. Es wird z. B. das Element $2 \in [-2, 2]$ wegen $f(-1) = f(1) = 2$ mehr als einmal getroffen und das Element $-2 \in [-2, 2]$ wird gar nicht getroffen. Qualitativ hat f also ein Verhalten wie die Funktion in Abb. 3.8 (links).

(2) Die Funktion $f\colon [-1, 1] \to [0, 2]$, $x \mapsto 2x^2$, ist nicht injektiv, aber surjektiv. Es wird z. B. das Element $2 \in [0, 2]$ wegen $f(-1) = f(1) = 2$ mehr als einmal getroffen und jedes Element $y \in [0, 2]$ wird z. B. durch das Element $\sqrt{\frac{y}{2}} \in [0, 1]$ mittels f mindestens einmal getroffen. Qualitativ hat f also ein Verhalten wie die Funktion in Abb. 3.8 (rechts).

(3) Die Funktion $f\colon [0, 1] \to [-2, 2]$, $x \mapsto 2x^2$, ist injektiv, aber nicht surjektiv. Es werden alle Elemente $y \in [-2, 2]$ höchstens einmal getroffen und z. B. das Element $-2 \in [-2, 2]$ wird gar nicht getroffen. Qualitativ hat f also ein Verhalten wie die Funktion in Abb. 3.9 (links).

(4) Die Funktion $f\colon [0, 1] \to [0, 2]$, $x \mapsto 2x^2$, ist injektiv und surjektiv, also bijektiv. Es wird nämlich jedes Element $y \in [0, 2]$ durch das entsprechende Element $\sqrt{\frac{y}{2}} \in [0, 1]$ mittels f genau einmal getroffen. Qualitativ hat f also ein Verhalten wie die Funktion in Abb. 3.9 (rechts).

Nachdem die neuen Begriffe nun ihren Schrecken verloren haben, sollen sie in der folgenden Definition exakt und allgemein eingeführt werden.

Definition 3.6.5 Klassifikation von Funktionen

Es seien D und W nicht leere Mengen sowie $f\colon D \to W$ eine Funktion. Dann nennt man

$$f\colon D \to W \text{ \textbf{injektiv}} :\Longleftrightarrow \forall x, \tilde{x} \in D\colon (f(x) = f(\tilde{x}) \Rightarrow x = \tilde{x})$$

$$f\colon D \to W \text{ \textbf{surjektiv}} :\Longleftrightarrow \forall y \in W \; \exists x \in D\colon f(x) = y$$

$$f\colon D \to W \text{ \textbf{bijektiv}} :\Longleftrightarrow f\colon D \to W \text{ \textbf{injektiv und surjektiv}} \quad \blacktriangleleft$$

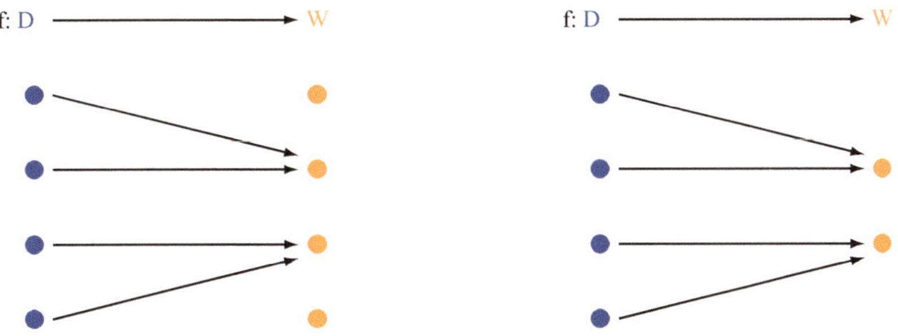

Abb. 3.8 Skizze zweier nicht injektiver Funktionen (links auch nicht surjektiv, rechts surjektiv)

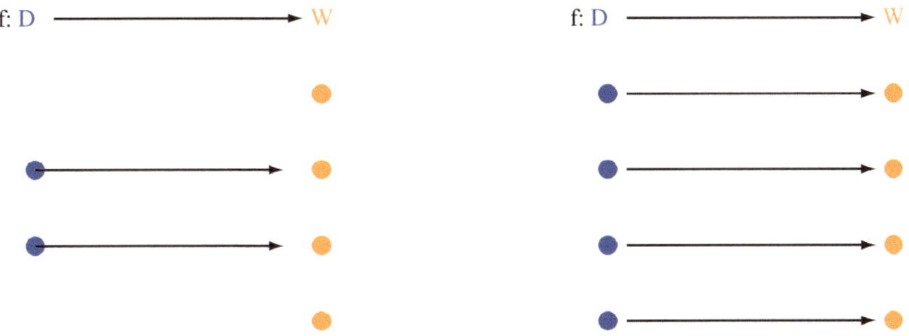

Abb. 3.9 Skizze zweier injektiver Funktionen (links nicht surjektiv, rechts auch surjektiv)

▶ **Bemerkung 3.6.6 Zusammenhang zu Relationen** Es seien D und W nicht leere Mengen sowie $f\colon D \to W$ eine Funktion. Dann lassen sich die oben eingeführten Begriffe unter Zugriff auf die durch f induzierte linkkstotale und rechtseindeutige Relation R_f,

$$R_f := \{(x, f(x)) \mid x \in D\} \subseteq D \times W \,,$$

wie folgt definieren:

$$f \text{ ist \textbf{injektiv}} :\Longleftrightarrow R_f \text{ ist \textbf{linkseindeutig}}$$
$$f \text{ ist \textbf{surjektiv}} :\Longleftrightarrow R_f \text{ ist \textbf{rechtstotal}}$$
$$f \text{ ist \textbf{bijektiv}} :\Longleftrightarrow R_f \text{ ist \textbf{linkseindeutig und rechtstotal}}$$

Die obigen Begriffe spielen insbesondere im Zusammenhang mit einer neuen Verknüpfung von Funktionen eine entscheidende Rolle, die neben den bekannten Operationen wie Addition, Subtraktion, Multiplikation und Division zu den wichtigsten ihrer Art zählt, nämlich der **Verkettung** (auch **Komposition** genannt) von Funktionen. Grob gesprochen versteht man unter einer Verkettung die Hintereinanderausführung von zwei oder mehreren Funktionen, sofern dies möglich ist. Wir führen sie im Folgenden nicht völlig allgemein, sondern direkt für Funktionen mit reellen Definitions- und Wertebereichen ein.

Definition 3.6.7 Verkettung von Funktionen

Es seien $D_1, W_1, D_2, W_2 \subseteq \mathbb{R}$ vier nicht leere Teilmengen von $\mathbb{R}$ sowie $f_1\colon D_1 \to W_1$ und $f_2\colon D_2 \to W_2$ zwei Funktionen. Ferner gelte $W_1 \subseteq D_2$. Dann ist die **Verkettungsfunktion** h von f_2 mit f_1 definiert als

$$h\colon D_1 \to W_2\,, \qquad x \mapsto f_2(f_1(x))\,.$$

Man schreibt dafür abkürzend $f_2 \circ f_1 := h$ und liest die linke Seite als f_2 **verkettet mit** f_1. ◄

▶   **Bemerkung 3.6.8 Gesetze für die Verkettung von Funktionen** Man kann zeigen, dass die Verkettung von Funktionen **assoziativ** ist, aber im Allgemeinen **nicht kommutativ** ist.

Beispiel 3.6.9

Die Funktionen

$$f_1\colon [0, 1] \to [2, 3],\ x \mapsto x^2 + 2,\ \text{und}\ f_2\colon [2, 4] \to [5, 7],\ x \mapsto x + 3,$$

lassen sich wegen $[2, 3] \subseteq [2, 4]$ verketten und liefern gemäß

$$f_2(f_1(x)) = f_2(x^2 + 2) = (x^2 + 2) + 3 = x^2 + 5$$

die Verkettungsfunktion $f_2 \circ f_1\colon [0, 1] \to [5, 7],\ x \mapsto x^2 + 5$.

Beispiel 3.6.10

Die Funktionen

$$f_1\colon \mathbb{R} \to \mathbb{R},\ x \mapsto x^3 - 2x,\quad \text{und}\quad f_2\colon \mathbb{R} \to \mathbb{R},\ x \mapsto x^2 + 3,$$

lassen sich wegen $\mathbb{R} \subseteq \mathbb{R}$ verketten und liefern gemäß

$$f_2(f_1(x)) = f_2(x^3 - 2x) = (x^3 - 2x)^2 + 3 = x^6 - 4x^4 + 4x^2 + 3$$

die Verkettungsfunktion $f_2 \circ f_1\colon \mathbb{R} \to \mathbb{R},\ x \mapsto x^6 - 4x^4 + 4x^2 + 3$.

Beispiel 3.6.11

Die Funktionen

$$f_1\colon [0, \infty) \to [0, \infty),\ x \mapsto x^2,\ \text{und}\ f_2\colon [0, \infty) \to [0, \infty),\ x \mapsto \sqrt{x},$$

lassen sich wegen $[0, \infty) \subseteq [0, \infty)$ verketten und liefern gemäß

$$f_2(f_1(x)) = f_2(x^2) = \sqrt{x^2} = x$$

die Verkettungsfunktion $f_2 \circ f_1\colon [0, \infty) \to [0, \infty),\ x \mapsto x$. Mit gleicher Argumentation lassen sich aber in diesem Spezialfall die Funktionen gemäß

$$f_1(f_2(x)) = f_1(\sqrt{x}) = (\sqrt{x})^2 = x$$

auch in umgekehrter Reihenfolge verketten, und man erhält so ebenfalls die sogenannte **Identität** $x \mapsto x$ als Verkettungsfunktion, $f_1 \circ f_2\colon [0, \infty) \to [0, \infty),\ x \mapsto x$.

Das letzte Beispiel gibt Anlass zu folgender Frage:

Ist es stets möglich, für eine gegebene Funktion eine andere Funktion zu finden, die die Wirkung dieser Funktion rückgängig macht, d. h. bei Verkettung mit der Ursprungsfunktion die Identität liefert?

Der folgende Satz zeigt, dass dies nicht für alle, sondern lediglich für die bijektiven Funktionen realisierbar ist. Genau für die bijektiven Funktionen ist es nämlich möglich, eine eindeutig bestimmte **Umkehrfunktion** anzugeben, die die Wirkung der ursprünglichen Funktion rückgängig macht.

▶ **Satz 3.6.12 Satz über die Umkehrfunktion** Es seien $D, W \subseteq \mathbb{R}$ zwei nicht leere Teilmengen von $\mathbb{R}$ und $f\colon D \to W$ eine bijektive Funktion. Dann gibt es genau eine bijektive Funktion $f_u\colon W \to D$, so dass für alle $x \in D$ und für alle $y \in W$ die Identitäten

$$(f_u \circ f)(x) = x$$

und

$$(f \circ f_u)(y) = y$$

gelten. Man schreibt für f_u üblicherweise f^{-1}, was **nicht** mit dem Kehrwert von f verwechselt werden sollte, und bezeichnet f^{-1} als **Umkehrfunktion** von f, also gilt dann mit dieser Notation

$$(f^{-1} \circ f)(x) = x$$

Abb. 3.10 Funktion und ihre
Umkehrfunktion

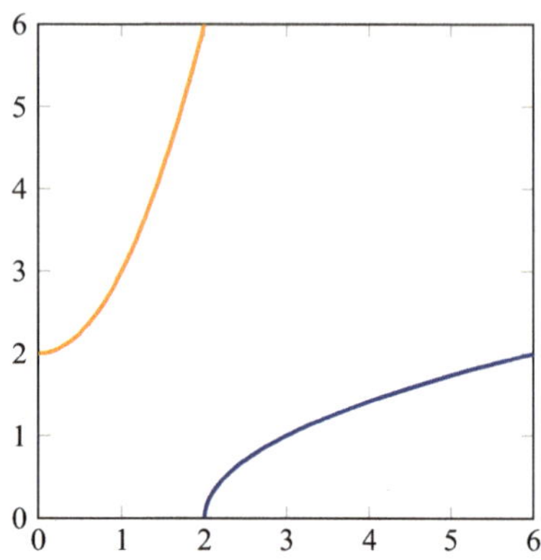

und

$$(f \circ f^{-1})(y) = y.$$

Beweis Wegen der Bijektivität von f existiert für jedes $y \in W$ genau ein $x_y \in D$ mit
$f(x_y) = y$. Definiert man nun $f_u \colon W \to D$ für alle $y \in W$ gemäß $f_u(y) := x_y$, so ist die
Umkehrfunktion gefunden. Der Rest des Satzes ist klar. $\square$

Beispiel 3.6.13
Die Funktion $f \colon [0, \infty) \to [2, \infty),\ x \mapsto x^2 + 2$, ist injektiv und surjektiv, also
bijektiv. Durch Auflösung der Gleichung

$$x^2 + 2 = y$$

nach x ergibt sich die Umkehrfunktion (vgl. Abb. 3.10) zu

$$f^{-1} \colon [2, \infty) \to [0, \infty),\ y \mapsto \sqrt{y - 2}$$

bzw.

$$f^{-1} \colon [2, \infty) \to [0, \infty),\ x \mapsto \sqrt{x - 2}.$$

Man hat also bei der Suche nach einer Umkehrfunktion von f zunächst zu zeigen, dass
f bijektiv ist. Ist das gelungen, dann löst man die Gleichung $f(x) = y$ nach x auf und
erhält so die Umkehrfunktion.

▶ **Bemerkung 3.6.14 Beliebige Bezeichnung der Variablen** Bei Funktionen
allgemein und der Umkehrfunktion im Speziellen kommt es **nicht** auf die Be-

zeichnung der Variablen an. So sind z. B. die Funktionen

$$f\colon [0,4] \to \mathbb{R}, \quad x \mapsto x^2, \qquad \text{und} \qquad g\colon [0,4] \to \mathbb{R}, \quad y \mapsto y^2,$$

identisch, also $f = g$. Im Sinne der Informatik lässt sich das so formulieren: Die Bezeichnung von Variablen ist beliebig, muss aber eindeutig sein. So repräsentiert der Java-Code

```
public float f(float x)
{
        return x*x;
}
```

exakt dieselbe Funktion wie der Code

```
public float g(float y)
{
        return y*y;
}
```

Von dieser Freiheit wird im Folgenden beim Umgang mit Funktionen vielfach ohne weiteren Hinweis Gebrauch gemacht.

Beispiel 3.6.15
Die Funktion $f\colon \mathbb{R} \to \mathbb{R}, x \mapsto x^3$, ist injektiv und surjektiv, also bijektiv. Durch Auflösung der Gleichung

$$x^3 = y$$

nach x ergibt sich die Umkehrfunktion zu

$$f^{-1}\colon \mathbb{R} \to \mathbb{R}, \qquad y \mapsto \sqrt[3]{y}.$$

3.7 Aufgaben mit Lösungen

Aufgabe 3.7.1 *Betrachten Sie die Funktion f mit Definitionsbereich $[0,4]$ und Wertebereich $\mathbb{R}$,*

$$f\colon [0,4] \to \mathbb{R}, \qquad x \mapsto x^2 - 4x + 5.$$

Bestimmen Sie eine kleine Wertetabelle von f, und skizzieren Sie die Funktion.

Abb. 3.11 Funktionsskizze

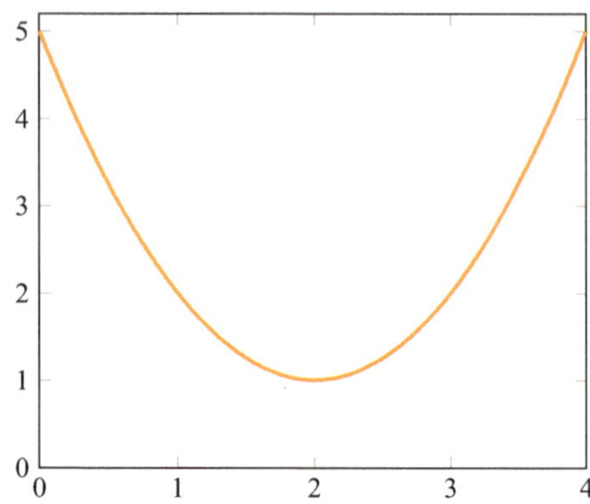

Lösung der Aufgabe   Eine Wertetabelle für diese Funktion lautet

x	0	1	2	3	4
$f(x)$	5	2	1	2	5

und die Skizze ergibt sich gemäß Abb. 3.11.

Selbsttest 3.7.2   Warum handelt es sich bei $f : [-4, 4] \to [0, 1]$, $x \mapsto \sqrt{x}$, nicht um eine Funktion?

?+? Weil z. B. der Wertebereich zu klein ist.

?+? Weil z. B. ihr Definitionsbereich zu groß ist.

?+? Weil z. B. $f(-4)$ nicht berechenbar ist, zumindest wenn man keine komplexen Zahlen kennt.

?−? Weil z. B. $\sqrt{\cdot}$ stets zwei Ergebnisse liefert.

Aufgabe 3.7.3   *Berechnen Sie $f_2 \circ f_1$ für die folgenden Funktionen:*

(a) $f_1 : [0, 1] \to [-2, 1]$, $x \mapsto 3x - 2$,
    $f_2 : [-2, 2] \to [0, 10]$, $x \mapsto 2x^2$,
(b) $f_1 : [2, 3] \to [0, 1]$, $x \mapsto \frac{1}{x}$,
    $f_2 : [0, 4] \to [-10, 20]$, $x \mapsto x^2 - 4$,
(c) $f_1 : [2, 4] \to [1, 20]$, $x \mapsto x^2 - 3$,
    $f_2 : [1, 30] \to [0, 1]$, $x \mapsto \frac{1}{x}$.

Lösung der Aufgabe
(a) $f_2 \circ f_1 : [0, 1] \to [0, 10]$, $x \mapsto 18x^2 - 24x + 8$,
(b) $f_2 \circ f_1 : [2, 3] \to [-10, 20]$, $x \mapsto \frac{1}{x^2} - 4$,
(c) $f_2 \circ f_1 : [2, 4] \to [0, 1]$, $x \mapsto \frac{1}{x^2 - 3}$.

Aufgabe 3.7.4 *Überprüfen Sie die folgenden Funktionen auf Injektivität, Surjektivität und Bijektivität, und geben Sie, falls möglich, die jeweilige Umkehrfunktion an:*

(a) $f: [0,1] \to [-2,1], \ x \mapsto 3x - 2,$
(b) $f: [1,2] \to [\frac{1}{2}, 1], \ x \mapsto \frac{1}{x},$
(c) $f: \mathbb{R} \to \mathbb{R}, \ x \mapsto x^3 + 12.$

Lösung der Aufgabe
(a) bijektiv mit $f^{-1}: [-2,1] \to [0,1], \ y \mapsto \frac{1}{3}y + \frac{2}{3},$
(b) bijektiv mit $f^{-1}: [\frac{1}{2}, 1] \to [1,2], \ y \mapsto \frac{1}{y},$
(c) bijektiv mit $f^{-1}: \mathbb{R} \to \mathbb{R}, \ y \mapsto \sqrt[3]{y - 12}.$

Selbsttest 3.7.5 Warum lässt sich für die folgenden beiden Funktionen

$$f_1: [0,2] \to [-2,2], \ x \mapsto x - 1, \quad \text{und} \quad f_2: [1,4] \to [0,2], \ x \mapsto \frac{1}{x},$$

nicht die Verkettung $f_2 \circ f_1$ berechnen?

?+? Weil $[-2,2] \not\subseteq [1,4]$.
?−? Weil $[1,4] \not\subseteq [-2,2]$.
?−? Weil $[-2,2] \neq [1,4]$.
?−? Weil $[0,2] \not\subseteq [1,4]$.

Selbsttest 3.7.6 Warum lässt sich für die folgenden beiden Funktionen

$$f_1: [0,2] \to [-2,2], \ x \mapsto 2x - 2, \quad \text{und} \quad f_2: [0,4] \to [0,2], \ x \mapsto \sqrt{x},$$

nicht die Verkettung $f_2 \circ f_1$ berechnen?

?+? Weil $[-2,2] \not\subseteq [0,4]$.
?−? Weil $[0,4] \not\subseteq [-2,2]$.
?−? Weil $[-2,2] \neq [0,4]$.
?−? Weil $[0,2] \not\subseteq [0,4]$.

Selbsttest 3.7.7 Warum sind die folgenden beiden Funktionen

$$f_1: \mathbb{R} \to [0,\infty), \ x \mapsto x^2, \quad \text{und} \quad f_2: [0,\infty) \to \mathbb{R}, \ x \mapsto \sqrt{x},$$

keine Umkehrfunktionen voneinander?

?−? Weil $\mathbb{R} \not\subseteq [0,\infty)$.
?−? Weil $\mathbb{R} \neq [0,\infty)$.
?+? Weil f_1 nicht bijektiv ist.
?+? Weil f_2 nicht bijektiv ist.

3.8 Ganzrationale Funktionen

Speziell in der Informatik spielen natürlich Funktionen eine zentrale Rolle, die einerseits möglichst schnell berechenbar und andererseits hinreichend leistungsfähig sind (man denke z. B. an Grafik-Anwendungen). Hier haben sich die sogenannten **ganzrationalen Funktionen**, die häufig auch als **algebraische Polynome** bezeichnet werden, als Basisbausteine besonders bewährt. Aufgebaut sind diese aus den sogenannten **Monomen** oder einfachen **Potenzfunktionen**.

Definition 3.8.1 Monome

Es sei $k \in \mathbb{N}$ gegeben. Dann nennt man die Funktion m_k,

$$m_k \colon \mathbb{R} \to \mathbb{R} , \qquad x \mapsto x^k ,$$

k-tes **Monom** oder auch k-te **Potenzfunktion**. ◄

▶ **Bemerkung 3.8.2 Spezielle Bezeichnungen für Monome** Das 0-te Monom wird auch als **Einsfunktion** bezeichnet, das 1-te Monom auch als **Identität** und schließlich das 2-te Monom auch als **Parabel** oder als **Normalparabel**.

Aus den Monomen entstehen die **ganzrationalen Funktionen** bzw. die **algebraischen Polynome** durch sogenannte Linearkombination.

Definition 3.8.3 Ganzrationale Funktionen (Polynome) über $\mathbb{R}$

Es seien $n \in \mathbb{N}$ und $a_n, a_{n-1}, \ldots, a_0 \in \mathbb{R}$ gegeben. Dann nennt man die Funktion p,

$$p \colon \mathbb{R} \to \mathbb{R} , \qquad x \mapsto a_n x^n + a_{n-1} x^{n-1} + \cdots + a_1 x^1 + a_0 x^0 ,$$

ganzrationale Funktion über $\mathbb{R}$ vom Höchstgrad n oder auch **algebraisches Polynom über $\mathbb{R}$ vom Höchstgrad** n oder auch häufig einfach kurz **Polynom vom Höchstgrad** n. Die spezielle Notation des Polynoms als gewichtete Summe von Monomen im obigen Sinne wird auch als **Monom-Darstellung** von p bezeichnet. Ferner werden die Zahlen $a_n, a_{n-1}, \ldots, a_0 \in \mathbb{R}$ **Koeffizienten** von p genannt und der Raum aller dieser Polynome wird mit $\mathbb{R}_n[x]$ abgekürzt. ◄

▶ **Bemerkung 3.8.4 (Genauer) Grad eines Polynoms** Die Bezeichnung Höchstgrad lässt offen, ob der führende Koeffizient a_n des Polynoms gleich Null ist oder von Null verschieden ist. Ist der führende Koeffizient a_n eines Polynoms ungleich Null, dann sagt man, das Polynom habe den **(genauen) Grad** n.

Beispiel 3.8.5
Das Polynom p mit $p(x) := 5x^4 - 3x^2 - x + 1$ ist ein algebraisches Polynom vom Grad 4, das Polynom q mit $q(x) := -5x^9 - 4x^7 - 2x + 1$ ein algebraisches Polynom vom Grad 9 und schließlich das Polynom r mit $r(x) := 6$ ein algebraisches Polynom vom Grad 0.

Für die **praktische Anwendung** von Polynomen ist es von großer Bedeutung, diese möglichst effizient auswerten zu können. Betrachtet man ein allgemeines Polynom p vom Höchstgrad n,

$$p(x) := a_n x^n + a_{n-1} x^{n-1} + \cdots + a_1 x + a_0\,,$$

so ergibt sich die maximale **Anzahl der zur Auswertung benötigten Operationen** wie folgt:

$$\text{Additionen/Subtraktionen:} \quad n\,,$$

$$\text{Multiplikationen:} \quad 0 + 1 + 2 + \cdots + n = \frac{n(n+1)}{2}\,.$$

Klammert man jedoch bei der Notation von p Schritt für Schritt maximale Potenzen von x aus, so erhält man die Darstellung

$$\begin{aligned}
a_n x^n &+ a_{n-1} x^{n-1} + a_{n-2} x^{n-2} + \cdots + a_1 x + a_0 \\
&= (a_n x + a_{n-1}) x^{n-1} + a_{n-2} x^{n-2} + \cdots + a_1 x + a_0 \\
&= ((a_n x + a_{n-1}) x + a_{n-2}) x^{n-2} + \cdots + a_1 x + a_0 \\
&= \qquad \cdots\cdots\cdots\cdots\cdots \\
&= (\cdots ((a_n x + a_{n-1}) x + a_{n-2}) x + \cdots + a_1) x + a_0\,.
\end{aligned}$$

Hier berechnet sich die maximale Anzahl der benötigten Operationen zu:

$$\text{Additionen/Subtraktionen:} \quad n\,,$$

$$\text{Multiplikationen:} \quad n\,.$$

Man hat also durch einfaches Ausklammern die Anzahl der Multiplikationen dramatisch reduziert. Das entstehende Verfahren wird **Horner-Algorithmus** (William Horner, 1786–1837) genannt und lässt sich in Java leicht wie folgt implementieren:

```java
public double horner(double[] a, double x)
{
    int n=a.length-1;
```

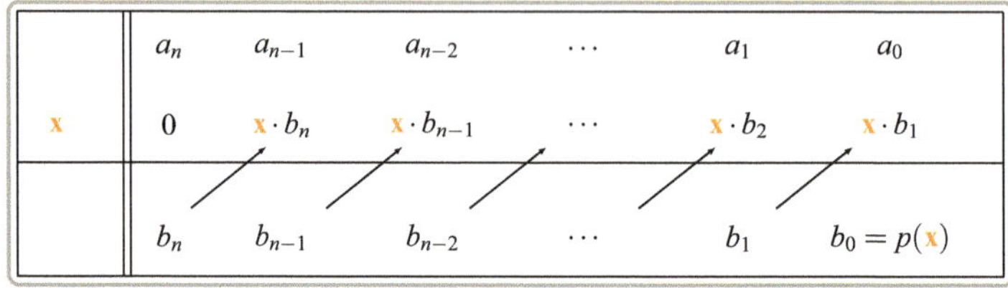

Abb. 3.12 Horner-Schema

```
double help=a[n];
for(int k=1;k<=n;k++)  {help=help*x+a[n-k];}
return help;
}
```

Für die Handrechnung besser geeignet ist das sogenannte **Horner-Schema** (vgl. Abb. 3.12), bei dem spaltenweise addiert wird und schräg hoch jeweils mit x multipliziert wird. Die Hilfsgrößen $b_n, \ldots, b_0 \in \mathbb{R}$ tauchen im Java-Code nicht auf, sondern sind dort effizienter durch Überspeichern der Hilfsvariablen $help$ realisiert.

Beispiel 3.8.6

Gegeben sei das Polynom $p(x) := 2x^5 - 3x^2 + x - 2$, und gesucht wird der Funktionswert von p an der Stelle $x := 2$, also $p(2)$. Mit dem Horner-Schema berechnet sich der gesuchte Funktionswert direkt zu

	2	0	0	-3	1	-2	
2	0	$2 \cdot 2$	$2 \cdot 4$	$2 \cdot 8$	$2 \cdot 13$	$2 \cdot 27$	
	2	4	8	13	27	52	$= p(2)$

Beispiel 3.8.7

Gegeben sei das Polynom $p(x) := -2x^4 + 3x^2 - x + 2$ und gesucht wird der Funktionswert von p an der Stelle $x := -3$, also $p(-3)$. Mit dem Horner-Schema berechnet sich der gesuchte Funktionswert direkt zu

	-2	0	3	-1	2	
-3	0	$-3 \cdot (-2)$	$-3 \cdot 6$	$-3 \cdot (-15)$	$-3 \cdot 44$	
	-2	6	-15	44	-130	$= p(-3)$

Beispiel 3.8.8

Im Einkommensteuergesetz (EStG, Stand: 01.01.2004) befand sich u. a. folgender Passus, der die Relevanz des Horner-Algorithmus für die eindeutige Vorgehensweise bei der Berechnung polynomialer Ausdrücke erkennen lässt; die ebenfalls nötigen Abrundungen sind mit der floor-Funktion realisierbar:

Die zur Berechnung der tariflichen Einkommensteuer erforderlichen Rechenschritte sind in der Reihenfolge auszuführen, die sich nach dem Horner-Schema ergibt. Dabei sind die sich aus den Multiplikationen ergebenden Zwischenergebnisse für jeden weiteren Rechenschritt mit drei Dezimalstellen anzusetzen; die nachfolgenden Dezimalstellen sind fortzulassen. Der sich ergebende Steuerbetrag ist auf den nächsten vollen Euro-Betrag abzurunden.

3.9 Gebrochenrationale Funktionen

Neben den Operationen Addition, Subtraktion und Multiplikation, die bei den ganzrationalen Funktionen zur Anwendung kommen, ist auch noch die Division eine elementare Operation, die schnell und effizient programmtechnisch ausgeführt werden kann. Genau die Division kommt beim Übergang von den ganzrationalen Funktionen zu den sogenannten **gebrochenrationalen Funktionen** als weitere Operation hinzu.

Definition 3.9.1 Gebrochenrationale Funktionen

Es seien $n, m \in \mathbb{N}$ sowie $a_n, a_{n-1}, \ldots, a_0 \in \mathbb{R}$ und $b_m, b_{m-1}, \ldots, b_0 \in \mathbb{R}$ gegeben. Dann nennt man die Funktion r,

$$r: D \to \mathbb{R}, \qquad x \mapsto \frac{a_n x^n + \cdots + a_1 x + a_0}{b_m x^m + \cdots + b_1 x + b_0},$$

gebrochenrationale Funktion vom **Zähler-Höchstgrad** n und **Nenner-Höchstgrad** m, wobei $D := \mathbb{R} \setminus \{x \in \mathbb{R} \mid b_m x^m + \cdots + b_0 = 0\}$. Die Zahlen $a_n, a_{n-1}, \ldots, a_0 \in \mathbb{R}$ werden **Zähler-Koeffizienten** und die Zahlen $b_m, b_{m-1}, \ldots, b_0 \in \mathbb{R}$ werden **Nenner-Koeffizienten** von r genannt. ◄

Bemerkung 3.9.2 (Genauer) Zähler- und Nenner-Grad Die Bezeichnungen Zähler- und Nenner-Höchstgrad lassen offen, ob der führende Zähler-Koeffizient a_n oder der führende Nenner-Koeffizient b_m gleich Null sind oder von Null verschieden sind. Ist der führende Zähler-Koeffizient a_n ungleich Null, dann sagt man, die gebrochenrationale Funktion habe den **(genauen) Zähler-Grad** n; ist entsprechend der führende Nenner-Koeffizient b_m ungleich Null, dann sagt man, die gebrochenrationale Funktion habe den **(genauen) Nenner-Grad** m.

Beispiel 3.9.3
Die Funktion r,

$$r(x) := \frac{5x^4 - 3x^2 - x + 1}{x^2 - 9} \,, \quad x \in \mathbb{R} \setminus \{-3, 3\} \,,$$

ist eine gebrochenrationale Funktion vom Zähler-Grad 4 und Nenner-Grad 2, und die Funktion s,

$$s(x) := \frac{-9x^9 - 3x^2 - x + 1}{x^3 + 64} \,, \quad x \in \mathbb{R} \setminus \{-4\} \,,$$

ist eine gebrochenrationale Funktion vom Zähler-Grad 9 und Nenner-Grad 3.

▶ **Bemerkung 3.9.4 Auswertung gebrochenrationaler Funktionen** Die schnelle Auswertung gebrochenrationaler Funktionen geschieht natürlich wieder mit dem **Horner-Algorithmus**, der auf das Zähler- und das Nenner-Polynom anzuwenden ist; daran anschließend ist lediglich noch eine Division durchzuführen.

3.10　Aufgaben mit Lösungen

Aufgabe 3.10.1 *Gegeben sei das Polynom $p(x) := -3x^5 - 4x^4 + 2x^3 + 4x^2 - 5x + 5$ und gesucht wird der Funktionswert von p an der Stelle $x := -1$, also $p(-1)$. Berechnen Sie den gesuchten Funktionswert mit dem Horner-Schema.*

Lösung der Aufgabe　Mit dem Horner-Schema berechnet sich der gesuchte Funktionswert direkt zu

		-3	-4	2	4	-5	5		
-1		0	3	1	-3	-1	6		
		-3	-1	3	1	-6	11	$=$	$p(-1)$

Aufgabe 3.10.2 *Gegeben sei das Polynom $p(x) := 2x^5 + 6x^2 - 3x + 2$ und gesucht wird der Funktionswert von p an der Stelle $x := -2$, also $p(-2)$. Berechnen Sie den gesuchten Funktionswert mit dem Horner-Schema.*

Lösung der Aufgabe Mit dem Horner-Schema berechnet sich der gesuchte Funktionswert direkt zu

	2	0	0	6	-3	2	
-2	0	-4	8	-16	20	-34	
	2	-4	8	-10	17	-32	$= p(-2)$

Selbsttest 3.10.3 Gegeben sei das algebraische Polynom p mit $p(x) := 4x^5 - 3x^2 + 2x$. Welche der folgenden Aussagen sind wahr?

?+? p ist ein Polynom vom Höchstgrad 7.

?+? p ist ein Polynom vom Höchstgrad 5.

?+? p ist ein Polynom vom Grad 5.

?+? p hat eine Nullstelle bei $x := 0$.

Selbsttest 3.10.4 Welche der folgenden Aussagen über gebrochenrationale Funktionen sind wahr?

?+? Gebrochenrationale Funktionen sind Quotienten algebraischer Polynome.

?−? Bei gebrochenrationalen Funktionen muss der Zähler-Grad stets kleiner sein als der Nenner-Grad.

?+? Gebrochenrationale Funktionen sind nur dort definiert, wo das Nenner-Polynom nicht Null wird.

?+? Zur schnellen Auswertung gebrochenrationaler Funktionen wird der Horner-Algorithmus eingesetzt.

?+? Algebraische Polynome können als spezielle gebrochenrationale Funktionen interpretiert werden.

Funktionen vom Bernstein-Bézier-Typ

4

Neben einer effizienten Implementierung und Auswertung ganzrationaler Funktionen im Sinne der Horner-Strategie ist es im Rahmen der **Computer-Grafik** zusätzlich wünschenswert, einen möglichst direkten Weg von abgetasteten oder erhobenen Datensätzen zu beschreibenden Funktionen, Kurven oder Flächen zu kennen. In diesem Kontext haben sich als Basisfunktionen die sogenannten **ganzrationalen Bernstein-Grundfunktionen** bewährt, die auch kurz als **Bernstein-Grundpolynome** bezeichnet werden, und von Sergej Bernstein (1880–1968) um 1911 erstmals definiert wurden. Wir werden sie in diesem Kapitel einführen und nicht nur zur Näherung diskreter funktionaler Datensätze, sondern auch zur Realisierung von ebenen Kurven einsetzen. Dabei ist diese Strategie inzwischen auch eng mit dem Namen des französischen Mathematikers Pierre Etienne Bézier (1910–1999) verbunden, der dieses Vorgehen in den 60-er Jahren des letzten Jahrhunderts zur Visualisierung von Auto-Karosserien einsetzte.

4.1 Ganzrationale Bernstein-Grundfunktionen und Bézier-Polynome

Wir beginnen mit der Definition der fundamentalen Funktionen im Bernstein-Bézier-Kontext, nämlich den **ganzrationalen Bernstein-Grundfunktionen**.

Definition 4.1.1 Ganzrationale Bernstein-Grundfunktionen

Es seien $k, n \in \mathbb{N}$ mit $0 \leq k \leq n$ beliebig gegeben. Die Polynome $b_{k,n}$,

$$b_{k,n} \colon \mathbb{R} \to \mathbb{R} , \qquad x \mapsto \binom{n}{k} x^k (1-x)^{n-k} ,$$

Elektronisches Zusatzmaterial Die elektronische Version dieses Kapitels enthält Zusatzmaterial, das berechtigten Benutzern zur Verfügung steht https://doi.org/10.1007/978-3-658-29922-4_4.

B. Lenze, *Basiswissen Analysis*, https://doi.org/10.1007/978-3-658-29922-4_4

Abb. 4.1 Bernstein-Grund-polynome $b_{k,5}$ für $k = 0, 1, 2, 3, 4, 5$

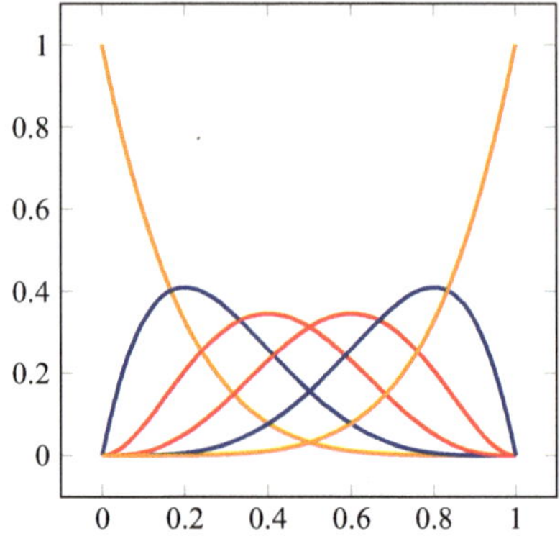

werden **ganzrationale Bernstein-Grundfunktionen** oder häufig kurz **Bernstein-Grundpolynome** vom Grad n genannt, wobei $\binom{n}{k}$ die bekannten Binomialkoeffizienten bezeichnen. ◀

Beispiel 4.1.2

Für $n = 5$ lauten die sechs Bernstein-Grundpolynome (vgl. Abb. 4.1)

$$b_{0,5}(x) = \binom{5}{0} x^0 (1-x)^{5-0} = (1-x)^5 \,,$$

$$b_{1,5}(x) = \binom{5}{1} x^1 (1-x)^{5-1} = 5x(1-x)^4 \,,$$

$$b_{2,5}(x) = \binom{5}{2} x^2 (1-x)^{5-2} = 10x^2(1-x)^3 \,,$$

$$b_{3,5}(x) = \binom{5}{3} x^3 (1-x)^{5-3} = 10x^3(1-x)^2 \,,$$

$$b_{4,5}(x) = \binom{5}{4} x^4 (1-x)^{5-4} = 5x^4(1-x) \,,$$

$$b_{5,5}(x) = \binom{5}{5} x^5 (1-x)^{5-5} = x^5 \,.$$

Die Bernstein-Grundpolynome haben, insbesondere wenn man sie nur auf dem Intervall $[0, 1]$ betrachtet, einige interessante Eigenschaften, von denen die wichtigsten im folgenden Satz festgehalten werden sollen.

▶ **Satz 4.1.3 Eigenschaften der ganzrationalen Bernstein-Grundfunktionen**
Es seien $k, n \in \mathbb{N}$, $0 \leq k \leq n$, und $x \in [0, 1]$ beliebig gegeben sowie
in den Fällen der Extremaleigenschaft und der Zerlegung der Identität auch
noch $n \geq 1$. Dann gilt:

- $b_{k,n}(x) \geq 0$ **(Nicht-Negativität)**

- $b_{k,n}\left(\dfrac{k}{n}\right) \geq b_{k,n}(x)$ **(Extremaleigenschaft)**

- $\displaystyle\sum_{k=0}^{n} b_{k,n}(x) = 1$ **(Zerlegung der Eins)**

- $\displaystyle\sum_{k=0}^{n} \dfrac{k}{n} b_{k,n}(x) = x$ **(Zerlegung der Identität)**

Beweis Der Nachweis der einzelnen Aussagen ist relativ elementar und wird im Folgenden skizziert:

- Die Nicht-Negativität auf $[0, 1]$ folgt unmittelbar aus der Definition.
- Für $n = 1$ und $n = 2$ prüft man die Extremaleigenschaft direkt nach, denn die Bern-
  stein-Grundpolynome lauten hier $b_{0,1}(x) = 1 - x$ und $b_{1,1}(x) = x$ sowie $b_{0,2}(x) = (1-x)^2$, $b_{1,2}(x) = 2x(1-x)$ und $b_{2,2}(x) = x^2$. Auf den Nachweis für die Fälle $n > 2$
  soll verzichtet werden, da dazu Techniken der Differentialrechnung benötigt werden,
  die wir erst noch entwickeln müssen.
- Die Zerlegung der Eins ergibt sich unter Anwendung des **binomischen Lehrsatzes**

$$(a + b)^n = \sum_{k=0}^{n} \binom{n}{k} a^k b^{n-k}$$

mit $a := x$ und $b := 1 - x$ sofort aus

$$1 = (x + (1 - x))^n = \sum_{k=0}^{n} \binom{n}{k} x^k (1 - x)^{n-k} = \sum_{k=0}^{n} b_{k,n}(x) \,.$$

- Die Zerlegung der Identität ergibt sich ebenfalls unter Anwendung des binomischen
  Lehrsatzes sowie der Definition der Binomialkoeffizienten. Der detaillierte Nachweis
  wird als Übung empfohlen. $\square$

Die gerade bewiesene **Zerlegung der Eins** durch die Bernstein-Grundpolynome lässt
sich, wenn man möchte, wie folgt interpretieren: Man tastet die Einsfunktion oder das
0-te Monom $m_0(x) = 1$ auf dem Intervall $[0, 1]$ an den Stellen $\frac{k}{n}$ ab und erhält so den
Datensatz

$$(0, \mathbf{1}) \,, \; \left(\frac{1}{n}, \mathbf{1}\right) \,, \; \left(\frac{2}{n}, \mathbf{1}\right) \,, \; \dots \,, (1, \mathbf{1}) \,.$$

Nimmt man nun die abgetasteten y-Werte als Koeffizienten vor die Bernstein-Grundpolynome, so erhält man genau die abgetastete Funktion zurück:

$$\sum_{k=0}^{n} \mathbf{1} \cdot b_{k,n}(x) = 1 \, .$$

Entsprechend lässt sich die **Zerlegung der Identität** deuten: Man tastet die Identität oder das 1-te Monom $m_1(x) = x$ auf dem Intervall $[0, 1]$ an den Stellen $\frac{k}{n}$ ab und erhält so den Datensatz

$$(0, \mathbf{0}) \, , \ \left(\frac{1}{n}, \frac{\mathbf{1}}{\mathbf{n}}\right) \, , \ \left(\frac{2}{n}, \frac{\mathbf{2}}{\mathbf{n}}\right) \, , \ \dots \, , (1, \mathbf{1}) \, .$$

Nimmt man nun die abgetasteten y-Werte wieder als Koeffizienten vor die Bernstein-Grundpolynome, so erhält man genau die abgetastete Funktion zurück:

$$\sum_{k=0}^{n} \frac{\mathbf{k}}{\mathbf{n}} \cdot b_{k,n}(x) = x \, .$$

Nun kann man natürlich kühn werden und ein völlig allgemeines **Abtastproblem** über $[0, 1]$ betrachten: Hat man auf dem Intervall $[0, 1]$ an den Stellen $\frac{k}{n}$ eine beliebige Kontur abgetastet und so den Datensatz

$$(0, \mathbf{y_0}) \, , \ \left(\frac{1}{n}, \mathbf{y_1}\right) \, , \ \left(\frac{2}{n}, \mathbf{y_2}\right) \, , \ \dots \, , (1, \mathbf{y_n})$$

erhalten, dann nimmt man nun die abgetasteten y-Werte einfach als Koeffizienten vor die Bernstein-Grundpolynome und hofft so mit

$$\sum_{k=0}^{n} \mathbf{y_k} \cdot b_{k,n}(x)$$

ein Polynom zu erhalten, welches den Datensatz **näherungsweise visualisiert**. Dies ist, wie man zeigen kann, in der Tat der Fall und stellt eine der fundamentalen Ideen der Computer-Grafik dar. Wir halten das genaue Vorgehen in folgender Definition fest und führen die **(approximierenden) Bézier-Polynome** ein, die benannt sind nach dem französischen Mathematiker Pierre Etienne Bézier (1910–1999).

Definition 4.1.4 (Approximierendes) Bézier-Polynom

Es sei $n \in \mathbb{N}$ beliebig gegeben und es seien ferner $(\frac{k}{n}, y_k)^T \in [0, 1] \times \mathbb{R}, 0 \leq k \leq n$, vorgegebene Punkte über dem Intervall $[0, 1]$. Dann nennt man das Polynom

$$B \colon [0, 1] \to \mathbb{R} \, , \qquad x \mapsto y_0 b_{0,n}(x) + y_1 b_{1,n}(x) + \cdots + y_n b_{n,n}(x) \, ,$$

Abb. 4.2 Approximierendes
Bézier-Polynom

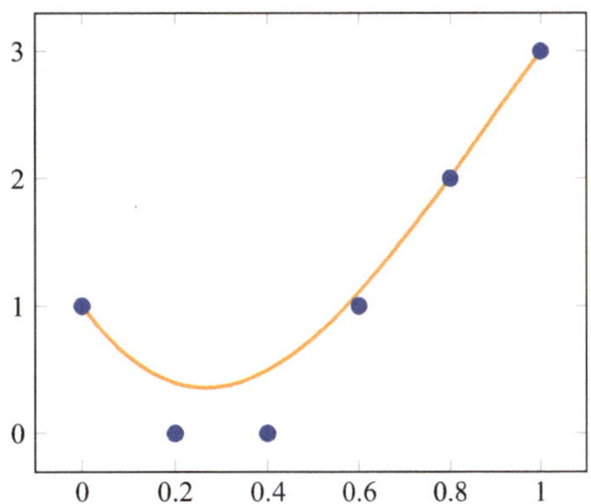

(**approximierendes**) **Bézier-Polynom** bezüglich der gegebenen Punkte. Dabei bezeichnen $b_{k,n}$, $0 \le k \le n$, natürlich genau die ganzrationalen Bernstein-Grundfunktionen bzw. die Bernstein-Grundpolynome vom Grad n. ◄

Beispiel 4.1.5
Gibt man z. B. als abgetasteten Datensatz

$$(0, \mathbf{1}), \; \left(\frac{1}{5}, \mathbf{0}\right), \; \left(\frac{2}{5}, \mathbf{0}\right), \; \left(\frac{3}{5}, \mathbf{1}\right), \; \left(\frac{4}{5}, \mathbf{2}\right), \; (1, \mathbf{3}),$$

vor, dann ist $n := 5$ zu setzen und das zugehörige Bézier-Polynom lautet

$$B(x) = \mathbf{1} \cdot b_{0,5}(x) + \mathbf{0} \cdot b_{1,5}(x) + \mathbf{0} \cdot b_{2,5}(x) + \mathbf{1} \cdot b_{3,5}(x) + \mathbf{2} \cdot b_{4,5}(x) + \mathbf{3} \cdot b_{5,5}(x) \; .$$

Dabei bezeichnen natürlich $b_{0,5}$ bis $b_{5,5}$ genau die Bernstein-Grundpolynome vom Grad 5, und x durchläuft das Intervall $[0, 1]$. Das qualitative Aussehen des Polynoms entnehme man Abb. 4.2.

Abschließend sei, ohne explizite Rechnung, das gemäß obiger Strategie erhaltene Ergebnis eines abgetasteten fiktiven Karosserie-Querschnitts skizziert. Das in Abb. 4.3 zu sehende approximierende Bézier-Polynom ist vom Höchstgrad 20 und lässt erkennen, dass insbesondere bei den inneren Punkten noch Verbesserungspotential vorhanden ist.

Das obige prinzipielle Vorgehen wirft eine Fülle von Fragen auf, von denen wir einige explizit formulieren: Kann man das entstehende approximierende Bézier-Polynom schnell auswerten? Kann man das Approximationsverhalten für die inneren Punkte verbessern? (Die Randpunkte werden, wie man leicht zeigen kann, immer exakt reproduziert.) Welche speziellen Eigenschaften hat das approximierende Polynom? Ist man an das Intervall $[0, 1]$ und die $\frac{k}{n}$-Abszissen gebunden oder lässt sich das Konzept auf allgemeinere Lagen von

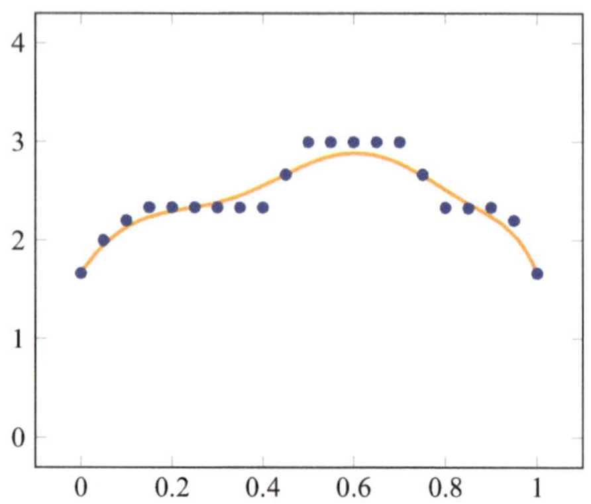

Abb. 4.3 Approximierendes Bézier-Polynom eines Karosserie-Querschnitts

Abtastpunkten verallgemeinern? Auf einige dieser Fragen werden wir in den folgenden Abschnitten direkt eine Antwort geben, in Hinblick auf den vollständigen allgemeinen Hintergrund und darüber hinausgehende Aspekte sei z. B. verwiesen auf [1].

4.2 Aufgaben mit Lösungen

Aufgabe 4.2.1 *Zeigen Sie, dass für alle $n \in \mathbb{N}^*$ die Zerlegung der Identität gilt, also*

$$\sum_{k=0}^{n} \frac{k}{n} b_{k,n}(x) = x , \quad x \in \mathbb{R} .$$

Lösung der Aufgabe Für alle $n \in \mathbb{N}^*$ und alle $x \in \mathbb{R}$ gilt unter Ausnutzung der Definition der Binomialkoeffizienten sowie der bekannten Zerlegung der Eins:

$$\sum_{k=0}^{n} \frac{k}{n} b_{k,n}(x) = \sum_{k=0}^{n} \frac{k}{n} \binom{n}{k} x^k (1-x)^{n-k} = \sum_{k=1}^{n} \frac{k}{n} \frac{n!}{k!(n-k)!} x^k (1-x)^{n-k}$$

$$= \sum_{k=1}^{n} \frac{(n-1)!}{(k-1)!(n-k)!} x^k (1-x)^{n-k}$$

$$= \sum_{k=0}^{n-1} \frac{(n-1)!}{k!(n-(k+1))!} x^{k+1} (1-x)^{n-(k+1)}$$

$$= x \sum_{k=0}^{n-1} \binom{n-1}{k} x^k (1-x)^{(n-1)-k} = x \underbrace{\sum_{k=0}^{n-1} b_{k,n-1}(x)}_{=1} = x .$$

Selbsttest 4.2.2 Welche der folgenden Aussagen über die Bernstein-Grundpolynome sind wahr?

?+? Es gibt genau $n + 1$ Bernstein-Grundpolynome vom Grad n.

?+? Aufsummiert ergeben die Bernstein-Grundpolynome vom Grad n exakt 1.

?+? Die Bernstein-Grundpolynome genügen der Beziehung $b_{k,n}(x) = b_{n-k,n}(1 - x)$.

?−? Die Bernstein-Grundpolynome sind nicht negativ auf $\mathbb{R}$.

?+? Die Bernstein-Grundpolynome sind nicht negativ auf $[0, 1]$.

4.3 Auswertung der Bézier-Polynome nach de Casteljau

Die generelle Idee der schnellen Auswertung von **Bézier-Polynomen** besteht darin, ihre explizite Berechnung zu vermeiden und direkt auf den gesuchten Funktionswert abzuheben. Historisch gesehen geht dieses Vorgehen auf den französischen Ingenieur und Mathematiker Paul de Fage de Casteljau (geb. 1930) zurück, der um 1960 beim Automobilhersteller Citroën diese Techniken erstmals einsetzte. Dass er dabei im Wesentlichen dieselben Wege beschritt wie sein Landsmann Bézier im Rahmen seiner Entwicklungstätigkeit beim konkurrierenden Automobilhersteller Renault, war beiden unbekannt. Erst einige Jahre später, nachdem die Geheimhaltungsauflagen der Automobilkonzerne gelockert wurden, stellte man erstaunt fest, dass es diese zeitgleichen innovativen Aktivitäten gegeben hatte. Den beiden Wissenschaftlern zu Ehren bezeichnet man seitdem die explizite Darstellung der approximierenden Linearkombinationen aus Bernstein-Grundpolynomen festen Grades als **Bézier-Polynome** und ihren effizienten Auswertungsalgorithmus als **de Casteljau-Algorithmus**. Letzterer soll nun im Detail erläutert werden. Dazu bedarf es jedoch zunächst eines kleinen Satzes zur Rekursion der bereits bekannten **Bernstein-Grundpolynome**.

> **Satz 4.3.1 Rekursion der Bernstein-Grundpolynome** Die für alle $k, n \in \mathbb{N}$ mit $0 \le k \le n$ definierten **Bernstein-Grundpolynome** $b_{k,n}$,
>
> $$b_{k,n} \colon \mathbb{R} \to \mathbb{R}, \quad x \mapsto \binom{n}{k} x^k (1 - x)^{n-k},$$
>
> genügen für alle $n \in \mathbb{N}^*$ der **Rekursion**
>
> $$\begin{aligned} b_{0,n}(x) &= (1 - x)b_{0,n-1}(x), \\ b_{k,n}(x) &= (1 - x)b_{k,n-1}(x) + xb_{k-1,n-1}(x), \quad 0 < k < n, \\ b_{n,n}(x) &= xb_{n-1,n-1}(x). \end{aligned}$$

Beweis Der Beweis wird durch direktes Nachrechnen geführt. Für $n = 1$ ergibt sich die Behauptung unmittelbar aus den beiden Identitäten

$$\begin{aligned} (1 - x)b_{0,0}(x) &= (1 - x) = b_{0,1}(x), \\ x\, b_{0,0}(x) &= x = b_{1,1}(x). \end{aligned}$$

Es sei nun $n \in \mathbb{N}^*$ beliebig gegeben. Dann folgt zunächst aus den Identitäten

$$(1 - x)b_{0,n}(x) = (1 - x) \cdot (1 - x)^n = (1 - x)^{n+1} = b_{0,n+1}(x) \,,$$
$$x\, b_{n,n}(x) = x \cdot x^n = x^{n+1} = b_{n+1,n+1}(x) \,,$$

die Korrektheit der beiden Randrekursionen. Für den noch ausstehenden mittleren Teil der Rekursion sei $k \in \{1, 2, \ldots, n - 1\}$ beliebig gegeben. Dann ergibt sich

$$(1 - x)b_{k,n}(x) + x\, b_{k-1,n}(x)$$
$$= (1 - x)\binom{n}{k}x^k(1 - x)^{n-k} + x\binom{n}{k-1}x^{k-1}(1 - x)^{n-(k-1)}$$
$$= x^k(1 - x)^{(n+1)-k}\left(\frac{n!}{k!(n - k)!} + \frac{n!}{(k - 1)!(n - k + 1)!}\right)$$
$$= x^k(1 - x)^{(n+1)-k}\left(\frac{(n - k + 1)n! + k\, n!}{k!(n - k + 1)!}\right)$$
$$= x^k(1 - x)^{(n+1)-k}\left(\frac{(n + 1)!}{k!((n + 1) - k)!}\right)$$
$$= \binom{n + 1}{k}x^k(1 - x)^{(n+1)-k} = b_{k,n+1}(x) \,.$$

Insgesamt folgt daraus die Behauptung. $\square$

Beispiel 4.3.2

Da $b_{0,0}(x) = 1$ ist, ergibt sich für $n = 1$, wie oben im Beweis bereits ausgenutzt, $b_{0,1}(x) = 1 - x$ und $b_{1,1}(x) = x$. Für $n = 2$ folgt damit

$$b_{0,2}(x) = \quad (1 - x)(1 - x) \quad = (1 - x)^2 \,,$$
$$b_{1,2}(x) = (1 - x)x + x(1 - x) = 2x(1 - x) \,,$$
$$b_{2,2}(x) = \qquad x\, x \qquad = \quad x^2 \,.$$

Und schließlich erhält man für $n = 3$ die Polynome

$$b_{0,3}(x) = \qquad (1 - x)(1 - x)^2 \qquad = (1 - x)^3 \,,$$
$$b_{1,3}(x) = (1 - x)2x(1 - x) + x(1 - x)^2 = 3x(1 - x)^2 \,,$$
$$b_{2,3}(x) = \quad (1 - x)x^2 + x\, 2x(1 - x) \quad = 3x^2(1 - x) \,,$$
$$b_{3,3}(x) = \qquad\qquad x\, x^2 \qquad\qquad = \quad x^3 \,.$$

Nach dieser kleinen Vorbereitung lässt sich nun der **de Casteljau-Algorithmus** motivieren. Möchte man z. B. ein approximierendes Bézier-Polynom vom Höchstgrad 2 zum

Datensatz $(\frac{k}{2}, y_k)^T \in \mathbb{R}^2$, $0 \leq k \leq 2$, an einer Stelle $x \in \mathbb{R}$ auswerten, kann man ausgehend von y_0, y_1 und y_2 einfach wie folgt vorgehen: Man multipliziert y_0 mit $(1 - x)$ und addiert dazu das Produkt aus y_1 und x. Entsprechend multipliziert man anschließend y_1 mit $(1 - x)$ und addiert dazu das Produkt aus y_2 und x. Auf diese Weise erhält man zwei Polynome vom Höchstgrad 1, genauer

$$c_{0,1}(x) := y_0(1 - x) + y_1 x = y_0 b_{0,1}(x) + y_1 b_{1,1}(x) \,,$$
$$c_{1,1}(x) := y_1(1 - x) + y_2 x = y_1 b_{0,1}(x) + y_2 b_{1,1}(x) \,.$$

Wendet man dieses Vorgehen erneut an, allerdings jetzt auf die Polynome $c_{0,1}(x)$ und $c_{1,1}(x)$, dann erhält man mit der Rekursion für die Bernstein-Grundpolynome

$$
\begin{aligned}
c_{0,2}(x) :=&\; c_{0,1}(x)(1 - x) + c_{1,1}(x)x \\
=&\; (y_0 b_{0,1}(x) + y_1 b_{1,1}(x))(1 - x) + (y_1 b_{0,1}(x) + y_2 b_{1,1}(x))x \\
=&\; y_0 b_{0,1}(x)(1 - x) + y_1(b_{1,1}(x)(1 - x) + b_{0,1}(x)x) + y_2 b_{1,1}(x)x \\
=&\; y_0 b_{0,2}(x) + y_1 b_{1,2}(x) + y_2 b_{2,2}(x) \,.
\end{aligned}
$$

Also ist das so rekursiv erhaltene Polynom $c_{0,2}$ identisch mit dem approximierenden Bézier-Polynom zu den gegebenen Daten. Dieses Vorgehen lässt sich in naheliegender Weise verallgemeinern.

Es sei ein Datensatz $(\frac{k}{n}, y_k)^T \in \mathbb{R}^2$, $0 \leq k \leq n$, mit den speziellen, im Intervall $[0, 1]$ äquidistant verteilten Stützstellen $0 < \frac{1}{n} < \cdots < 1$ gegeben. Der **de Casteljau-Algorithmus** zur Berechnung des **approximierenden Bézier-Polynoms** B lautet dann für eine beliebig gegebene Stelle $x \in \mathbb{R}$:

```
for (int k=0; k<=n; k++)  c_{k,0}(x) := y_k;   //Initialisierung
for (int l=1; l<=n; l++)
for (int k=0; k<=n-l; k++)
    {
    c_{k,l}(x) := (1 - x) · c_{k,l-1}(x) + x · c_{k+1,l-1}(x);
    }
```

Dabei liefert das zuletzt berechnete Polynom genau das gesuchte approximierende Bézier-Polynom B, also $B(x) = c_{0,n}(x)$, mit

$$B(x) = \sum_{k=0}^{n} y_k b_{k,n}(x) \,, \quad x \in \mathbb{R} \,.$$

Auf den ziemlich schreibintensiven und mittels vollständiger Induktion zu erbringenden Beweis dieses Resultats basierend auf der Rekursion der Bernstein-Grundpolynome soll

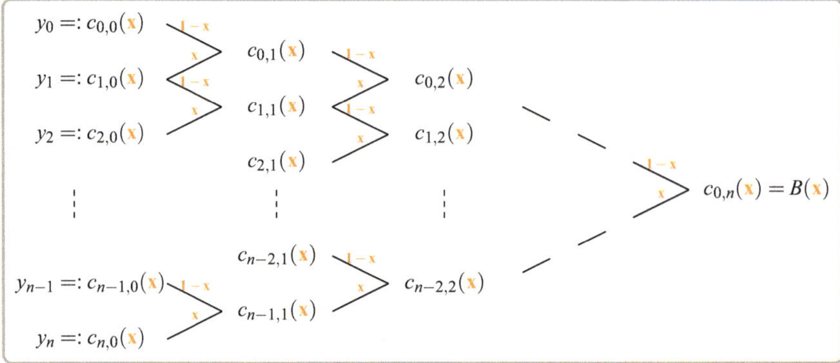

Abb. 4.4 De Casteljau-Schema

hier verzichtet werden. Details findet man z. B. in [2–4]. Der Java-Code für diesen Algorithmus könnte wie folgt aussehen:

```
public double casteljau(double[] y, double x)
{
    int n=y.length-1;
    double[][] c = new double[n+1][n+1];
    for(int k=0;k<=n;k++) c[k][0]=y[k];
    for(int l=1;l<=n;l++)
    {
        for(int k=0;k<=n-l;k++)
        {
            c[k][l]=(1.0-x)*c[k][l-1]+x*c[k+1][l-1];
        }
    }
    return c[0][n];
}
```

Für die Handrechnung empfiehlt sich eine etwas andere Notation, nämlich das in Abb. 4.4 angegebene **de Casteljau-Schema**.

Zur Veranschaulichung der Anwendung der **de Casteljau-Strategie** dienen zwei Beispiele.

Beispiel 4.3.3

Gegeben seien vier zu approximierende Punkte $(x_0, y_0)^T := (0, \frac{3}{5})^T$, $(x_1, y_1)^T := (\frac{1}{3}, \frac{7}{5})^T$, $(x_2, y_2)^T := (\frac{2}{3}, \frac{6}{5})^T$ und $(x_3, y_3)^T := (1, \frac{1}{5})^T$. Gesucht wird nun der Funktionswert $B(\frac{1}{2})$ des approximierenden Bézier-Polynoms B vom Höchstgrad 3 bezüglich der vorgegebenen Punkte, ohne das Polynom B zuvor explizit zu berech-

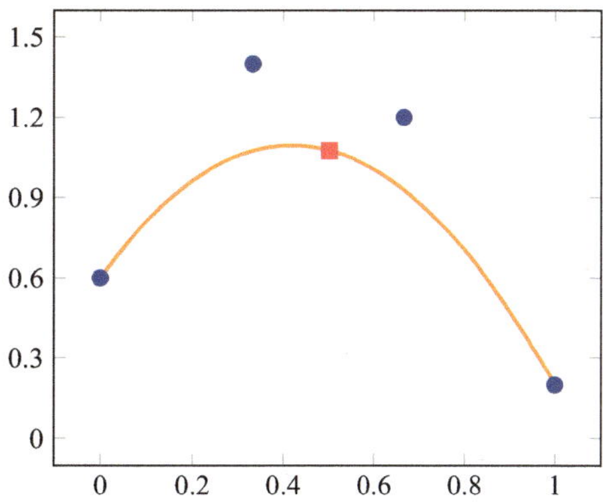

Abb. 4.5 Approximierendes Bézier-Polynom

nen. Dazu nutzt man das **de Casteljau-Schema** gemäß

$$\begin{array}{l}
\tfrac{3}{5} \\[2pt]
\tfrac{7}{5} \\[2pt]
\tfrac{6}{5} \\[2pt]
\tfrac{1}{5}
\end{array}
\quad
\begin{array}{l}
\tfrac{3}{5}(1-\tfrac{1}{2}) + \tfrac{7}{5}\tfrac{1}{2} = 1 \\[4pt]
\tfrac{7}{5}(1-\tfrac{1}{2}) + \tfrac{6}{5}\tfrac{1}{2} = \tfrac{13}{10} \\[4pt]
\tfrac{6}{5}(1-\tfrac{1}{2}) + \tfrac{1}{5}\tfrac{1}{2} = \tfrac{7}{10}
\end{array}
\quad
\begin{array}{l}
1(1-\tfrac{1}{2}) + \tfrac{13}{10}\tfrac{1}{2} = \tfrac{23}{20} \\[6pt]
\tfrac{13}{10}(1-\tfrac{1}{2}) + \tfrac{7}{10}\tfrac{1}{2} = 1
\end{array}
\quad
\tfrac{23}{20}(1-\tfrac{1}{2}) + 1\tfrac{1}{2} = \tfrac{43}{40} = B(\tfrac{1}{2})$$

Also lautet der gesuchte Funktionswert des approximierenden Bézier-Polynoms B an der Stelle $x := \tfrac{1}{2}$ genau $\tfrac{43}{40}$. Das Polynom ist zusammen mit den zu approximierenden Punkten in Abb. 4.5 skizziert, wobei der oben berechnete Funktionswert durch ein kleines Quadrat angedeutet ist.

Beispiel 4.3.4

Gegeben seien drei zu approximierende Punkte $(x_0, y_0)^T := (0, 2)^T$, $(x_1, y_1)^T := (\tfrac{1}{2}, 1)^T$ und $(x_2, y_2)^T := (1, 3)^T$. Gesucht wird nun der Funktionswert $B(\tfrac{1}{5})$ des approximierenden Bézier-Polynoms B vom Höchstgrad 2 bezüglich der vorgegebenen Punkte, ohne das Polynom B zuvor explizit zu berechnen. Dazu nutzt man das **de Casteljau-Schema** gemäß

$$\begin{array}{l}
2 \\[2pt]
1 \\[2pt]
3
\end{array}
\quad
\begin{array}{l}
2(1-\tfrac{1}{5}) + 1\tfrac{1}{5} = \tfrac{9}{5} \\[6pt]
1(1-\tfrac{1}{5}) + 3\tfrac{1}{5} = \tfrac{7}{5}
\end{array}
\quad
\tfrac{9}{5}(1-\tfrac{1}{5}) + \tfrac{7}{5}\tfrac{1}{5} = \tfrac{43}{25} = B(\tfrac{1}{5})$$

Also lautet der gesuchte Funktionswert des approximierenden Bézier-Polynoms B an der Stelle $x := \tfrac{1}{5}$ genau $\tfrac{43}{25}$. Das Polynom ist zusammen mit den zu approxi-

Abb. 4.6 Approximierendes
Bézier-Polynom

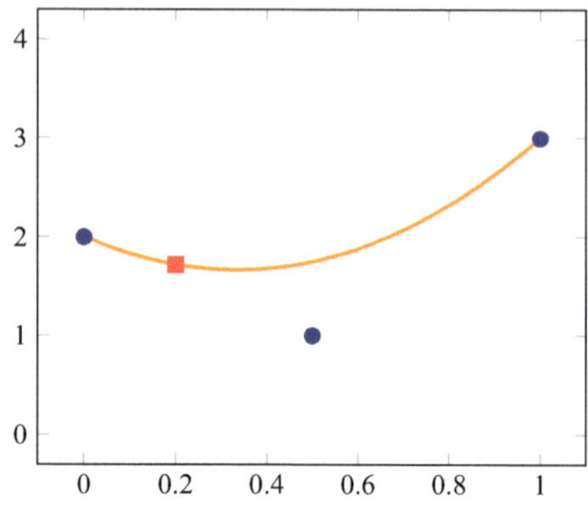

mierenden Punkten in Abb. 4.6 skizziert, wobei der oben berechnete Funktionswert
durch ein kleines Quadrat angedeutet ist.

▶ **Bemerkung 4.3.5 Praxis der Approximation nach de Casteljau** Wie bereits erwähnt besteht der Vorteil des **de Casteljau-Algorithmus** darin, dass er auf die explizite Berechnung des approximierenden Bézier-Polynoms verzichtet und direkt zum gesuchten Funktionswert führt. Insbesondere wird die konkrete Berechnung der Binomialkoeffizienten der Bernstein-Grundpolynome vermieden. Dennoch hat auch dieser Algorithmus i. Allg. eine Komplexität von $O(n^2)$ und kann somit nicht mit dem **Horner-Algorithmus** konkurrieren. Weitere Details zu diesen und anderen Fragen findet man z. B. in [1, 3, 5].

4.4 Aufgaben mit Lösungen

Aufgabe 4.4.1 *Gegeben seien fünf zu approximierende Punkte* $(x_0, y_0)^T := (0, 4)^T$, $(x_1, y_1)^T := (\frac{1}{4}, 3)^T$, $(x_2, y_2)^T := (\frac{1}{2}, 2)^T$, $(x_3, y_3)^T := (\frac{3}{4}, 4)^T$ *und* $(x_4, y_4)^T := (1, 6)^T$. *Bestimmen Sie den Funktionswert* $B(2)$ *des approximierenden Bézier-Polynoms* B *vom Höchstgrad* 4 *bezüglich der vorgegebenen Punkte mit Hilfe der de Casteljau-Strategie.*

Lösung der Aufgabe Zunächst ergibt sich das de Casteljau-Schema gemäß

$$
\begin{array}{ccccccccc}
4 \\
 & 2 \\
3 & & 0 \\
 & 1 & & 22 \\
2 & & 11 & & -4 = B(2) \\
 & 6 & & 9 \\
4 & & 10 \\
 & 8 \\
6
\end{array}
$$

Also lautet der gesuchte Funktionswert des approximierenden Bézier-Polynoms B an der Stelle $x := 2$ genau -4.

Aufgabe 4.4.2 *Gegeben seien vier zu approximierende Punkte* $(x_0, y_0)^T := (0, 4)^T$, $(x_1, y_1)^T := (\frac{1}{3}, 3)^T$, $(x_2, y_2)^T := (\frac{2}{3}, 2)^T$ *und* $(x_3, y_3)^T := (1, 6)^T$. *Bestimmen Sie den Funktionswert* $B(-1)$ *des approximierenden Bézier-Polynoms* B *vom Höchstgrad 3 bezüglich der vorgegebenen Punkte mit Hilfe der de Casteljau-Strategie.*

Lösung der Aufgabe Zunächst ergibt sich das de Casteljau-Schema gemäß

$$
\begin{array}{ccccccc}
4 & & & & & & \\
& 5 & & & & & \\
3 & & 6 & & & & \\
& 4 & & 2 & = & B(-1) & \\
2 & & 10 & & & & \\
& -2 & & & & & \\
6 & & & & & &
\end{array}
$$

Also lautet der gesuchte Funktionswert des approximierenden Bézier-Polynoms B an der Stelle $x := -1$ genau 2.

Aufgabe 4.4.3 *Gegeben sei das Polynom* p,

$$p(x) := 7x^4 - 18x^2 + 12x - 4,$$

in Monom-Darstellung. Berechnen Sie die Bézier-Darstellung von p,

$$p(x) = \beta_4 b_{4,4}(x) + \beta_3 b_{3,4}(x) + \beta_2 b_{2,4}(x) + \beta_1 b_{1,4}(x) + \beta_0 b_{0,4}(x) \, ,$$

wobei $b_{4,4}$ *bis* $b_{0,4}$ *natürlich die Bernstein-Grundpolynome vom Grad 4 bezeichnen.*

Lösung der Aufgabe Zunächst lauten die Bernstein-Grundpolynome vom Grad 4 wie folgt:

$$b_{0,4}(x) = \binom{4}{0} x^0 (1-x)^{4-0} = x^4 - 4x^3 + 6x^2 - 4x + 1 \, ,$$

$$b_{1,4}(x) = \binom{4}{1} x^1 (1-x)^{4-1} = -4x^4 + 12x^3 - 12x^2 + 4x \, ,$$

$$b_{2,4}(x) = \binom{4}{2} x^2 (1-x)^{4-2} = 6x^4 - 12x^3 + 6x^2 \, ,$$

$$b_{3,4}(x) = \binom{4}{3} x^3 (1-x)^{4-3} = -4x^4 + 4x^3 \, ,$$

$$b_{4,4}(x) = \binom{4}{4} x^4 (1-x)^{4-4} = x^4 .$$

Setzt man nun das gesuchte Polynom an gemäß

$$\beta_4 b_{4,4}(x) + \beta_3 b_{3,4}(x) + \beta_2 b_{2,4}(x) + \beta_1 b_{1,4}(x) + \beta_0 b_{0,4}(x) = 7x^4 - 18x^2 + 12x - 4 ,$$

dann ergibt sich nach Koeffizientenvergleich das folgende Gleichungssystem für die gesuchten Koeffizienten β_0 bis β_4:

$$
\begin{array}{llllll}
x^4: & \beta_0 & -4\beta_1 & +6\beta_2 & -4\beta_3 & +\beta_4 = 7 , \\
x^3: & -4\beta_0 & +12\beta_1 & -12\beta_2 & +4\beta_3 & = 0 , \\
x^2: & 6\beta_0 & -12\beta_1 & +6\beta_2 & & = -18 , \\
x^1: & -4\beta_0 & +4\beta_1 & & & = 12 , \\
x^0: & \beta_0 & & & & = -4 .
\end{array}
$$

Aufrollen des System von unten liefert $\beta_0 = -4$, $\beta_1 = -1$, $\beta_2 = -1$, $\beta_3 = -4$ und $\beta_4 = -3$. Also lautet die gesuchte Bézier-Darstellung

$$p(x) = -3b_{4,4}(x) - 4b_{3,4}(x) - b_{2,4}(x) - b_{1,4}(x) - 4b_{0,4}(x) .$$

Selbsttest 4.4.4 Welche der folgenden Aussagen über die Approximation nach Bézier und die Auswertung nach de Casteljau sind wahr?

?+? Bei der Approximation müssen die Stützstellen äquidistant in $[0, 1]$ verteilt sein.

?+? Mit dem de Casteljau-Algorithmus kann man die approximierenden Bézier-Polynome berechnen.

?+? Die approximierenden Bézier-Polynome sind Linearkombinationen von Bernstein-Grundpolynomen.

?+? Der de Casteljau-Algorithmus liefert den Funktionswert eines approximierenden Bézier-Polynoms.

4.5 Gebrochenrationale Bernstein-Grundfunktionen und Bézier-Funktionen

Im Zusammenhang mit der Bézier-Strategie basierend auf ganzrationalen Bernstein-Grundfunktionen bzw. Bernstein-Grundpolynomen war die Annäherung an die inneren Abtastpunkte nicht besonders befriedigend. Um dieses Defizit zu korrigieren, werden im Folgenden als Verallgemeinerung die sogenannten **gebrochenrationalen Bernstein-Grundfunktionen** eingeführt.

Definition 4.5.1 Gebrochenrationale Bernstein-Grundfunktionen

Es sei $n \in \mathbb{N}$ beliebig gegeben und es seien $w_i > 0$, $0 \leq i \leq n$, fest vorgegebene sogenannte **Gewichte**. Die gebrochenrationalen Funktionen $rb_{k,n}$, $0 \leq k \leq n$,

$$rb_{k,n} \colon [0,1] \to \mathbb{R}\,, \qquad x \mapsto \frac{w_k b_{k,n}(x)}{\sum_{i=0}^{n} w_i b_{i,n}(x)}\,,$$

werden **gebrochenrationale Bernstein-Grundfunktionen** vom Grad n zu den gegebenen Gewichten genannt. Dabei bezeichnen $b_{i,n}$, $0 \leq i \leq n$, genau die ganzrationalen Bernstein-Grundfunktionen bzw. die Bernstein-Grundpolynome vom Grad n. ◄

Beispiel 4.5.2

Für $n := 5$ sowie $w_0 := 1$, $w_1 := 10$, $w_2 := 10$, $w_3 := 10$, $w_4 := 10$ und $w_5 := 1$ lauten die sechs gebrochenrationalen Bernstein-Grundfunktionen

$$rb_{0,5}(x) = \frac{b_{0,5}(x)}{b_{0,5}(x) + 10b_{1,5}(x) + 10b_{2,5}(x) + 10b_{3,5}(x) + 10b_{4,5}(x) + b_{5,5}(x)}\,,$$

$$rb_{1,5}(x) = \frac{10b_{1,5}(x)}{b_{0,5}(x) + 10b_{1,5}(x) + 10b_{2,5}(x) + 10b_{3,5}(x) + 10b_{4,5}(x) + b_{5,5}(x)}\,,$$

$$rb_{2,5}(x) = \frac{10b_{2,5}(x)}{b_{0,5}(x) + 10b_{1,5}(x) + 10b_{2,5}(x) + 10b_{3,5}(x) + 10b_{4,5}(x) + b_{5,5}(x)}\,,$$

$$rb_{3,5}(x) = \frac{10b_{3,5}(x)}{b_{0,5}(x) + 10b_{1,5}(x) + 10b_{2,5}(x) + 10b_{3,5}(x) + 10b_{4,5}(x) + b_{5,5}(x)}\,,$$

$$rb_{4,5}(x) = \frac{10b_{4,5}(x)}{b_{0,5}(x) + 10b_{1,5}(x) + 10b_{2,5}(x) + 10b_{3,5}(x) + 10b_{4,5}(x) + b_{5,5}(x)}\,,$$

$$rb_{5,5}(x) = \frac{b_{5,5}(x)}{b_{0,5}(x) + 10b_{1,5}(x) + 10b_{2,5}(x) + 10b_{3,5}(x) + 10b_{4,5}(x) + b_{5,5}(x)}\,,$$

wobei $b_{0,5}$ bis $b_{5,5}$ genau die Bernstein-Grundpolynome vom Grad 5 bezeichnen. Das qualitative Aussehen dieser gebrochenrationalen Bernstein-Grundfunktionen entnehme man Abb. 4.7.

Die gebrochenrationalen Bernstein-Grundfunktionen haben über dem Intervall $[0,1]$ wieder einige interessante Eigenschaften, von denen die beiden wichtigsten im folgenden Satz festgehalten werden sollen.

Abb. 4.7 Gebrochenrationale
Bernstein-Grundfunktionen
$rb_{k,5}$ für $k = 0, 1, 2, 3, 4, 5$

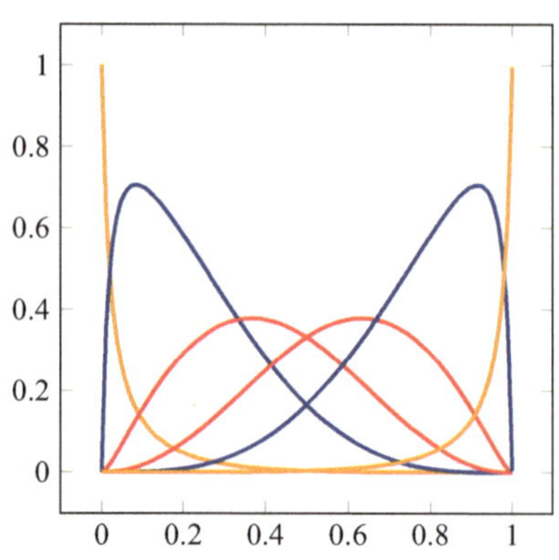

▶ **Satz 4.5.3 Eigenschaften der gebrochenrationalen Bernstein-Grund-funktionen** Es seien $k, n \in \mathbb{N}$, $0 \le k \le n$, und $x \in [0, 1]$ beliebig gegeben sowie $w_i > 0, 0 \le i \le n$, beliebige Gewichte. Dann gilt:

- $rb_{k,n}(x) \ge 0$ **(Nicht-Negativität)**

- $\displaystyle\sum_{k=0}^{n} rb_{k,n}(x) = 1$ **(Zerlegung der Eins)**

Die **Zerlegung der Eins** durch die gebrochenrationalen Bernstein-Grundfunktionen lässt sich wieder so interpretieren: Man tastet die Einsfunktion oder das 0-te Monom $m_0(x) = 1$ auf dem Intervall $[0, 1]$ an den Stellen $\frac{k}{n}$ ab und erhält so den Datensatz

$$(0, \mathbf{1}), \ \left(\frac{1}{n}, \mathbf{1}\right), \ \left(\frac{2}{n}, \mathbf{1}\right), \ \ldots, (1, \mathbf{1}).$$

Nimmt man nun die abgetasteten y-Werte als Koeffizienten vor die gebrochenrationalen Bernstein-Grundfunktionen, so erhält man genau die abgetastete Funktion zurück:

$$\sum_{k=0}^{n} \mathbf{1} \cdot rb_{k,n}(x) = 1 \, .$$

Für das allgemeine **Abtastproblem** über $[0, 1]$ mit dem Datensatz

$$(0, \mathbf{y_0}), \ \left(\frac{1}{n}, \mathbf{y_1}\right), \ \left(\frac{2}{n}, \mathbf{y_2}\right), \ \ldots, (1, \mathbf{y_n})$$

ergibt sich dann entsprechend die gebrochenrationale Näherungsfunktion

$$\sum_{k=0}^{n} \mathbf{y_k} \cdot rb_{k,n}(x) \, ,$$

die den Datensatz **näherungsweise visualisiert** und durch geschickte Wahl der Gewichte geeignet optimiert werden kann. Wählt man z. B. $w_0 := 1$ und $w_n := 1$ und die inneren Gewichte moderat größer als 1, dann kommt der Graph der so erhaltenen Funktion den inneren Abtastpunkten i. Allg. deutlich näher als im Fall der Bernstein-Grundpolynome. Man bezeichnet aus diesem Grunde die Gewichte auch als **Formparameter**. So ergibt sich also in völliger Analogie zum bereits bekannten Vorgehen die Strategie der **(approximierenden) gebrochenrationalen Bézier-Funktionen**.

Definition 4.5.4 (Approximierende) gebrochenrationale Bézier-Funktion

Es seien $n \in \mathbb{N}$ und $w_i > 0, 0 \leq i \leq n$, beliebig gegeben sowie $(\frac{k}{n}, y_k)^T \in [0, 1] \times \mathbb{R}, 0 \leq k \leq n$, vorgegebene Punkte über dem Intervall $[0, 1]$. Dann nennt man die gebrochenrationale Funktion

$$RB: [0, 1] \to \mathbb{R}, \qquad x \mapsto y_0 rb_{0,n}(x) + y_1 rb_{1,n}(x) + \cdots + y_n rb_{n,n}(x),$$

(approximierende) gebrochenrationale Bézier-Funktion bezüglich der gegebenen Punkte. Dabei bezeichnen $rb_{k,n}, 0 \leq k \leq n$, natürlich genau die gebrochenrationalen Bernstein-Grundfunktionen vom Grad n zu den gegebenen Gewichten. ◄

Zur Illustration wird wieder ein abschließendes Beispiel betrachtet.

Beispiel 4.5.5
Gibt man z. B. als abgetasteten Datensatz

$$(0, \mathbf{1}), \ \left(\frac{1}{5}, \mathbf{0}\right), \ \left(\frac{2}{5}, \mathbf{0}\right), \ \left(\frac{3}{5}, \mathbf{1}\right), \ \left(\frac{4}{5}, \mathbf{2}\right), \ (1, \mathbf{3}),$$

vor sowie sechs Gewichte $w_0 := 1, w_1 := 2, w_2 := 2, w_3 := 1, w_4 := 1$ und $w_5 := 1$, die genau an den Stellen moderat erhöht sind, an denen das Approximationsverhalten der ungewichteten Strategie noch verbesserungswürdig war (vgl. Abb. 4.2), dann ist $n := 5$ zu setzen und die zugehörige gebrochenrationale Näherungsfunktion lautet

$$RB(x) = \mathbf{1} \cdot rb_{0,5}(x) + \mathbf{0} \cdot rb_{1,5}(x) + \mathbf{0} \cdot rb_{2,5}(x) + \mathbf{1} \cdot rb_{3,5}(x) + \mathbf{2} \cdot rb_{4,5}(x)$$
$$+ \mathbf{3} \cdot rb_{5,5}(x).$$

Dabei bezeichnen natürlich $rb_{0,5}$ bis $rb_{5,5}$ genau die gebrochenrationalen Bernstein-Grundfunktionen vom Grad 5 zu den gegebenen Gewichten, und x durchläuft das Intervall $[0, 1]$. Das qualitative Aussehen der Näherungsfunktion entnehme man Abb. 4.8, aus der zu erkennen ist, dass das Näherungsverhalten der Funktion jetzt auch am zweiten und dritten „Ausreißer-Punkt" erkennbar verbessert ist.

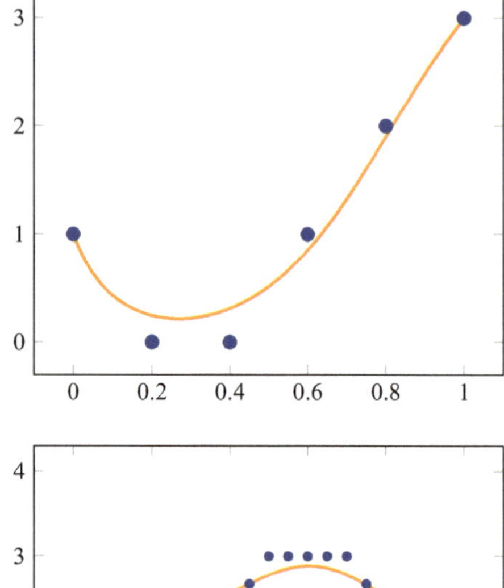

Abb. 4.8 Gebrochenrationale approximierende Bézier-Funktion

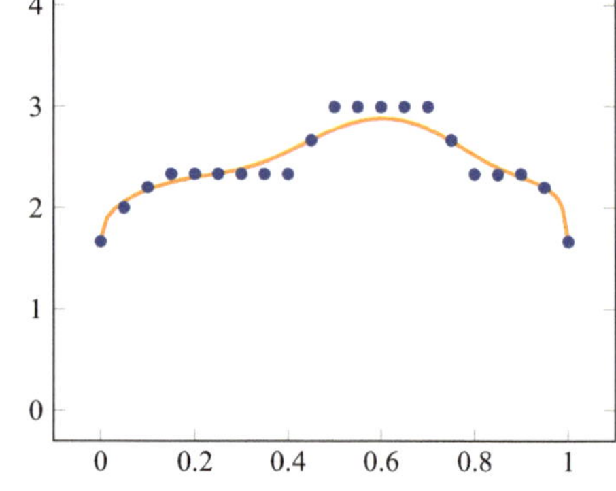

Abb. 4.9 Gebrochenrationale approximierende Bézier-Funktion eines Karosserie-Querschnitts

Abschließend sei wieder, ohne explizite Rechnung, das gemäß obiger Strategie erhaltene Ergebnis eines abgetasteten fiktiven Karosserie-Querschnitts skizziert. Die in Abb. 4.9 zu sehende gebrochenrationale approximierende Bézier-Funktion wurde generiert, indem die Randgewichte auf 1 und alle inneren Gewichte auf 5 gesetzt wurden. Man sieht, dass es zwar im Randbereich zu gewissen Verbesserungen gekommen ist, im Inneren aber nach wie vor Optimierungspotential vorhanden ist.

4.6　Aufgaben mit Lösungen

Aufgabe 4.6.1 *Zeigen Sie, dass für alle $n \in \mathbb{N}$ und beliebig gegebene Gewichte $w_i > 0$, $0 \le i \le n$, die Zerlegung der Eins gilt, also*

$$\sum_{k=0}^{n} rb_{k,n}(x) = 1, \quad x \in [0, 1].$$

Lösung der Aufgabe Für alle $n \in \mathbb{N}$ und alle $x \in [0, 1]$ gilt:

$$\sum_{k=0}^{n} rb_{k,n}(x) = \sum_{k=0}^{n} \frac{w_k b_{k,n}(x)}{\sum_{i=0}^{n} w_i b_{i,n}(x)} = \frac{\sum_{k=0}^{n} w_k b_{k,n}(x)}{\sum_{i=0}^{n} w_i b_{i,n}(x)} = 1 .$$

Selbsttest 4.6.2 Welche der folgenden Aussagen über die gebrochenrationalen Bernstein-Grundfunktionen sind wahr?

?+? Die gebrochenrationalen Bernstein-Grundfunktionen vom Grad n haben Zähler- und Nennergrad n.

?+? Aufsummiert ergeben die gebrochenrationalen Bernstein-Grundfunktionen vom Grad n exakt 1.

?+? Im Fall $w_k = w_{n-k}$, $0 \leq k \leq n$, gelten die Identitäten $rb_{k,n}(x) = rb_{n-k,n}(1 - x)$, $0 \leq k \leq n$.

?−? Die gebrochenrationalen Bernstein-Grundfunktionen sind nicht negativ auf $\mathbb{R}$.

?+? Die gebrochenrationalen Bernstein-Grundfunktionen sind nicht negativ auf $[0, 1]$.

4.7 Parametrisierte ebene Kurven

Eine wichtige Anwendung im Grafik-Bereich besteht darin, zu vorgegebenen Punkten in der Ebene eine **Kurve** zu finden, die diesen Punkten hinreichend nahe kommt. Man bezeichnet dieses Problem allgemein als **Curve-Fitting-Problem** und in Verallgemeinerung für Flächen als **Surface-Fitting-Problem**. Um zumindest das erste Problem aus dem Blickwinkel der Computer-Grafik ein wenig genauer ausleuchten zu können, bedarf es zunächst der Einführung des Begriffs einer **Kurve**. Um einen möglichst intuitiven Zugang zu diesem Konzept zu erhalten, betrachte man das folgende kleine Gedankenexperiment: Man stelle sich einen Käfer vor, der über den Tisch krabbelt (vgl. Abb. 4.10).

Beobachtet man diesen Käfer über einen gewissen Zeitraum und möchte seinen in dieser Zeit zurückgelegten Weg beschreiben, so muss man zu jedem Zeitpunkt t exakt sagen können, wo sich der Käfer auf dem Tisch befindet. Nimmt man der Einfachheit halber an, dass das Zeitintervall das Intervall $[0, 1]$ ist und der Tisch mit einem x-y-Koordinatensystem versehen ist, so ordnet die **Käferfunktion** K jedem Zeitpunkt $t \in [0, 1]$ genau einen Ort auf dem Tisch mit x-Koordinate $x(t)$ und y-Koordinate $y(t)$ zu. Verlässt man nun den Tisch und den Käfer, dann ist die Verallgemeinerung nicht mehr schwer: Zunächst versteht man unter der (zweidimensionalen) **Ebene** genau die Menge aller **Punkte-Paare**, die man sich wie üblich in einem x-y-Koordinatensystem veranschaulicht denken kann. Analytisch ist die Ebene definiert als die Menge $\mathbb{R}^2$ aller **geordneten Punkte-Paare**,

$$\mathbb{R}^2 := \mathbb{R} \times \mathbb{R} := \left\{ \begin{pmatrix} x \\ y \end{pmatrix} \mid x, y \in \mathbb{R} \right\},$$

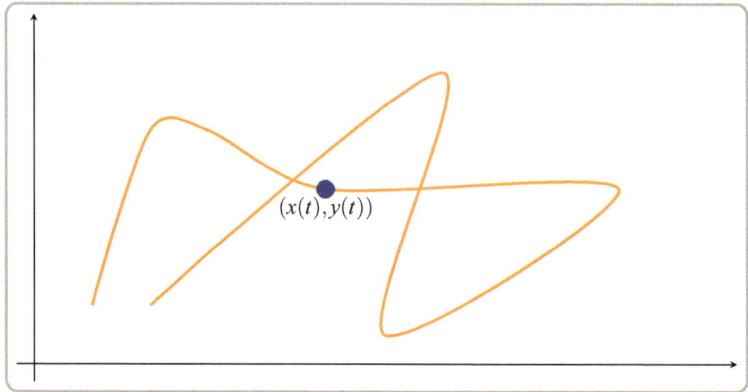

Abb. 4.10 Weg des Käfers auf dem Tisch

die von nun an untereinander geschrieben werden und mit einer großen Klammer umschlossen werden. Es handelt sich also um ein kartesisches Produkt. Um gegebenenfalls bei der Notation von Punkten in $\mathbb{R}^2$ Platz zu sparen, sei noch einmal an die Notation

$$(x, y)^T := \begin{pmatrix} x \\ y \end{pmatrix}$$

erinnert, wobei die Operation $(\ )^T$ zeilenweise geschriebene Punkte in spaltenweise geschriebene Punkte überführt (und umgekehrt) und **transponieren** genannt wird. Damit sind nun alle Hilfsmittel bereitgestellt, um die sogenannten **parametrisierten ebenen Kurven** zu definieren.

Definition 4.7.1 Parametrisierte ebene Kurve

Es sei $[a, b] \subseteq \mathbb{R}$ ein nicht leeres Intervall. Ferner seien $f_1 \colon [a, b] \to \mathbb{R}$ und $f_2 \colon [a, b] \to \mathbb{R}$ zwei Funktionen. Eine Funktion K,

$$K \colon [a, b] \to \mathbb{R}^2, \qquad t \mapsto (f_1(t), f_2(t))^T,$$

heißt durch f_1 und f_2 induzierte **parametrisierte ebene Kurve** oder häufig auch kurz **parametrisierte Kurve** über (dem **Parameterintervall**) $[a, b]$. ◄

Beispiel 4.7.2

Man betrachte die Kurve K über $[0, 1]$ gegeben durch

$$K \colon [0, 1] \to \mathbb{R}^2, \qquad t \mapsto (t^2 - t + 1, -t^2 + 2t)^T =: (f_1(t), f_2(t))^T.$$

Abb. 4.11 Parametrisierte ebene Kurve

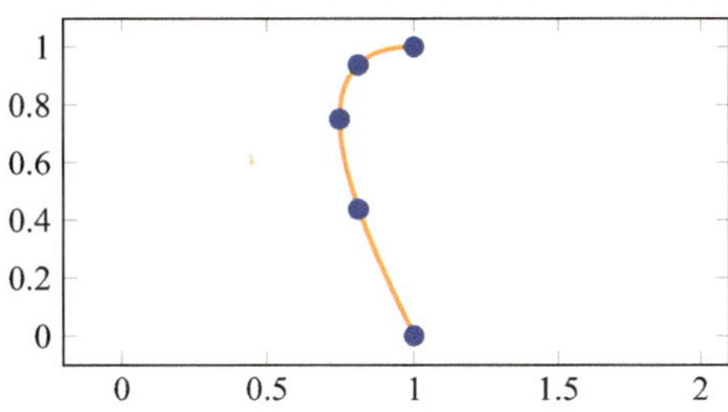

Eine kleine Wertetabelle für diese Kurve ergibt

t	0	$\frac{1}{4}$	$\frac{1}{2}$	$\frac{3}{4}$	1
$f_1(t)$	1	$\frac{13}{16}$	$\frac{3}{4}$	$\frac{13}{16}$	1
$f_2(t)$	0	$\frac{7}{16}$	$\frac{3}{4}$	$\frac{15}{16}$	1

Anhand dieser Tabelle lässt sich die Kurve bereits qualitativ skizzieren (vgl. Abb. 4.11).

Möchte man eine Kurve in Java implementieren, so ist das kein Problem. Für das obige Beispiel ergibt sich z. B. folgender einfacher Code:

```
public double[] kurve(double t)
{
        double[] help = new double[2];
        help[0]=t*t-t+1.0;
        help[1]=-t*t+2.0*t;
        return help;
}
```

▶ **Bemerkung 4.7.3 Funktionsgraph als Kurve** Jede Funktion $f : [a, b] \to \mathbb{R}$ kann als Spezialfall einer ebenen parametrisierten Kurve interpretiert werden. Ihr **Graph** G_f,

$$G_f := \{(t, f(t)) \mid t \in [a, b]\} \,,$$

ist in der Notation einer parametrisierten ebenen Kurve nichts anderes als die durch die Funktionen $f_1(t) := t$ und $f_2(t) := f(t)$ induzierte Kurve.

Abschließend wird noch ein weiteres Beispiel zu parametrisierten ebenen Kurven angegeben.

Abb. 4.12 Parametrisierte
ebene Spirale

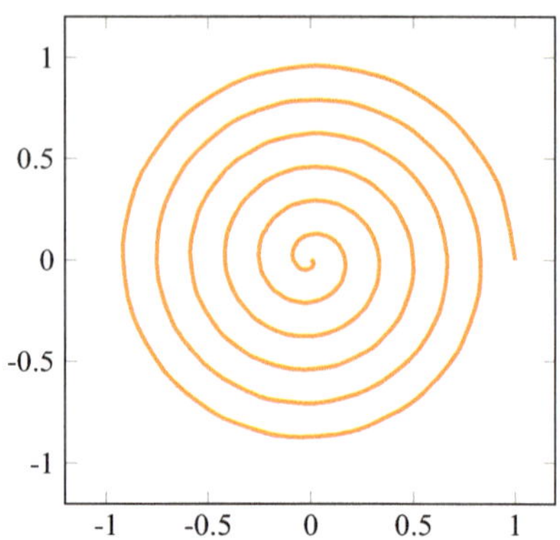

Beispiel 4.7.4
Man betrachte die Kurve K über $[0, 1]$ gegeben durch

$$K \colon [0, 1] \to \mathbb{R}^2, \qquad t \mapsto ((1 - t)\cos(12\pi t), (1 - t)\sin(12\pi t))^T.$$

Diese Kurve beschreibt qualitativ eine sich auf den Ursprung zudrehende Spirale
(vgl. Abb. 4.12).

Bemerkung 4.7.5 Dreidimensionale Kurven Der Übergang von parametrisierten **ebenen** Kurven zu parametrisierten **räumlichen** Kurven ist sehr
einfach: Man nimmt schlicht eine dritte Komponente hinzu, die durch eine
dritte Komponentenfunktion in Abhängigkeit von t variiert wird.

4.8 Ganzrationale Bézier-Kurven

Wie bereits erwähnt, besteht eines der zentralen Probleme in der Computer-Grafik darin,
auf möglichst effiziente Art und Weise Kurven zu generieren, die durch oder mindestens in
der Nähe vorgegebener Punkte in der Ebene verlaufen. Bei der Lösung dieses **Curve-Fitting-Problems** mit ganzrationalen Techniken haben sich die bereits eingeführten **ganzrationalen Bernstein-Grundfunktionen** bewährt. Mit ihnen lassen sich sehr einfach Kurven generieren, die das gewünschte Näherungsverhalten realisieren. Diese Kurven nennt
man heute üblicherweise **ganzrationale Bézier-Kurven**, da der bereits mehrfach erwähnte französische Ingenieur und Mathematiker Pierre Etienne Bézier (1910–1999) zwischen
1960 und 1980 einer der Ersten war, der diese Techniken im Rahmen seiner Entwicklungstätigkeit beim Automobilhersteller Renault einsetzte. Im Folgenden werden diese Kurven
ohne weitere Motivation und Diskussion ihrer interessanten Eigenschaften eingeführt und

dienen lediglich als Beispiel für den konkreten Einsatz ganzrationaler (und daran anschließend auch gebrochenrationaler) Funktionen im Bereich der Computer-Grafik.

Um die kompakte Notation der Bézier-Kurven etwas übersichtlicher zu gestalten, erinnern wir für die Rechnung mit Punkten in $\mathbb{R}^2$ noch einmal an die folgende einfache Regel, die auch als **Linearitätsregel** bezeichnet wird: Für alle $(x, y)^T, (u, v)^T \in \mathbb{R}^2$ und alle $\alpha, \beta \in \mathbb{R}$ gelte

$$\alpha \begin{pmatrix} x \\ y \end{pmatrix} + \beta \begin{pmatrix} u \\ v \end{pmatrix} := \begin{pmatrix} x \\ y \end{pmatrix} \alpha + \begin{pmatrix} u \\ v \end{pmatrix} \beta := \begin{pmatrix} \alpha x + \beta u \\ \alpha y + \beta v \end{pmatrix}.$$

Definition 4.8.1 Ganzrationale Bézier-Kurven

Es sei $n \in \mathbb{N}$ beliebig gegeben und es seien ferner $(x_0, y_0)^T, (x_1, y_1)^T, \ldots, (x_n, y_n)^T \in \mathbb{R}^2$ vorgegebene Punkte in der Ebene. Dann nennt man die parametrisierte ebene Kurve

$$BK \colon [0, 1] \to \mathbb{R}^2, \qquad t \mapsto \begin{pmatrix} x_0 \\ y_0 \end{pmatrix} b_{0,n}(t) + \cdots + \begin{pmatrix} x_n \\ y_n \end{pmatrix} b_{n,n}(t),$$

(approximierende) ganzrationale Bézier-Kurve bezüglich der gegebenen Punkte. Dabei bezeichnen $b_{k,n}$, $0 \le k \le n$, natürlich genau die ganzrationalen Bernstein-Grundfunktionen bzw. die Bernstein-Grundpolynome vom Grad n. ◄

Beispiel 4.8.2

Gibt man zum Beispiel nur zwei beliebige Punkte in $\mathbb{R}^2$ vor gemäß

$$\begin{pmatrix} x_0 \\ y_0 \end{pmatrix} := \begin{pmatrix} 1 \\ 2 \end{pmatrix} \quad \text{und} \quad \begin{pmatrix} x_1 \\ y_1 \end{pmatrix} := \begin{pmatrix} 4 \\ 3 \end{pmatrix},$$

dann ist $n := 1$ zu setzen und die zugehörige ganzrationale Bézier-Kurve lautet

$$BK(t) = \begin{pmatrix} 1 \\ 2 \end{pmatrix} b_{0,1}(t) + \begin{pmatrix} 4 \\ 3 \end{pmatrix} b_{1,1}(t) = \begin{pmatrix} 1 \\ 2 \end{pmatrix} (1 - t) + \begin{pmatrix} 4 \\ 3 \end{pmatrix} t.$$

Das qualitative Aussehen von BK ist klar und bedarf keiner Skizze: Für $t = 0$ befindet man sich genau im Anfangspunkt $(1, 2)^T$, für $t = 1$ genau im Endpunkt $(4, 3)^T$ und dazwischen wird genau eine geradlinige Verbindungskurve beschrieben. Für zwei Punkte wird mit anderen Worten exakt die Kurve realisiert, die man für diesen einfachen Fall natürlicherweise erwartet.

Abb. 4.13 Ganzrationale Bézier-Kurve

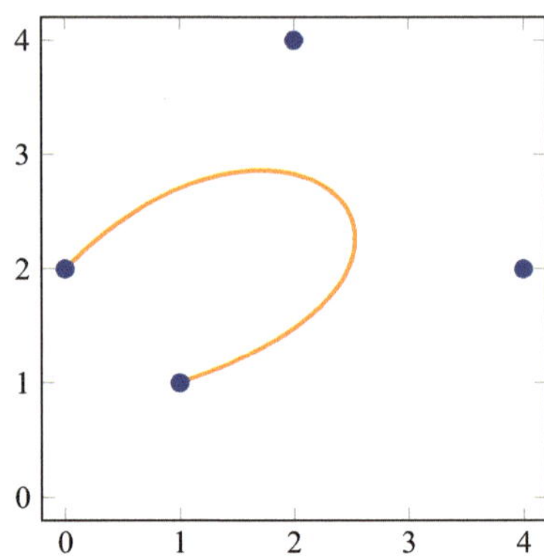

Beispiel 4.8.3
Gibt man nun vier beliebige Punkte in $\mathbb{R}^2$ vor gemäß

$$\begin{pmatrix} x_0 \\ y_0 \end{pmatrix} := \begin{pmatrix} 0 \\ 2 \end{pmatrix}, \quad \begin{pmatrix} x_1 \\ y_1 \end{pmatrix} := \begin{pmatrix} 2 \\ 4 \end{pmatrix}, \quad \begin{pmatrix} x_2 \\ y_2 \end{pmatrix} := \begin{pmatrix} 4 \\ 2 \end{pmatrix}, \quad \begin{pmatrix} x_3 \\ y_3 \end{pmatrix} := \begin{pmatrix} 1 \\ 1 \end{pmatrix},$$

dann ist $n := 3$ zu setzen und die zugehörige ganzrationale Bézier-Kurve lautet

$$BK(t) = \begin{pmatrix} 0 \\ 2 \end{pmatrix} b_{0,3}(t) + \begin{pmatrix} 2 \\ 4 \end{pmatrix} b_{1,3}(t) + \begin{pmatrix} 4 \\ 2 \end{pmatrix} b_{2,3}(t) + \begin{pmatrix} 1 \\ 1 \end{pmatrix} b_{3,3}(t) .$$

Dabei bezeichnen natürlich $b_{0,3}$, $b_{1,3}$, $b_{2,3}$ und $b_{3,3}$ genau die Bernstein-Grundpolynome vom Grad 3, und t durchläuft das Parameterintervall $[0, 1]$. Das qualitative Aussehen von BK entnehme man Abb. 4.13.

Wie das obige Beispiel erkennen lässt, geht die Kurve i. Allg. nur durch die beiden vorgegebenen Randpunkte und hat von den übrigen einen deutlichen Abstand. Wie man dieses unbefriedigende Verhalten für die inneren Punkte wieder verbessern kann, wird im Folgenden genauer beschrieben.

4.9 Gebrochenrationale Bézier-Kurven

Um die Defizite der ganzrationalen Bézier-Kurven bei der Annäherung an die inneren vorgegebenen Punkte zu verbessern, werden die sogenannten **gebrochenrationalen Bézier-Kurven** eingeführt. Diese beruhen, was natürlich nicht überraschen dürfte, auf den bereits eingeführten **gebrochenrationalen Bernstein-Grundfunktionen**. Mit ihrer Hilfe lassen sich nun Kurven generieren, die auch für die inneren Punkte eines gegebenen Datensatzes zu akzeptablen Ergebnissen führen. Die entstehenden Kurven bezeichnet man als gebrochenrationale Bézier-Kurven.

Definition 4.9.1   Gebrochenrationale Bézier-Kurven

Es sei $n \in \mathbb{N}$ beliebig gegeben und es seien darüber hinaus $w_i > 0, 0 \leq i \leq n$, fest vorgegebene Gewichte sowie $(x_0, y_0)^T, (x_1, y_1)^T, \ldots, (x_n, y_n)^T \in \mathbb{R}^2$ vorgegebene Punkte in der Ebene. Dann nennt man die parametrisierte ebene Kurve

$$RBK \colon [0, 1] \to \mathbb{R}^2 , \qquad t \mapsto \begin{pmatrix} x_0 \\ y_0 \end{pmatrix} rb_{0,n}(t) + \cdots + \begin{pmatrix} x_n \\ y_n \end{pmatrix} rb_{n,n}(t)$$

(approximierende) gebrochenrationale Bézier-Kurve bezüglich der gegebenen Gewichte und Punkte. Dabei bezeichnen $rb_{k,n}, 0 \leq k \leq n$, natürlich genau die gebrochenrationalen Bernstein-Grundfunktionen vom Grad n zu den gegebenen Gewichten. ◄

Man kann zeigen, dass die entstehende gebrochenrationale Bézier-Kurve genau den inneren Punkten besonders nahe kommt, zu denen ein entsprechend großes Gewicht gewählt wurde. Die Gewichte w_0 und w_n zu den Randpunkten werden im Allgemeinen fest auf 1 gesetzt, da diese Punkte durch die Kurve stets exakt reproduziert werden und dort keine Verbesserung erforderlich ist.

Beispiel 4.9.2

Gibt man wieder nur zwei beliebige Punkte in $\mathbb{R}^2$ vor gemäß

$$\begin{pmatrix} x_0 \\ y_0 \end{pmatrix} := \begin{pmatrix} 1 \\ 2 \end{pmatrix} \quad \text{und} \quad \begin{pmatrix} x_1 \\ y_1 \end{pmatrix} := \begin{pmatrix} 4 \\ 3 \end{pmatrix},$$

sowie die beiden Gewichte $w_0 := 1$ und $w_1 := 1$, dann ist $n := 1$ zu setzen und die zugehörige gebrochenrationale Bézier-Kurve lautet wegen $b_{0,1}(t) + b_{1,1}(t) = (1 - t) + t = 1$ schlicht

$$RBK(t) = \begin{pmatrix} 1 \\ 2 \end{pmatrix} rb_{0,1}(t) + \begin{pmatrix} 4 \\ 3 \end{pmatrix} rb_{1,1}(t) = \begin{pmatrix} 1 \\ 2 \end{pmatrix} (1 - t) + \begin{pmatrix} 4 \\ 3 \end{pmatrix} t.$$

In diesem speziellen Fall ist RBK mit BK identisch, was aber auch nicht verwundert, denn die geradlinige Verbindung zweier Punkte ist schon optimal und kann nicht weiter verbessert werden.

Abb. 4.14 Gebrochenrationale Bézier-Kurve

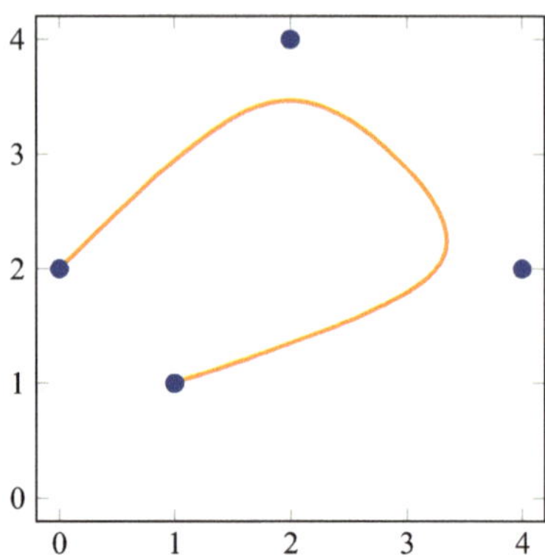

Beispiel 4.9.3

Gibt man nun wieder vier beliebige Punkte in $\mathbb{R}^2$ vor gemäß

$$\begin{pmatrix} x_0 \\ y_0 \end{pmatrix} := \begin{pmatrix} 0 \\ 2 \end{pmatrix}, \ \begin{pmatrix} x_1 \\ y_1 \end{pmatrix} := \begin{pmatrix} 2 \\ 4 \end{pmatrix}, \ \begin{pmatrix} x_2 \\ y_2 \end{pmatrix} := \begin{pmatrix} 4 \\ 2 \end{pmatrix}, \ \begin{pmatrix} x_3 \\ y_3 \end{pmatrix} := \begin{pmatrix} 1 \\ 1 \end{pmatrix},$$

sowie vier Gewichte $w_0 := 1$, $w_1 := 10$, $w_2 := 10$ und $w_3 := 1$, dann ist $n := 3$ zu setzen und die zugehörige gebrochenrationale Bézier-Kurve lautet

$$RBK(t) = \begin{pmatrix} 0 \\ 2 \end{pmatrix} rb_{0,3}(t) + \begin{pmatrix} 2 \\ 4 \end{pmatrix} rb_{1,3}(t) + \begin{pmatrix} 4 \\ 2 \end{pmatrix} rb_{2,3}(t) + \begin{pmatrix} 1 \\ 1 \end{pmatrix} rb_{3,3}(t).$$

Dabei bezeichnen natürlich $rb_{0,3}$, $rb_{1,3}$, $rb_{2,3}$ und $rb_{3,3}$ genau die gebrochenrationalen Bernstein-Grundfunktionen vom Grad 3 zu den gegebenen Gewichten, und t durchläuft das Parameterintervall $[0, 1]$. Das qualitative Aussehen von RBK entnehme man Abb. 4.14. Man erkennt, dass sich das Näherungsverhalten für die inneren Punkte bereits signifikant verbessert hat.

4.10   Aufgaben mit Lösungen

Aufgabe 4.10.1 *Betrachten Sie die Kurve K über* $[0, 1]$ *gegeben durch*

$$K : [0, 1] \to \mathbb{R}^2, \qquad t \mapsto (\sin(2\pi t), \cos(2\pi t))^T.$$

Bestimmen Sie eine kleine Wertetabelle für K, und skizzieren Sie die Kurve.

Lösung der Aufgabe Eine kleine Wertetabelle für diese Kurve ergibt

t	0	$\frac{1}{4}$	$\frac{1}{2}$	$\frac{3}{4}$	1
$\sin(2\pi t)$	0	1	0	-1	0
$\cos(2\pi t)$	1	0	-1	0	1

Als Skizze von K erhält man einen geschlossenen Kreis um 0 mit Radius 1, der vom Punkt $(0, 1)^T$ beginnend im Uhrzeigersinn durchlaufen wird.

Selbsttest 4.10.2 Warum kann durch die beiden Funktionen f_1 und f_2,

$$f_1 \colon [-1, 1] \to \mathbb{R} \,, t \mapsto t^3 - 3 \,,$$
$$f_2 \colon [-1, 3] \to \mathbb{R} \,, t \mapsto \cos(3t) \,,$$

keine parametrisierte ebene Kurve definiert werden?

?−? Weil f_1 ein Polynom und f_2 eine trigonometrische Funktion ist.

?−? Weil $f_2(t)$ für $t \geq 1$ nicht definiert ist.

?+? Weil f_1 und f_2 verschiedene Definitionsbereiche haben.

?−? Weil $f_2(t)$ für $t = 0$ nicht definiert ist.

Selbsttest 4.10.3 Welche der folgenden Aussagen über Bézier-Kurven sind wahr?

?+? Ganzrationale Bézier-Kurven bestehen aus ganzrationalen Bernstein-Grundfunktionen.

?−? Ganzrationale Bézier-Kurven vom Grad n hängen von genau n vorgegebenen Punkten ab.

?+? Ganzrationale Bézier-Kurven verlaufen durch den ersten und den letzten gegebenen Punkt.

?+? Gebrochenrationale Bézier-Kurven bestehen aus gebrochenrationalen Bernstein-Grundfunktionen.

?+? Gebrochenrationale Bézier-Kurven vom Grad n hängen von genau $n + 1$ vorgegebenen Punkten ab.

?+? Gebrochenrationale Bézier-Kurven verlaufen durch den ersten und den letzten gegebenen Punkt.

?−? Wenn 7 Punkte gegeben sind, arbeitet man mit Bernstein-Grundfunktionen vom Grad 7.

Literatur

1. Prautzsch, H., Boehm, W., Paluszny, M.: Bézier and B-Spline Techniques. Springer, Berlin, Heidelberg, New York (2010)

2. Locher, F.: Numerische Mathematik für Informatiker, 2. Aufl. Springer, Berlin, Heidelberg, New York (2013)
3. Schaback, R., Wendland, H.: Numerische Mathematik, 5. Aufl. Springer, Berlin, Heidelberg, New York (2005)
4. Schwarz, H.-R., Köckler, N.: Numerische Mathematik, 8. Aufl. Vieweg+Teubner, Wiesbaden (2011)
5. Salomon, D.: Curves and Surfaces for Computer Graphics. Springer, Berlin, Heidelberg, New York (2013)

Die Beschäftigung mit Folgen und Reihen ist in der Mathematik und in den Anwendungen von sehr wesentlicher Bedeutung. Die Schwierigkeit beim Umgang mit diesen Konzepten besteht im Allgemeinen darin, dass erstmals der Aspekt des **Unendlichen** ins Spiel kommt und naturgemäß für einige Verwirrung sorgt. Historisch gesehen war einer der Ersten, der sich damit im Rahmen eines kleinen Rätsels beschäftigte, der griechische Philosoph Zenon von Elea (ca. 490-425 v. Chr.). Er formulierte sinngemäß folgendes Problem:

Achilles und eine Schildkröte laufen um die Wette. Da Achilles zehn mal so schnell wie die Schildkröte läuft, bekommt die Schildkröte einen Vorsprung von 10 Metern. Eigentlich müsste Achilles die Schildkröte schon bald überholen. Zenon argumentierte aber, dass das niemals passieren kann: Achilles wird die Schildkröte niemals überholen, denn wenn Achilles den Startpunkt P_1 der Schildkröte erreicht hat, dann hat sich die Schildkröte zum Punkt P_2 weiterbewegt, hat also immer noch einen Vorsprung vor Achilles. Sobald Achilles den Punkt P_2 erreicht hat, ist die Schildkröte wieder ein Stück weiter zum Punkt P_3 gelaufen usw. Achilles kann also niemals an der Schildkröte vorbeikommen, denn immer, wenn Achilles den Punkt erreicht, an dem die Schildkröte zuvor war, ist sie schon wieder ein Stück weiter. Die Anschauung und die Erfahrung lehrt, dass Achilles die Schildkröte schon sehr bald überholen müsste. Andererseits stellt Zenon eine Argumentationskette auf, nach der das nicht möglich ist.

Dieser scheinbare Widerspruch löst sich dadurch auf, dass in der Argumentation von Zenon nur ein Ausschnitt der Rennstrecke betrachtet wird, nämlich lediglich der Teil des Rennens, in dem sich Achilles in der Tat hinter der Schildkröte befindet.

Man nimmt also an, dass Achilles sich im Punkt P_0 und die Schildkröte im Punkt P_1 befindet, wobei P_1 zehn Meter vor P_0 liege. Sobald Achilles den Punkt P_1 erreicht hat, befindet sich die Schildkröte im Punkt P_2. P_2 liegt nur ein Meter von P_1 entfernt (denn die Schildkröte ist nur $\frac{1}{10}$ so schnell wie Achilles). Wenn Achilles den Punkt P_2

Elektronisches Zusatzmaterial Die elektronische Version dieses Kapitels enthält Zusatzmaterial, das berechtigten Benutzern zur Verfügung steht https://doi.org/10.1007/978-3-658-29922-4_5.

erreicht, befindet sich die Schildkröte am Punkt P_3, der nur 0.1 Meter von P_2 entfernt ist. Der Punkt P_3 ist also 11.1 Meter vom Startpunkt P_0 entfernt. Allgemein gilt somit: Der Punkt P_i ist 11.11...1 Meter (mit insgesamt i Einsen) vom Startpunkt P_0 entfernt. Egal wie groß i gewählt wird, der Wert für P_i, also die von Achilles zurückgelegte Strecke, bleibt immer unter 11.111... Metern (mit insgesamt unendlich vielen Einsen). Wenn i gegen unendlich strebt, strebt die betrachtete Strecke also gegen 11.111... Meter. Ebenso verhält es sich mit der Zeit. Wenn Achilles z. B. ein Meter pro Sekunde läuft, dann wird ein Zeitraum von 11.111... Sekunden betrachtet. Folglich ist die Aussage, dass Achilles die Schildkröte niemals überholen wird, falsch. Richtig ist, dass Achilles die Schildkröte in dem betrachteten Zeitraum von 11.111... Sekunden nicht überholen wird. Um dieses Problem zu lösen, muss man sich also klar machen, dass **Summen mit unendlich vielen Summanden durchaus endliche Werte haben können**. In diesem konkreten Fall werden also z. B. für die Wegstrecke bis zum Überholen die Summanden

$$10m, \quad 1m, \quad 0.1m, \quad 0.01m, \quad 0.001m, \ldots$$

zu betrachten sein, die vereinfacht ohne Einheiten mit

$$f_k := 10^{1-k} \,, \quad k \in \mathbb{N} \,,$$

abgekürzt werden und in der Mathematik als **Folge** bezeichnet werden. Zählt man diese Folgenglieder zusammen, so erhält man die bis zum Zeitpunkt von 11.11...1 Sekunden (mit insgesamt $n + 1$ Einsen) zurückgelegte Strecke als

$$s_n := \sum_{k=0}^{n} f_k = \sum_{k=0}^{n} 10^{1-k} \,, \quad n \in \mathbb{N} \,,$$

und bezeichnet dies als **Reihe**. Offenbar ist es in diesem Fall so, dass die Summen s_n für $n \to \infty$ gegen einen endlichen Wert streben; dieses Phänomen bezeichnet man dann in der Mathematik als **Konvergenz** und darum wird es im Folgenden primär gehen.

5.1 Grundlegendes zu Folgen

Unter einer **Folge** versteht man salopp gesprochen eine Vorschrift, die jeder Zahl $n \in \mathbb{N}$ einen reellen Wert zuordnet. Zum Beispiel ist mittels

$$f_n := \frac{1}{n+1} \,, \quad n \in \mathbb{N} \,,$$

eine Folge $(f_n)_{n \in \mathbb{N}}$ erklärt, deren ersten Folgenglieder man sich wieder in Form einer Wertetabelle veranschaulichen kann (vgl. auch Abb. 5.1):

n	0	1	2	3	$\cdots\cdots$	999	$\cdots\cdots$	$\to \infty$
f_n	1	$\frac{1}{2}$	$\frac{1}{3}$	$\frac{1}{4}$	$\cdots\cdots$	$\frac{1}{1000}$	$\cdots\cdots$	0

Abb. 5.1 Visualisierung der Folgenglieder $f_n := \frac{1}{n+1}$

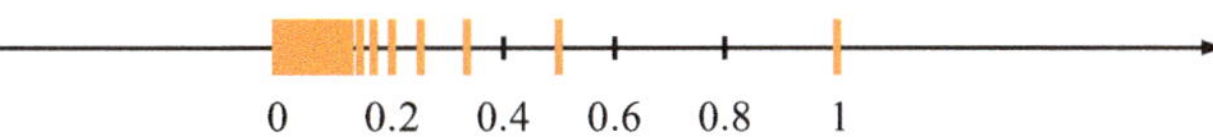

Offensichtlich kommt die Folge für wachsendes n der Zahl 0 immer näher, wobei das **Näher-Kommen** noch mathematisch präzise definiert werden muss. Folgen dieses Typs nennt man **konvergente Folgen**. Es gibt allerdings auch Folgen, die qualitativ ein vollkommen anderes Verhalten zeigen. So wächst z. B. die Folge mit den Folgengliedern $f_n := n$ über alle Grenzen, während die Folge $f_n := (-1)^n$ stets zwischen 1 und -1 hin und her springt. Folgen dieses Typs nennt man **divergente Folgen**.

Definition 5.1.1 Folgen

Eine Abbildung $f \colon \mathbb{N} \to \mathbb{R}$ heißt **Folge** und wird üblicherweise in der kompakten Form $(f_n)_{n \in \mathbb{N}}$ notiert, wobei dies zu interpretieren ist als

$$(f_n)_{n \in \mathbb{N}} := (f(0), f(1), f(2), \ldots).$$

Die jeweilige Zahl $f_n := f(n)$, $n \in \mathbb{N}$, wird **n-tes Folgenglied** oder **Folgenglied zum Index n** genannt. Die Folge heißt **konvergent** gegen $a \in \mathbb{R}$, falls für alle $\epsilon > 0$ ein $n_\epsilon \in \mathbb{N}$ existiert, so dass für alle $n \in \mathbb{N}$ mit $n \geq n_\epsilon$ gilt: $|f_n - a| < \epsilon$. Man schreibt dann $\lim_{n \to \infty} f_n := a$. Eine nicht konvergente Folge wird **divergent** genannt. ◀

Beispiel 5.1.2

Die Folge

$$(f_n)_{n \in \mathbb{N}, n \geq 3} := \left(3 + \frac{1}{n-2} \right)_{n \in \mathbb{N}, n \geq 3}$$

ist konvergent und liefert als Grenzwert die Zahl 3,

$$3 = \lim_{n \to \infty} \left(3 + \frac{1}{n-2} \right).$$

Die entsprechende Wertetabelle sieht wie folgt aus:

n	3	4	5	$\cdots\cdots$	1002	$\cdots\cdots$	$\to \infty$
f_n	4	3.5	$3.\overline{3}$	$\cdots\cdots$	3.001	$\cdots\cdots$	3

Der formale Beweis für die offensichtliche Konvergenz dieser Folge wird kurz skizziert. Es sei dazu $\epsilon > 0$ beliebig gegeben. Bezeichnet nun $\lceil \cdot \rceil$ hier und im Folgenden wieder die bereits eingeführte **ceil-Funktion**, die jeder reellen Zahl die kleinste ganze Zahl zuordnet, die größer oder gleich ihr selbst ist, dann gilt mit $n_\epsilon := \lceil \frac{1}{\epsilon} \rceil + 3$ für alle $n \geq n_\epsilon$ die Abschätzung

$$|f_n - 3| = \left| 3 + \frac{1}{n-2} - 3 \right| = \frac{1}{n-2} \leq \frac{1}{n_\epsilon - 2} = \frac{1}{\lceil \frac{1}{\epsilon} \rceil + 1} < \frac{1}{\frac{1}{\epsilon}} = \epsilon \, .$$

Damit ist gezeigt, dass die Folge gegen 3 konvergiert.

Konvergenz bedeutet also, um das nochmals etwas umgangssprachlich zu formulieren, genau Folgendes: Man kann für jedes noch so kleine $\epsilon > 0$ einen von ϵ abhängenden Index n_ϵ finden, so dass alle Folgenglieder mit einem Index n, der größer oder gleich n_ϵ ist, höchstens einen Abstand ϵ vom Grenzwert haben. Es liegen also, salopp gesprochen, für jedes $\epsilon > 0$ immer unendlich viele Folgenglieder in dieser ϵ-**Umgebung des Grenzwerts** und immer lediglich endlich viele (oder eventuell sogar keine) außerhalb der ϵ-Umgebung.

▶ **Bemerkung 5.1.3 Erster Folgenindex** Man beachte, dass im letzten Beispiel die Folgenglieder erst ab einem gewissen Index $n_0 \in \mathbb{N}$ (dort $n_0 = 3$) erklärt waren, also der erste Folgenindex nicht Null, sondern eine andere natürliche Zahl war. Auf den Grenzwert der Folge hat das natürlich keinen Einfluss, denn jede endliche Anzahl erster Folgenglieder beeinflusst die Konvergenz (oder auch Divergenz) nicht; erst die unendlich vielen Folgenglieder ab einem beliebig großen Index entscheiden über das qualitative Verhalten der Folge. Man schreibt deshalb auch nach wie vor schlicht $\lim_{n \to \infty}$ und ignoriert die mögliche Nicht-Definiertheit einiger erster Folgenglieder zu kleinen Indices.

Beispiel 5.1.4
Die Folgenglieder der Folge $(f_n)_{n \in \mathbb{N}}$,

$$f_n := \sqrt{n+1} - \sqrt{n} \, , \quad n \in \mathbb{N} \, ,$$

genügen für alle $n \in \mathbb{N}^*$ der Abschätzung

$$f_n = \frac{\left(\sqrt{n+1} - \sqrt{n} \right)\left(\sqrt{n+1} + \sqrt{n} \right)}{\sqrt{n+1} + \sqrt{n}}$$

$$= \frac{1}{\sqrt{n+1} + \sqrt{n}} \leq \frac{1}{2\sqrt{n}} \leq \frac{1}{\sqrt{n}} \, .$$

Die entsprechende Wertetabelle sieht wie folgt aus:

n	0	1	2	$\cdots\cdots$	1000	$\cdots\cdots$	$\to \infty$
f_n	1	$0.414\ldots$	$0.317\ldots$	$\cdots\cdots$	$0.015\ldots$	$\cdots\cdots$	0

Man hat also die Vermutung, dass die Folge gegen Null konvergiert. Um das zu zeigen, sei wieder $\epsilon > 0$ beliebig gegeben. Man wähle nun $n_\epsilon \in \mathbb{N}$ als $n_\epsilon :=$ $\lceil \frac{1}{\epsilon^2} \rceil + 1$. Dann gilt für alle $n \geq n_\epsilon$ die Abschätzung

$$|f_n - 0| = f_n \leq \frac{1}{\sqrt{n}} \leq \frac{1}{\sqrt{n_\epsilon}} = \frac{1}{\sqrt{\lceil \frac{1}{\epsilon^2} \rceil + 1}} < \frac{1}{\sqrt{\frac{1}{\epsilon^2}}} = \epsilon \, .$$

Damit ist die Konvergenz der gegebenen Folge gegen Null bewiesen.

Im Folgenden werden diese, im Allgemeinen recht komplizierten Konvergenz-Beweise nicht mehr ständig durchgeführt, sondern bekannte Konvergenz-Ergebnisse einfach nur zitiert.

Beispiel 5.1.5
Die Folge

$$(f_n)_{n \in \mathbb{N}^*} := \left(\left(1 + \frac{1}{n} \right)^n \right)_{n \in \mathbb{N}^*}$$

ist konvergent und liefert als Grenzwert die sogenannte **Eulersche Zahl** (Leonard Euler, 1707–1783) e,

$$e = \lim_{n \to \infty} \left(1 + \frac{1}{n} \right)^n \, .$$

Die entsprechende Wertetabelle sieht wie folgt aus:

n	1	2	3	$\cdots\cdots$	1000	$\cdots\cdots$	$\to \infty$
f_n	2	2.25	$2.\overline{370}$	$\cdots\cdots$	$2.716\ldots$	$\cdots\cdots$	$2.71828\ldots$

Beispiel 5.1.6

Mit dem sogenannten **Heron-Verfahren** (Heron von Alexandria, um 50), welches auch **babylonische Methode** genannt wird, ist es möglich, für eine positive reelle Zahl x eine Folge zu konstruieren, die schnell gegen $\sqrt{x}$ konvergiert. Die Folge ist aber nicht direkt definiert wie bisher, sondern über eine **rekursive Vorschrift** gegeben. Genauer definiert man für gegebenes $x \in \mathbb{R}$, $x > 0$,

$$f_0 := \frac{x}{2} \quad \text{sowie} \quad f_n := \frac{1}{2}\left(f_{n-1} + \frac{x}{f_{n-1}}\right), \quad n \in \mathbb{N}^*.$$

Dann kann man zeigen, dass die so entstehende Folge konvergent ist mit Grenzwert

$$\sqrt{x} = \lim_{n \to \infty} f_n.$$

Eine entsprechende Wertetabelle sieht z. B. für $x = 2$ wie folgt aus:

n	0	1	2	$\cdots\cdots$	1000	$\cdots\cdots$	$\to \infty$
f_n	1	1.5	$1.41\overline{6}$	$\cdots\cdots$	$1.4142\ldots$	$\cdots\cdots$	$\sqrt{2}$

Entsprechend ergibt sich z. B. für $x = 5$:

n	0	1	2	$\cdots\cdots$	1000	$\cdots\cdots$	$\to \infty$
f_n	2.5	2.25	$2.236\overline{1}$	$\cdots\cdots$	$2.2360\ldots$	$\cdots\cdots$	$\sqrt{5}$

Neben den oben skizzierten Folgen-Typen gibt es noch mindestens eine weitere interessante Menge von Folgen, nämlich die sogenannten **Funktionenfolgen**. Ein Beispiel dieses Typs ist die Folge, mit deren Hilfe die Exponentialfunktion definiert werden kann.

Beispiel 5.1.7

Für jedes beliebige, aber feste $x \in \mathbb{R}$ ist die Folge

$$(f_n(x))_{n \in \mathbb{N}^*} := \left(\left(1 + \frac{x}{n}\right)^n\right)_{n \in \mathbb{N}^*}$$

konvergent und liefert als Grenzwert die sogenannte **Exponentialfunktion** exp,

$$\exp(x) = \lim_{n \to \infty} \left(1 + \frac{x}{n}\right)^n.$$

Die entsprechende Wertetabelle sieht z. B. für $x = 0.5$ wie folgt aus:

n	1	2	$\cdots\cdots$	1000	$\cdots\cdots$	$\to \infty$
$f_n(0.5)$	1.5	1.5625	$\cdots\cdots$	1.6485...	$\cdots\cdots$	1.6487...

5.2 Aufgaben mit Lösungen

Aufgabe 5.2.1 *Zeigen Sie, dass die Folge*

$$(f_n)_{n \in \mathbb{N}} := \left(\frac{1}{n^2 + 4} \right)_{n \in \mathbb{N}}$$

konvergent ist und als Grenzwert die Zahl 0 *liefert.*

Lösung der Aufgabe Zunächst sieht die zugehörige Wertetabelle wie folgt aus:

n	0	1	2	$\cdots\cdots$	10	$\cdots\cdots$	$\to \infty$
f_n	0.25	0.2	0.125	$\cdots\cdots$	0.0096...	$\cdots\cdots$	0

Der formale Beweis für die offensichtliche Konvergenz dieser Folge wird kurz skizziert. Es sei dazu $\epsilon > 0$ beliebig gegeben. Dann gilt mit $n_\epsilon := \lceil \frac{1}{\sqrt{\epsilon}} \rceil$ für alle $n \geq n_\epsilon$ die Abschätzung

$$|f_n - 0| = \frac{1}{n^2 + 4} \leq \frac{1}{n_\epsilon^2 + 4} = \frac{1}{\lceil \frac{1}{\sqrt{\epsilon}} \rceil^2 + 4} < \frac{1}{\frac{1}{\epsilon}} = \epsilon \, .$$

Damit ist gezeigt, dass die Folge gegen 0 konvergiert, also

$$\lim_{n \to \infty} \left(\frac{1}{n^2 + 4} \right) = 0$$

gilt.

Selbsttest 5.2.2 Welche der folgenden Aussagen über Folgen sind wahr?

?–? Eine konvergente Folge kann zwei verschiedene Grenzwerte besitzen.

?–? Eine konvergente Folge darf nie abwechselnd positive und negative Folgenglieder besitzen.

?–? Bei einer divergenten Folge werden die Folgenglieder betragsmäßig immer größer.

?–? Bei einer divergenten Folge werden die Folgenglieder immer größer.

5.3 Rechenregeln für Folgen

Grundsätzlich besteht das Ziel bei der Suche nach Rechenregeln für neue Objekte, hier die Folgen, stets darin, sich mit Hilfe dieser Regeln den Umgang mit aus mehreren Objekten des bekannten Typs zusammengesetzten Ausdrücken zu vereinfachen. Man erhält auf diese Weise Einblicke in die strukturellen Zusammenhänge der Objekte und kann so für einen im Allgemeinen effizienteren Umgang mit ihnen sorgen. Die wesentlichen **Rechenregeln für Folgen**, genauer für **konvergente Folgen**, sind im folgenden Satz festgehalten, der anschließend exemplarisch in Teilen bewiesen wird und dann im Rahmen zahlreicher Beispiele eingesetzt wird.

▶ **Satz 5.3.1 Rechenregeln für Folgen** Es seien $(a_n)_{n \in \mathbb{N}}$ und $(b_n)_{n \in \mathbb{N}}$ konvergente Folgen mit $\lim_{n \to \infty} a_n = a$ und $\lim_{n \to \infty} b_n = b$. Ferner seien $\alpha, \beta \in \mathbb{R}$ beliebige reelle Zahlen, und es möge im Fall der Quotientenbildung zusätzlich $b \neq 0$ und $b_n \neq 0$ für alle $n \in \mathbb{N}$ sein, mindestens aber ab einem gewissen Index. Dann gelten folgende Rechenregeln:

$$(\textbf{LR}) \quad \lim_{n \to \infty}(\alpha a_n + \beta b_n) = \alpha a + \beta b \quad \textbf{(Linearitätsregel)}$$

$$(\textbf{PR}) \quad \lim_{n \to \infty}(a_n \cdot b_n) = a \cdot b \quad \textbf{(Produktregel)}$$

$$(\textbf{QR}) \quad \lim_{n \to \infty}\left(\frac{a_n}{b_n}\right) = \frac{a}{b} \quad \textbf{(Quotientenregel)}$$

$$(\textbf{MR}) \quad \forall n \in \mathbb{N}: a_n \leq b_n \implies a \leq b \quad \textbf{(Monotonieregel)}$$

Beweis Als Beispiel wird im Folgenden die Linearitätsregel für $\alpha = \beta = 1$ bewiesen. Da zu zeigen ist, dass $a + b$ Grenzwert von $(a_n + b_n)_{n \in \mathbb{N}}$ ist, muss nachgewiesen werden, dass gilt:

$$\forall \epsilon > 0 \; \exists n_\epsilon \in \mathbb{N} \; \forall n \geq n_\epsilon : |a_n + b_n - (a + b)| < \epsilon \, .$$

Es sei also nun $\epsilon > 0$ beliebig vorgegeben. Wegen

$$\lim_{n \to \infty} a_n = a \quad \text{und} \quad \lim_{n \to \infty} b_n = b$$

gibt es zu $\tilde{\epsilon} := \frac{\epsilon}{2}$ ein $n_{\tilde{\epsilon},a} \in \mathbb{N}$ und ein $n_{\tilde{\epsilon},b} \in \mathbb{N}$, so dass

$$\forall n \geq n_{\tilde{\epsilon},a} : |a_n - a| < \tilde{\epsilon} \quad \text{und} \quad \forall n \geq n_{\tilde{\epsilon},b} : |b_n - b| < \tilde{\epsilon}$$

gilt. Setzt man nun $n_\epsilon := \max\{n_{\tilde{\epsilon},a}, n_{\tilde{\epsilon},b}\}$, dann ergibt sich mit der **Dreiecksungleichung** für alle $n \geq n_\epsilon$ die gewünschte Abschätzung

$$|a_n + b_n - (a + b)| = |a_n - a + b_n - b| \leq |a_n - a| + |b_n - b|$$
$$< \tilde{\epsilon} + \tilde{\epsilon} = \frac{\epsilon}{2} + \frac{\epsilon}{2} = \epsilon \, .$$

Alle anderen Aussagen lassen sich auf ähnliche Weise zeigen; darauf wird verzichtet. $\square$

▶ **Bemerkung 5.3.2 Dreiecksungleichung** Die **Dreiecksungleichung**, die im Beweis des obigen Satzes erstmals angewandt wurde, ist in $\mathbb{R}$ nichts anderes als die Ungleichung

$$\forall x, y \in \mathbb{R}: |x + y| \le |x| + |y| \,,$$

die leicht mittels einiger Fallunterscheidungen anhand der Vorzeichen von x und y bewiesen werden kann (Nachweis als Übung empfohlen!). Dass diese Gleichung als Dreiecksungleichung bezeichnet wird, erschließt sich erst bei ihrer Formulierung im Zusammenhang mit sogenannten Vektoren, auf die im Rahmen der Linearen Algebra eingegangen wird.

Beispiel 5.3.3
Durch Anwendung der Linearitäts- und Quotientenregel erhält man z. B.

$$\lim_{n \to \infty} \frac{2n + 3}{n + 1} = \lim_{n \to \infty} \frac{n \cdot \left(2 + \frac{3}{n}\right)}{n \cdot \left(1 + \frac{1}{n}\right)} \overset{(QR)}{=} \frac{\lim_{n \to \infty} \left(2 + \frac{3}{n}\right)}{\lim_{n \to \infty} \left(1 + \frac{1}{n}\right)}$$

$$\overset{(LR)}{=} \frac{\lim_{n \to \infty} 2 + 3 \cdot \lim_{n \to \infty} \left(\frac{1}{n}\right)}{\lim_{n \to \infty} 1 + \lim_{n \to \infty} \left(\frac{1}{n}\right)} = \frac{2 + 3 \cdot 0}{1 + 0} = 2 \,.$$

Beispiel 5.3.4
Ebenfalls durch Anwendung der Linearitäts- und Quotientenregel erhält man z. B.

$$\lim_{n \to \infty} \frac{8n^3 + 5n - 18}{36n^3 - 100n^2} = \lim_{n \to \infty} \frac{n^3 \cdot \left(8 + \frac{5}{n^2} - \frac{18}{n^3}\right)}{n^3 \cdot \left(36 - \frac{100}{n}\right)} = \frac{\lim_{n \to \infty} \left(8 + \frac{5}{n^2} - \frac{18}{n^3}\right)}{\lim_{n \to \infty} \left(36 - \frac{100}{n}\right)} = \frac{8}{36}$$

$$= \frac{2}{9} \,.$$

Während die obigen Folgen, was ihren Aufbau angeht, noch relativ einfach strukturiert sind, ist es bei komplizierteren Folgen wie z. B. bei der Berechnung der Eulerschen Zahl e im Allgemeinen äußerst schwierig, deren Konvergenz vorherzusagen und dann auch noch ggf. ihren Grenzwert zu berechnen. Man bedient sich dazu sogenannter **hinreichender Konvergenz-Kriterien**, von denen nachfolgend einige formuliert, auszugsweise bewiesen und angewandt werden. Das erste Kriterium ist das sogenannte **Monotonie- und Beschränktheitskriterium**.

▶ **Satz 5.3.5 Monotonie- und Beschränktheitskriterium** Es sei $(a_n)_{n\in\mathbb{N}}$ eine Folge mit den Eigenschaften

- $\exists C \in \mathbb{R} \ \forall n \in \mathbb{N}: a_n \leq C$ **(beschränkt nach oben)**
- $\forall n \in \mathbb{N}: a_n \leq a_{n+1}$ **(monoton wachsend)**

oder

- $\exists C \in \mathbb{R} \ \forall n \in \mathbb{N}: C \leq a_n$ **(beschränkt nach unten)**
- $\forall n \in \mathbb{N}: a_n \geq a_{n+1}$ **(monoton fallend)**

Dann ist die Folge $(a_n)_{n\in\mathbb{N}}$ konvergent.

Beweis Im Folgenden wird der Beweis für den Fall der Beschränktheit nach oben und dem monotonen Wachsen der Folgenglieder skizziert. Da die Menge M,

$$M := \{a_n \mid n \in \mathbb{N}\} \subseteq \mathbb{R} \, ,$$

nach oben beschränkt ist, besitzt sie aufgrund der **Vollständigkeit von** $\mathbb{R}$ ein Supremum $m \in \mathbb{R}$,

$$m := \sup\{a_n \mid n \in \mathbb{N}\} \, .$$

Es sei nun $\epsilon > 0$ beliebig gegeben. Da m obere Schranke von M ist, gilt einerseits für alle $n \in \mathbb{N}$ die Ungleichung

$$a_n \leq m \, .$$

Da m kleinste obere Schranke von M ist, ist $m - \epsilon$ keine obere Schranke von M, d. h. es existiert ein $n_\epsilon \in \mathbb{N}$ mit $a_{n_\epsilon} > m - \epsilon$, woraus aufgrund der Monotonie der Folge sofort für alle $n \geq n_\epsilon$ die Ungleichung

$$a_n > m - \epsilon$$

folgt. Insgesamt ergibt sich daraus für alle $n \geq n_\epsilon$ die Abschätzung

$$|m - a_n| < \epsilon \, ,$$

also die Konvergenz der Folge $(a_n)_{n\in\mathbb{N}}$ gegen m.   □

Beispiel 5.3.6

Man betrachte die **rekursiv definierte Folge** $(a_n)_{n \in \mathbb{N}^*}$ mit

$$a_1 := \sqrt[3]{6}, \qquad a_{n+1} := \sqrt[3]{6 + a_n}\,, \quad n \in \mathbb{N}^*\,.$$

Im Folgenden wird mittels **vollständiger Induktion** gezeigt, dass die Folge monoton wachsend und nach oben z. B. durch 2 beschränkt ist, also ihre Konvergenz nach dem **Monotonie- und Beschränktheitskriterium** gesichert ist.

Zunächst gilt offenbar $\sqrt[3]{6} = a_1 \leq a_2 = \sqrt[3]{6 + \sqrt[3]{6}}$ (Induktionsanfang). Unter der Induktionsannahme, dass für ein beliebiges $n \in \mathbb{N}^*$ die Ungleichung $a_n \leq a_{n+1}$ gilt, ergibt sich der Induktionsschluss aus

$$a_{n+1} = \sqrt[3]{6 + a_n} \leq \sqrt[3]{6 + a_{n+1}} = a_{n+2}\,.$$

In Hinblick auf die Beschränktheit gilt zunächst wieder offensichtlich $\sqrt[3]{6} = a_1 \leq 2$ (Induktionsanfang). Unter der Induktionsannahme, dass für ein beliebiges $n \in \mathbb{N}^*$ die Ungleichung $a_n \leq 2$ gilt, ergibt sich der Induktionsschluss aus

$$a_{n+1} = \sqrt[3]{6 + a_n} \leq \sqrt[3]{6 + 2} = 2\,.$$

Insgesamt ist damit die Konvergenz der Folge nachgewiesen.

Beispiel 5.3.7

Mit Hilfe der **Bernoulli-Ungleichung** und des **binomischen Lehrsatzes** lässt sich zeigen, dass die Folge $(a_n)_{n \in \mathbb{N}}$ mit

$$a_n := \left(1 + \frac{1}{n}\right)^n, \quad n \in \mathbb{N}\,,$$

monoton wachsend und nach oben z. B. durch 3 beschränkt ist (Nachweis als Übung empfohlen!). Also ist ihre Konvergenz nach dem Monotonie- und Beschränktheitskriterium gesichert.

Das nächste Kriterium ist das sogenannte **Einschlusskriterium**.

> **Satz 5.3.8 Einschlusskriterium** Es sei $(a_n)_{n \in \mathbb{N}}$ eine Folge, und es seien $(u_n)_{n \in \mathbb{N}}$ und $(o_n)_{n \in \mathbb{N}}$ zwei konvergente Folgen mit dem Grenzwert $a \in \mathbb{R}$.

Falls nun ein $n_0 \in \mathbb{N}$ existiert, so dass für alle $n \geq n_0$ die Ungleichungen

$$u_n \leq a_n \leq o_n$$

erfüllt sind, dann konvergiert auch die Folge $(a_n)_{n \in \mathbb{N}}$ und zwar ebenfalls gegen den Grenzwert a.

Beweis   Der einfache Nachweis wird als Übung empfohlen!   □

Beispiel 5.3.9
Die Folgenglieder der Folge $(a_n)_{n \in \mathbb{N}}$,

$$a_n := \frac{2^n}{n!}, \quad n \in \mathbb{N},$$

genügen für alle $n \in \mathbb{N}, n \geq 2$, der Abschätzung

$$0 \leq \frac{2^n}{n!} = \underbrace{\frac{2}{1}}_{=2} \underbrace{\frac{2}{2}}_{=1} \underbrace{\frac{2}{3}}_{<1} \cdots\cdots \underbrace{\frac{2}{n-1}}_{<1} \frac{2}{n} \leq \frac{4}{n}.$$

Damit ist die Folge $(a_n)_{n \in \mathbb{N}}$ eingeschlossen zwischen der konstanten Nullfolge $(0)_{n \in \mathbb{N}}$ und der ebenfalls gegen Null konvergierenden Folge $(\frac{4}{n})_{n \in \mathbb{N}, n \geq 2}$. Aufgrund des **Einschlusskriteriums** ist damit gezeigt, dass auch $(a_n)_{n \in \mathbb{N}}$ gegen Null konvergiert.

Beispiel 5.3.10
Die Folgenglieder der Folge $(a_n)_{n \in \mathbb{N}}$,

$$a_n := \sqrt{n+1} - \sqrt{n}, \quad n \in \mathbb{N},$$

genügen für alle $n \in \mathbb{N}^*$ der Abschätzung

$$a_n = \frac{\left(\sqrt{n+1} - \sqrt{n}\right)\left(\sqrt{n+1} + \sqrt{n}\right)}{\sqrt{n+1} + \sqrt{n}} = \frac{1}{\sqrt{n+1} + \sqrt{n}} \leq \frac{1}{2\sqrt{n}} \leq \frac{1}{\sqrt{n}}.$$

Damit ist die Folge $(a_n)_{n \in \mathbb{N}}$ ab dem Folgenindex $n = 1$ eingeschlossen zwischen der konstanten Nullfolge $(0)_{n \in \mathbb{N}}$ und der ebenfalls gegen Null konvergierenden Folge $(\frac{1}{\sqrt{n}})_{n \in \mathbb{N}^*}$. Aufgrund des **Einschlusskriteriums** ist damit gezeigt, dass auch $(a_n)_{n \in \mathbb{N}}$ gegen Null konvergiert.

Abschließend wird noch ein Kriterium angegeben, welches sehr eng mit der **Vollständig-keit der reellen Zahlen** verbunden ist und alternativ zu deren Definition hätte herange-zogen werden können, das sogenannte **Cauchy-Kriterium für Folgen** (Augustin-Louis Cauchy, 1789–1857). Bildlich gesprochen besagt das Cauchy-Kriterium, dass eine reelle Folge genau dann konvergiert, wenn es für jedes $\epsilon > 0$ einen Index $n_\epsilon \in \mathbb{N}$ gibt, so dass der Abstand zweier beliebiger Folgenglieder ab diesem Index stets kleiner als ϵ ist. Da das Cauchy-Kriterium häufig die ultima ratio ist, wenn alle anderen Kriterien zum Nach-weis der Konvergenz oder Divergenz von Folgen versagen, kommt ihm eine besondere Bedeutung zu.

▶ **Satz 5.3.11 Cauchy-Kriterium** Es sei $(a_n)_{n\in\mathbb{N}}$ eine Folge. Die Folge ist genau dann konvergent, wenn gilt:

$$\forall \epsilon > 0\ \exists n_\epsilon \in \mathbb{N}\ \forall m,n \geq n_\epsilon \colon\ |a_m - a_n| < \epsilon\,.$$

Beweis Zunächst sei $(a_n)_{n\in\mathbb{N}}$ eine konvergente Folge, d. h. es existiert ein Grenzwert $a \in \mathbb{R}$, so dass gilt:

$$\forall \epsilon > 0\ \exists n_\epsilon \in \mathbb{N}\ \forall n \geq n_\epsilon \colon\ |a - a_n| < \frac{\epsilon}{2}\,.$$

Daraus folgt aber sofort für alle $m,n \geq n_\epsilon$ mit Hilfe der **Dreiecksungleichung**

$$|a_m - a_n| \leq |a - a_n| + |a - a_m| < \frac{\epsilon}{2} + \frac{\epsilon}{2} = \epsilon\,,$$

also genau das Cauchy-Kriterium.

Nun sei $(a_n)_{n\in\mathbb{N}}$ eine sogenannte **Cauchy-Folge**, d. h. es gelte:

$$\forall \epsilon > 0\ \exists n_\epsilon \in \mathbb{N}\ \forall m,n \geq n_\epsilon \colon\ |a_m - a_n| < \epsilon\,.$$

Daraus folgt zunächst wegen

$$|a_n| = |a_n - a_{n_\epsilon} + a_{n_\epsilon}| \leq |a_n - a_{n_\epsilon}| + |a_{n_\epsilon}| < \epsilon + |a_{n_\epsilon}|\,, \quad n \geq n_\epsilon\,,$$

dass alle Folgenglieder der Ungleichung

$$|a_n| \leq \max\{|a_0|, |a_1|, \ldots, |a_{n_\epsilon-1}|, \epsilon + |a_{n_\epsilon}|\}\,, \quad n \in \mathbb{N}\,,$$

genügen, also die Folge $(a_n)_{n\in\mathbb{N}}$ nach oben und nach unten beschränkt ist. Definiert man nun für alle $n \in \mathbb{N}$ die Größen

$$\underline{a}_n := \inf\{a_k \mid k \geq n\} \quad \text{und} \quad \overline{a}_n := \sup\{a_k \mid k \geq n\}\,,$$

die aufgrund der **Vollständigkeit der reellen Zahlen** existieren, dann ist die Folge $(\underline{a}_n)_{n\in\mathbb{N}}$ offenbar monoton wachsend und nach oben beschränkt sowie die Folge $(\overline{a}_n)_{n\in\mathbb{N}}$ monoton fallend und nach unten beschränkt. Also existieren nach dem **Monotonie- und Beschränktheitskriterium** die Grenzwerte $\underline{a} \in \mathbb{R}$ und $\overline{a} \in \mathbb{R}$ mit

$$\lim_{n\to\infty} \underline{a}_n = \underline{a} \quad \text{und} \quad \lim_{n\to\infty} \overline{a}_n = \overline{a} \ .$$

Da aufgrund der speziellen Definition der beiden Hilfsfolgen stets

$$\underline{a}_n \leq a_n \leq \overline{a}_n \ , \quad n \in \mathbb{N} \ ,$$

gilt, muss wegen des **Einschlusskriteriums** lediglich noch $\underline{a} = \overline{a}$ gezeigt werden. Da wegen der Cauchy-Bedingung

$$a_n \in (a_{n_\epsilon} - \epsilon, a_{n_\epsilon} + \epsilon) \ , \quad n \geq n_\epsilon \ ,$$

gilt, folgt zunächst

$$a_{n_\epsilon} - \epsilon \leq \underline{a}_{n_\epsilon} \leq \underline{a}_n \leq \overline{a}_n \leq \overline{a}_{n_\epsilon} \leq a_{n_\epsilon} + \epsilon \ , \quad n \geq n_\epsilon \ .$$

Daraus ergibt sich sofort

$$\overline{a}_n - \underline{a}_n < 2\epsilon \ , \quad n \geq n_\epsilon \ ,$$

also für $n \to \infty$

$$\overline{a} - \underline{a} \leq 2\epsilon \ .$$

Da $\epsilon > 0$ beliebig gegeben war, folgt $\overline{a} = \underline{a}$, also mit dem Einschlusskriterium insbesondere die Konvergenz von $(a_n)_{n\in\mathbb{N}}$. $\qquad\qquad \square$

> **Bemerkung 5.3.12 Vollständigkeit von $\mathbb{R}$** Beim Beweis des Cauchy-Kriteriums geht die **Vollständigkeit von $\mathbb{R}$** entscheidend ein. In $\mathbb{Q}$ gilt das Cauchy-Kriterium i. Allg. nicht!

5.4 Aufgaben mit Lösungen

Aufgabe 5.4.1 *Zeigen Sie mit dem Einschlusskriterium, dass die Folge*

$$(f_n)_{n\in\mathbb{N}} := \left(\frac{1}{n^2 + 2}\right)_{n\in\mathbb{N}}$$

konvergent ist und den Grenzwert 0 besitzt.

Lösung der Aufgabe Die Konvergenz folgt mit dem Einschlusskriterium sofort aus der Ungleichung

$$0 \le \frac{1}{n^2 + 2} \le \frac{1}{n} \,, \quad n > 0 \,,$$

und der bereits bekannten Nullkonvergenz der Folge $(\frac{1}{n})_{n \in \mathbb{N}^*}$. Damit ergibt sich natürlich auch unmittelbar

$$\lim_{n \to \infty} \frac{1}{n^2 + 2} = 0 \,.$$

Aufgabe 5.4.2 *Berechnen Sie, falls möglich, die Grenzwerte der angegebenen Folgen:*

$$\left(\frac{16n^2 + 8}{6n^3 + 40n^2} \right)_{n \in \mathbb{N}} , \quad \left(\frac{-6n^6 + 8n - 4}{6n^3 + 4n - 12} \right)_{n \in \mathbb{N}} , \quad \left(\frac{3n^3 + 8n - 12}{6n^3 - 4n^2 + 32} \right)_{n \in \mathbb{N}} ,$$

$$\left(\frac{-8n^2 + 8}{8n^2 + 12} \right)_{n \in \mathbb{N}} , \quad \left(\frac{12n^6 + 8n - 4}{6n^3 + 4n - 12} \right)_{n \in \mathbb{N}} , \quad \left(\frac{8n^2 + 8}{8n^2 + 12} \right)_{n \in \mathbb{N}} .$$

Lösung der Aufgabe Die Lösungen ergeben sich unter Ausnutzung der Linearitäts- und Quotientenregel wie folgt, wobei es sich bei der zweiten und fünften Folge um gewisse Sonderfälle handelt, da diese nicht konvergieren, sondern – wie man sagt – bestimmt gegen $-\infty$ bzw. $+\infty$ divergieren und man deshalb auch hier häufig die lim-Notation benutzt, obwohl sie eigentlich rein formal falsch ist:

$$\lim_{n \to \infty} \frac{16n^2 + 8}{6n^3 + 40n^2} = 0 \,, \qquad \lim_{n \to \infty} \frac{-6n^6 + 8n - 4}{6n^3 + 4n - 12} = -\infty \,,$$

$$\lim_{n \to \infty} \frac{3n^3 + 8n - 12}{6n^3 - 4n^2 + 32} = \frac{3}{6} = \frac{1}{2} \,, \qquad \lim_{n \to \infty} \frac{-8n^2 + 8}{8n^2 + 12} = -1 \,,$$

$$\lim_{n \to \infty} \frac{12n^6 + 8n - 4}{6n^3 + 4n - 12} = \infty \,, \qquad \lim_{n \to \infty} \frac{8n^2 + 8}{8n^2 + 12} = 1 \,.$$

Selbsttest 5.4.3 Gegeben sei die Folge

$$(f_n)_{n \in \mathbb{N}} := \left(\frac{n^2 - 2}{n^2 + 2} \right)_{n \in \mathbb{N}} \,.$$

Welche der folgenden Aussagen sind wahr?

?+? Die Folge konvergiert gegen 1.
?+? Die Folge ist konvergent.
?−? Die Folge konvergiert gegen 0.
?−? Die Folge ist divergent.

Selbsttest 5.4.4   Gegeben seien zwei Folgen $(a_n)_{n\in\mathbb{N}}$ und $(b_n)_{n\in\mathbb{N}}$ sowie die aus ihnen gebildete Summenfolge $(a_n + b_n)_{n\in\mathbb{N}}$ und Produktfolge $(a_n b_n)_{n\in\mathbb{N}}$. Welche der folgenden Aussagen sind wahr?

?+? Wenn die beiden Folgen konvergieren, dann konvergiert die Summenfolge.

?−? Wenn die beiden Folgen divergieren, dann divergiert die Summenfolge

?−? Wenn eine Folge divergiert und eine gegen 0 konvergiert, dann konvergiert die Summenfolge.

?−? Wenn eine Folge divergiert und eine gegen 0 konvergiert, dann divergiert die Produktfolge.

?+? Wenn beide Folgen konvergieren und eine gegen 0, dann konvergiert die Produktfolge gegen 0.

?−? Wenn die beiden Folgen divergieren, dann divergiert die Produktfolge.

?−? Wenn eine Folge divergiert und eine gegen 0 konvergiert, dann konvergiert die Produktfolge.

?−? Wenn eine Folge konvergiert und eine gegen 0 konvergiert, dann divergiert die Produktfolge.

5.5   Landau-Symbole für Folgen

Der Vergleich der **Komplexität von Algorithmen** ist in der Informatik von fundamentaler Bedeutung. Deshalb ist es sinnvoll, eine griffige Notation zur Verfügung zu haben, um Komplexität schnell quantitativ beschreiben zu können und so vergleichbar zu machen. Als Einstieg ein kleines Problem:

Wie viele Vertauschungen mit direkten Nachbarn sind notwendig, um die 5-elementige Liste $x_5 x_4 x_3 x_2 x_1$ in die ursprüngliche Reihenfolge $x_1 x_2 x_3 x_4 x_5$ zu überführen? Wie viele Vertauschungen bedarf es, um eine entsprechende n-elementige Liste wieder in die Ausgangsreihenfolge zu überführen?

Offenbar benötigt man für die aus fünf Elementen bestehende Liste zunächst vier Vertauschungen, um x_1 auf den ersten Platz zu bringen, dann drei Vertauschungen, um x_2 auf den zweiten Platz zu bringen etc., also insgesamt $4 + 3 + 2 + 1 = 10$ Vertauschungen. Für eine Liste aus n Elementen zeigt man leicht mittels **vollständiger Induktion**, dass

$$1 + 2 + 3 + \cdots + (n - 2) + (n - 1) = \frac{n(n - 1)}{2}$$

Vertauschungen nötig sind. Wegen

$$\frac{n(n - 1)}{2} = \frac{n^2 - n}{2} \le \frac{1}{2}n^2$$

spricht man hier von (höchstens) **quadratischer Komplexität** und sagt, dass das einfache Sortieren einer n-elementigen Liste im ungünstigsten Fall von der Komplexität **Groß-O**

von n^2 ist, kurz $O(n^2)$ (dabei steht **O** für **Ordnung** im Sinne einer **Konvergenz-** oder **Divergenzordnung**). Ist ein derartiges Resultat bekannt, dann weiß man, dass die Komplexität des Algorithmus quantitativ **nicht schneller als quadratisch** mit n wächst. Eine entsprechende Notation, nämlich ein **Klein-o von** n^2, kurz $o(n^2)$, wird benutzt, wenn man weiß, dass der jeweilige Algorithmus **langsamer als quadratisch** mit n wächst. Genauer gilt die folgende Definition, wobei die Bezeichnung **Landau-Symbole** an den deutschen Mathematiker Edmund Landau (1877–1938) erinnert, der diese Symbole um 1905 intensiv benutzte, obwohl sie bereits um 1892 von dem eher weniger bekannten deutschen Mathematiker Paul Bachmann (1837–1920) eingeführt worden waren.

Definition 5.5.1 Landau-Symbole für Folgen

Es seien zwei Folgen $(a_n)_{n\in\mathbb{N}}$ und $(b_n)_{n\in\mathbb{N}}$ beliebig gegeben. Dann schreibt man

$$a_n = O(b_n)(n \to \infty) \qquad :\Longleftrightarrow \qquad \exists C > 0\ \exists n_0 \in \mathbb{N}\ \forall n \geq n_0: |a_n| \leq C\,|b_n|,$$

und man schreibt

$$a_n = o(b_n)(n \to \infty) \qquad :\Longleftrightarrow \qquad \forall C > 0\ \exists n_0 \in \mathbb{N}\ \forall n \geq n_0: |a_n| \leq C\,|b_n|.$$

Die erste Kurzschreibweise liest man als a_n **ist ein Groß-O von** b_n **für** $(n \to \infty)$, die zweite als a_n **ist ein Klein-o von** b_n **für** $(n \to \infty)$. ◄

Das Überprüfen einer Folge in Hinblick auf die Zugehörigkeit zu einer Konvergenzklasse im oben definierten Landauschen Sinne ist bisweilen etwas schwierig, wenn man sich ausschließlich an den formalen Definitionen orientiert. In vielen praktischen Fällen ist es wesentlich einfacher, den folgenden Satz zur Hilfe zu nehmen, der hinreichende Bedingungen für das Erfülltsein der Landau-Konditionen zur Verfügung stellt.

▶ **Satz 5.5.2 Hinreichende Landau-Bedingungen** Es seien zwei Folgen $(a_n)_{n\in\mathbb{N}}$ und $(b_n)_{n\in\mathbb{N}}$ beliebig gegeben, wobei $b_n \neq 0$ für alle $n \in \mathbb{N}$ gelten möge. Ferner möge die Quotientenfolge $\left(\frac{|a_n|}{|b_n|}\right)_{n\in\mathbb{N}}$ eine konvergente Folge sein. Dann gelten die Implikationen

$$\lim_{n\to\infty} \frac{|a_n|}{|b_n|} < \infty \qquad \Longrightarrow \qquad a_n = O(b_n)\ (n \to \infty)$$

und

$$\lim_{n\to\infty} \frac{|a_n|}{|b_n|} = 0 \qquad \Longrightarrow \qquad a_n = o(b_n)\ (n \to \infty).$$

Beweis Der Beweis ist klar, denn aus der Konvergenz bzw. der Nullkonvergenz der Quotientenfolge $\left(\frac{|a_n|}{|b_n|}\right)_{n\in\mathbb{N}}$ folgt jeweils unmittelbar die behauptete Groß-O- bzw. Klein-o-Eigenschaft. $\qquad\square$

Beispiel 5.5.3

Für die Folge $(a_n)_{n\in\mathbb{N}} := (n^3 + n^2 - n)_{n\in\mathbb{N}}$ gilt $a_n = O(n^3)$ $(n \to \infty)$, denn

$$\lim_{n\to\infty} \frac{|n^3 + n^2 - n|}{|n^3|} = 1 < \infty .$$

Beispiel 5.5.4

Für die Folge $(a_n)_{n\in\mathbb{N}} := (n + 1)_{n\in\mathbb{N}}$ gilt $a_n = o((n + 1)!)$ $(n \to \infty)$, denn

$$\lim_{n\to\infty} \frac{|n + 1|}{|(n + 1)!|} = \lim_{n\to\infty} \frac{1}{n!} = 0 .$$

5.6 Aufgaben mit Lösungen

Aufgabe 5.6.1

(a) *Zeigen Sie, dass für die Folge* $(a_n)_{n\in\mathbb{N}} := (4^{-n} - 3^{-n})_{n\in\mathbb{N}}$ *die Beziehung* $a_n = O(3^{-n})$ $(n \to \infty)$ *gilt.*

(b) *Zeigen Sie, dass für die Folge* $(a_n)_{n\in\mathbb{N}} := (n)_{n\in\mathbb{N}}$ *die Beziehung* $a_n = o(2^n)$ $(n \to \infty)$ *gilt.*

Lösung der Aufgabe

(a) Die Behauptung folgt aus

$$\lim_{n\to\infty} \frac{|4^{-n} - 3^{-n}|}{|3^{-n}|} = \lim_{n\to\infty} \left|\left(\frac{3}{4}\right)^n - 1\right| = 1 < \infty .$$

(b) Die Behauptung folgt aus

$$\lim_{n\to\infty} \frac{|n|}{|2^n|} = 0 .$$

Selbsttest 5.6.2 Gegeben sei die Folge

$$(a_n)_{n\in\mathbb{N}} := \left(\frac{n^2 - 2}{n^3 + 2}\right)_{n\in\mathbb{N}} .$$

Welche der folgenden Aussagen sind wahr?

?+? Es gilt $a_n = O(1)(n \to \infty)$.
?+? Es gilt $a_n = o(1)(n \to \infty)$.
?+? Es gilt $a_n = O(n^{-1})(n \to \infty)$.
?−? Es gilt $a_n = O(n^{-2})(n \to \infty)$.

5.7 Grundlegendes zu Reihen

Unter einer **Reihe** versteht man salopp gesprochen eine Vorschrift, die ausgehend von einer gegebenen Folge jeder Zahl $n \in \mathbb{N}$ den Wert einer Schritt für Schritt mit mehr Summanden zu berechnenden **Summe** zuordnet. Die dabei zu betrachtenden Summen heißen **Partialsummen** oder auch **Teilsummen**. Zum Beispiel ist durch die Folge $(f_n)_{n \in \mathbb{N}}$ mit

$$f_n := \frac{1}{2^n} \, , \quad n \in \mathbb{N} \, ,$$

die Reihe $(s_n)_{n \in \mathbb{N}}$ mit den Partialsummen

$$s_n := \sum_{k=0}^{n} \frac{1}{2^k} \, , \quad n \in \mathbb{N} \, ,$$

erklärt, deren erste Ergebnisse man sich wieder in Form einer Wertetabelle veranschaulichen kann (vgl. auch Abb. 5.2):

n	0	1	2	3	$\cdots\cdots$	1000	$\cdots\cdots$	$\to \infty$
s_n	1	1.5	1.75	1.875	$\cdots\cdots$	$1.9999\ldots$	$\cdots\cdots$	2

Offensichtlich kommt die Reihe für wachsendes n der Zahl 2 immer näher, wobei das **Näher-Kommen**, mathematisch präzise formuliert, nichts anderes als die **Konvergenz der Folge der Partialsummen** bedeutet. Reihen dieses Typs nennt man **konvergente Reihen**. Für die oben gegebene Reihe lässt sich mittels vollständiger Induktion leicht zeigen (Stichwort: geometrische Summenformel, siehe Beispiel 2.4.6), dass für die Folge der Partialsummen die geschlossene Darstellung

$$s_n = \sum_{k=0}^{n} \frac{1}{2^k} = 2 - \frac{1}{2^n} \, , \quad n \in \mathbb{N} \, ,$$

gilt. Daraus folgt natürlich unmittelbar die Konvergenz der Reihe gegen 2. Man nennt eine derartige Reihe auch **geometrische Reihe**.

Abb. 5.2 Visualisierung der Partialsummen $s_n := \sum_{k=0}^{n} \frac{1}{2^k}$

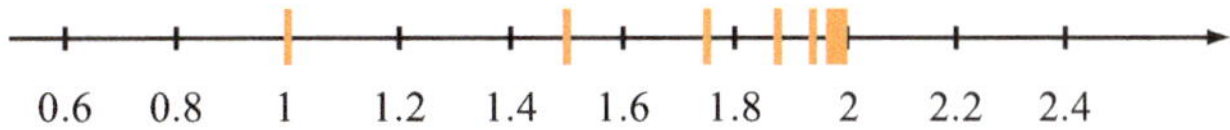

Es gibt allerdings auch Reihen, die qualitativ ein vollkommen anderes Verhalten zeigen. So wächst z. B. die Reihe mit den Summanden $f_n := n$ über alle Grenzen, während die Reihe mit den Summanden $f_n := (-1)^n$ stets zwischen 1 und 0 hin und her springt. Reihen dieses Typs nennt man **divergente Reihen**.

Definition 5.7.1 Reihen

Es sei $(f_n)_{n\in\mathbb{N}}$ eine gegebene Folge. Dann wird die zugeordnete Folge $(s_n)_{n\in\mathbb{N}}$ mit

$$s_n := \sum_{k=0}^{n} f_k\,, \quad n \in \mathbb{N},$$

Folge der Partialsummen von $(f_n)_{n\in\mathbb{N}}$ oder kurz durch $(f_n)_{n\in\mathbb{N}}$ induzierte **Reihe** genannt. Die Reihe heißt **konvergent** gegen $a \in \mathbb{R}$, falls die Folge der Partialsummen $(s_n)_{n\in\mathbb{N}}$ gegen a konvergiert. Man schreibt dann $\sum_{k=0}^{\infty} f_k := \lim_{n\to\infty} s_n = a$. Eine nicht konvergente Reihe wird **divergent** genannt. ◄

Zum Nachweis der **Konvergenz von Reihen** kann man nun natürlich zunächst einmal alle Konvergenz-Kriterien für Folgen anwenden und diese jeweils auf die Folge der Partialsummen beziehen. Einige erste einfache Beispiele sollen diese Vorgehensweise veranschaulichen.

Beispiel 5.7.2
Die Folge

$$(f_n)_{n\in\mathbb{N},n\geq 3} := \left(\frac{1}{(n-1)(n-2)}\right)_{n\in\mathbb{N},n\geq 3}$$

induziert die Reihe $(s_n)_{n\in\mathbb{N}}$ mit den Partialsummen

$$s_n := \sum_{k=3}^{n} \frac{1}{(k-1)(k-2)}\,, \quad n \in \mathbb{N},\, n \geq 3\,.$$

Diese Reihe ist konvergent und liefert wegen

$$\sum_{k=3}^{n} \frac{1}{(k-1)(k-2)} = \sum_{k=3}^{n} \left(\frac{1}{k-2} - \frac{1}{k-1}\right)$$

$$= \left(\frac{1}{3-2} - \frac{1}{3-1}\right) + \left(\frac{1}{4-2} - \frac{1}{4-1}\right) + \cdots + \left(\frac{1}{n-2} - \frac{1}{n-1}\right)$$

$$= \frac{1}{3-2} + \left(-\frac{1}{3-1} + \frac{1}{4-2}\right) + \cdots + \left(-\frac{1}{n-2} + \frac{1}{n-2}\right) - \frac{1}{n-1}$$

$$= 1 - \frac{1}{n-1}$$

als Grenzwert die Zahl 1,

$$1 = \sum_{k=3}^{\infty} \frac{1}{(k-1)(k-2)} \ .$$

Die entsprechende Wertetabelle sieht wie folgt aus:

n	3	4	5	$\cdots\cdots$	1000	$\cdots\cdots$	$\to \infty$
s_n	0.5	$0.\overline{6}$	0.75	$\cdots\cdots$	$0.9989\ldots$	$\cdots\cdots$	1

▶ **Bemerkung 5.7.3 Erster Reihenindex** Man beachte, dass im obigen Beispiel die Summanden der Reihe erst ab einem gewissen Index $n_0 \in \mathbb{N}$ (dort $n_0 = 3$) erklärt waren. Auf die Konvergenz der Reihe hat das natürlich keinen Einfluss, denn jede endliche Anzahl erster Summanden beeinflusst die Konvergenz (oder auch Divergenz) nicht; erst die unendlich vielen Summanden ab einem beliebig großen Index entscheiden über das qualitative Verhalten der Reihe. Der konkrete Grenzwert der Reihe hängt allerdings von allen Summanden ab!

Beispiel 5.7.4
Die Folge

$$(f_n)_{n \in \mathbb{N}^*} := \left(\frac{1}{n^2} \right)_{n \in \mathbb{N}^*}$$

induziert die Reihe $(s_n)_{n \in \mathbb{N}^*}$ mit den Partialsummen

$$s_n := \sum_{k=1}^{n} \frac{1}{k^2} \ , \quad n \in \mathbb{N}^* \ .$$

Diese Reihe ist konvergent, denn die Folge ihrer Partialsummen ist monoton wachsend und nach oben z. B. durch 2 beschränkt. Der Nachweis der **Monotonie** ist wegen

$$s_n = \sum_{k=1}^{n} \frac{1}{k^2} \leq \sum_{k=1}^{n+1} \frac{1}{k^2} = s_{n+1}$$

für alle $n \in \mathbb{N}^*$ unmittelbar klar. Die **Beschränktheit** durch 2 ergibt sich wegen

$$\frac{1}{k^2} < \frac{1}{k(k-1)} = \frac{1}{k-1} - \frac{1}{k} \ , \quad k \geq 2 \ ,$$

aus der Ungleichung

$$\sum_{k=1}^{n} \frac{1}{k^2} < 1 + \sum_{k=2}^{n} \left(\frac{1}{k-1} - \frac{1}{k} \right)$$

$$= 1 + \left(\frac{1}{2-1} - \frac{1}{2} \right) + \left(\frac{1}{3-1} - \frac{1}{3} \right) + \cdots + \left(\frac{1}{n-1} - \frac{1}{n} \right)$$

$$= 1 + \frac{1}{2-1} + \left(-\frac{1}{2} + \frac{1}{3-1} \right) + \cdots + \left(-\frac{1}{n-1} + \frac{1}{n-1} \right) - \frac{1}{n}$$

$$= 2 - \frac{1}{n} \leq 2 \, .$$

Insgesamt folgt damit die Konvergenz der Reihe aus dem **Monotonie- und Beschränktheitskriterium** für Folgen angewandt auf die Folge der Partialsummen. Die entsprechende Wertetabelle sieht wie folgt aus:

n	1	2	3	$\cdots\cdots$	1000	$\cdots\cdots$	$\to \infty$
s_n	1	1.25	$1.36\overline{1}$	$\cdots\cdots$	$1.644\ldots$	$\cdots\cdots$	$\frac{\pi^2}{6}$

Der Nachweis der Konvergenz gegen $\frac{\pi^2}{6}$ ist erst im Rahmen der **Fourier-Analysis** möglich und mit den bisher zur Verfügung stehenden Mitteln nicht zu bewerkstelligen.

Nach den obigen ausführlichen Beispielen werden im Folgenden Konvergenz-Beweise für Reihen nicht mehr angegeben, sondern lediglich bekannte Konvergenz-Ergebnisse zitiert.

Beispiel 5.7.5
Die durch die Folge

$$(f_n)_{n \in \mathbb{N}} := \left(\frac{1}{n!} \right)_{n \in \mathbb{N}}$$

induzierte Reihe $(s_n)_{n \in \mathbb{N}}$ mit den Partialsummen

$$s_n := \sum_{k=0}^{n} \frac{1}{k!} \, , \quad n \in \mathbb{N} \, ,$$

ist konvergent und liefert als Grenzwert die bekannte **Eulersche Zahl** e,

$$e = \sum_{k=0}^{\infty} \frac{1}{k!} \, .$$

Die entsprechende Wertetabelle sieht wie folgt aus:

n	0	1	2	$\cdots\cdots$	1000	$\cdots\cdots$	$\to \infty$
s_n	1	2	2.5	$\cdots\cdots$	$2.718\ldots$	$\cdots\cdots$	$2.71828\ldots$

Beispiel 5.7.6
Die durch die Folge

$$(f_n)_{n\in\mathbb{N}^*} := \left(\frac{2^{n+1}}{n\binom{2n}{n}} \right)_{n\in\mathbb{N}^*}$$

induzierte Reihe $(s_n)_{n\in\mathbb{N}}$ mit den Partialsummen

$$s_n := \sum_{k=1}^{n} \frac{2^{k+1}}{k\binom{2k}{k}}, \quad n \in \mathbb{N}^*,$$

ist konvergent und liefert als Grenzwert die bekannte **Ludolphsche Zahl** (Ludolph van Ceulen, 1540–1610) π, die auch als **Archimedes-Konstante** (Archimedes von Syrakus, 287-212 v. Chr.) bezeichnet wird,

$$\pi = \sum_{k=1}^{\infty} \frac{2^{k+1}}{k\binom{2k}{k}} \, .$$

Die entsprechende Wertetabelle sieht wie folgt aus:

n	1	2	3	$\cdots\cdots$	1000	$\cdots\cdots$	$\to \infty$
s_n	2	$2.\overline{6}$	$2.9\overline{3}$	$\cdots\cdots$	$3.1415\ldots$	$\cdots\cdots$	$3.1415926\ldots$

Neben den oben skizzierten Reihen-Typen, deren Summanden lediglich vom Summationsindex k abhängen, gibt es noch mindestens eine weitere interessante Menge von Reihen, nämlich die sogenannten **Funktionenreihen**, bei denen jeder Summand auch noch von einer freien Variablen $x \in \mathbb{R}$ abhängt. Taucht die Variable x lediglich als variierende Potenz auf, spricht man auch im engeren Sinne von **Potenzreihen**. Ein Beispiel dieses Typs ist die Reihe, mit deren Hilfe die Exponentialfunktion definiert werden kann.

Beispiel 5.7.7

Für jedes beliebige, aber feste $x \in \mathbb{R}$ ist die durch die Folge

$$(f_n(x))_{n \in \mathbb{N}} := \left(\frac{x^n}{n!} \right)_{n \in \mathbb{N}}$$

induzierte Reihe $(s_n(x))_{n \in \mathbb{N}}$ mit den Partialsummen

$$s_n(x) := \sum_{k=0}^{n} \frac{x^k}{k!} \,, \quad n \in \mathbb{N},$$

konvergent und liefert als Grenzwert die bekannte **Exponentialfunktion** exp,

$$\exp(x) = \sum_{k=0}^{\infty} \frac{x^k}{k!}.$$

Die entsprechende Wertetabelle sieht z. B. für $x = 0.5$ wie folgt aus:

n	0	1	2	$\cdots\cdots$	1000	$\cdots\cdots$	$\to \infty$
$s_n(0.5)$	1	1.5	1.625	$\cdots\cdots$	$1.6487\ldots$	$\cdots\cdots$	$1.6487\ldots$

5.8 Aufgaben mit Lösungen

Aufgabe 5.8.1 *Zeigen Sie, dass die durch die Folge*

$$(f_n)_{n \in \mathbb{N}^*} := \left(\frac{1}{n^3} \right)_{n \in \mathbb{N}^*}$$

induzierte Reihe $(s_n)_{n \in \mathbb{N}^*}$ mit den Partialsummen

$$s_n := \sum_{k=1}^{n} \frac{1}{k^3} \,, \quad n \in \mathbb{N}^*,$$

konvergiert.

Lösung der Aufgabe Diese Reihe ist konvergent, denn die Folge ihrer Partialsummen ist monoton wachsend und nach oben z. B. durch $\frac{\pi^2}{6}$ beschränkt. Der Nachweis der Monotonie ist wegen

$$s_n = \sum_{k=1}^{n} \frac{1}{k^3} \leq \sum_{k=1}^{n+1} \frac{1}{k^3} = s_{n+1}$$

für alle $n \in \mathbb{N}^*$ unmittelbar klar. Die Beschränktheit durch $\frac{\pi^2}{6}$ ergibt sich wegen der bekannten Identität

$$\sum_{k=1}^{\infty} \frac{1}{k^2} = \frac{\pi^2}{6}$$

aus der Ungleichung

$$\sum_{k=1}^{n} \frac{1}{k^3} \leq \sum_{k=1}^{n} \frac{1}{k^2} \leq \sum_{k=1}^{\infty} \frac{1}{k^2} = \frac{\pi^2}{6} \ .$$

Insgesamt folgt damit die Konvergenz der Reihe aus dem Monotonie- und Beschränktheitskriterium für Folgen angewandt auf die Folge der Partialsummen.

Selbsttest 5.8.2 Welche der folgenden Aussagen über Reihen sind wahr?

?–? Eine konvergente Reihe kann zwei verschiedene Grenzwerte besitzen.

?–? Eine konvergente Reihe darf nie nur positive Summanden besitzen.

?–? Bei einer divergenten Reihe werden die Summanden betragsmäßig immer größer.

?–? Bei einer divergenten Reihe müssen die Summanden entweder alle positiv oder alle negativ sein.

5.9 Rechenregeln für Reihen

Grundsätzlich besteht das Ziel bei der Suche nach Rechenregeln für neue Objekte, hier die **Rechenregeln für Reihen**, stets darin, sich mit Hilfe dieser Regeln den Umgang mit aus mehreren Objekten des bekannten Typs zusammengesetzten Ausdrücken zu vereinfachen. Man erhält auf diese Weise Einblicke in die strukturellen Zusammenhänge der Objekte und kann so für einen im Allgemeinen effizienteren Umgang mit ihnen sorgen. Zwei wesentliche Regeln für **konvergente Reihen** sind im folgenden Satz festgehalten, dessen Beweis sich unmittelbar aus den entsprechenden Regeln für Folgen ergibt.

▶ **Satz 5.9.1 Rechenregeln für Reihen** Es seien $(\sum_{k=0}^{n} a_k)_{n\in\mathbb{N}}$ und $(\sum_{k=0}^{n} b_k)_{n\in\mathbb{N}}$ konvergente Reihen mit den Grenzwerten $\sum_{k=0}^{\infty} a_k = a$ und $\sum_{k=0}^{\infty} b_k = b$. Ferner seien $\alpha, \beta \in \mathbb{R}$ reelle Zahlen. Dann gelten folgende Rechenregeln:

$$(\mathbf{LR}) \quad \sum_{k=0}^{\infty}(\alpha a_k + \beta b_k) = \alpha a + \beta b \qquad \textbf{(Linearitätsregel)}$$

$$(\mathbf{MR}) \quad \forall k \in \mathbb{N} : a_k \le b_k \quad \Longrightarrow \quad a \le b \qquad \textbf{(Monotonieregel)}$$

Beispiel 5.9.2

Unter Ausnutzung bereits bekannter Ergebnisse erhält man z. B. mit Hilfe der **Linearitätsregel**

$$\sum_{k=3}^{\infty}\left(\frac{4}{(k-1)(k-2)} - 5\frac{1}{2^k}\right) = 4\sum_{k=3}^{\infty}\frac{1}{(k-1)(k-2)} - 5\sum_{k=3}^{\infty}\frac{1}{2^k}$$

$$= 4 \cdot 1 - 5\left(\sum_{k=0}^{\infty}\frac{1}{2^k} - 1 - \frac{1}{2} - \frac{1}{4}\right)$$

$$= 4 - 5\left(2 - 1 - \frac{1}{2} - \frac{1}{4}\right) = \frac{11}{4}\,.$$

Während die im obigen Beispiel auftauchenden Reihen, was ihren Aufbau angeht, noch relativ einfach strukturiert sind, ist es bei komplizierteren Reihen wie z. B. bei der Berechnung der Eulerschen Zahl e im Allgemeinen äußerst schwierig, deren Konvergenz vorherzusagen und dann auch noch ggf. ihren Grenzwert zu berechnen. Man bedient sich dazu, wie bei den Folgen, sogenannter **hinreichender Konvergenz-Kriterien**. Bevor einige dieser Kriterien im Folgenden formuliert und angewandt werden, wird zunächst ein einfaches, aber wichtiges **notwendiges Konvergenz-Kriterium** festgehalten. Da fast alle Kriterien durch geschickte Anwendung des Cauchy-Kriteriums für Folgen bewiesen werden können, wird lediglich der Beweis des ersten Kriteriums angegeben und auf die übrigen Beweise weitgehend verzichtet.

▶ **Satz 5.9.3 Notwendiges Konvergenz-Kriterium** Es sei $(\sum_{k=0}^{n} a_k)_{n\in\mathbb{N}}$ eine Reihe. Wenn $(\sum_{k=0}^{n} a_k)_{n\in\mathbb{N}}$ konvergiert, dann muss die Folge $(a_n)_{n\in\mathbb{N}}$ gegen Null konvergieren.

Beweis Zum Nachweis betrachte man die Folge $(s_n)_{n\in\mathbb{N}}$ der Partialsummen,

$$s_n := \sum_{k=0}^{n} a_k\,, \quad n \in \mathbb{N}\,.$$

Da die Folge $(s_n)_{n \in \mathbb{N}}$ konvergiert, muss es nach dem **Cauchy-Kriterium für Folgen** für alle $\epsilon > 0$ einen Index $n_\epsilon \in \mathbb{N}$ geben, so dass für alle $m, n \geq n_\epsilon$ gilt:

$$|s_m - s_n| < \epsilon \, .$$

Aus dieser Ungleichung folgt aber sofort mit $m = n + 1$ für alle $n \geq n_\epsilon$ die Abschätzung

$$|a_{n+1} - 0| = |a_{n+1}| = |s_{n+1} - s_n| < \epsilon \, ,$$

also die Nullkonvergenz der Folge $(a_n)_{n \in \mathbb{N}}$. $\square$

Beispiel 5.9.4

Die Folgenglieder der Folge $(a_n)_{n \in \mathbb{N}}$,

$$a_n := \frac{n!}{2^n} \, , \quad n \in \mathbb{N} \, ,$$

genügen für alle $n \in \mathbb{N}, n \geq 2$, der Abschätzung

$$\frac{n!}{2^n} = \underbrace{\frac{1}{2}}_{=\frac{1}{2}} \underbrace{\frac{2}{2}}_{=1} \underbrace{\frac{3}{2}}_{>1} \cdots\cdots \underbrace{\frac{n-1}{2}}_{>1} \frac{n}{2} \geq \frac{n}{4}$$

und bilden somit keine Nullfolge. Also kann die Reihe $(\sum_{k=0}^{n} a_k)_{n \in \mathbb{N}}$ nicht konvergieren.

Nach diesem wichtigen notwendigen Konvergenz-Kriterium werden im Folgenden, meistens ohne Beweis, einige hinreichende Konvergenz- und auch Divergenz-Kriterien angegeben und anhand mehrerer Beispiele veranschaulicht. Das erste Kriterium diesen Typs ist das sogenannte **Absolute-Konvergenz-Kriterium**.

> **Satz 5.9.5 Absolute-Konvergenz-Kriterium** Es sei $(\sum_{k=0}^{n} |a_k|)_{n \in \mathbb{N}}$ eine konvergente Reihe mit Grenzwert $b \in \mathbb{R}$. Dann ist auch die Reihe $(\sum_{k=0}^{n} a_k)_{n \in \mathbb{N}}$ konvergent mit einem Grenzwert $a \in \mathbb{R}$, und es gilt $a \leq b$. Man nennt die Reihe $(\sum_{k=0}^{n} a_k)_{n \in \mathbb{N}}$ in diesem Fall **absolut konvergent**.

Beispiel 5.9.6

Aus der bereits bewiesenen Konvergenz der Reihe

$$\left(\sum_{k=0}^{n} \frac{1}{2^k} \right)_{n \in \mathbb{N}}$$

folgt mit dem **Absolute-Konvergenz-Kriterium** sofort auch die Konvergenz der Reihe

$$\left(\sum_{k=0}^{n} \frac{(-1)^k}{2^k} \right)_{n \in \mathbb{N}} .$$

Das zweite Kriterium ist das sogenannte **Leibniz-Kriterium** (Gottfried Wilhelm Leibniz, 1646–1717).

> **Satz 5.9.7 Leibniz-Kriterium** Es sei $(a_n)_{n \in \mathbb{N}}$ eine monoton fallend oder monoton wachsend gegen Null konvergierende Folge. Dann konvergiert die sogenannte **alternierende Reihe** $(\sum_{k=0}^{n}(-1)^k a_k)_{n \in \mathbb{N}}$.

Beispiel 5.9.8

Offensichtlich konvergiert die Folge

$$\left(\frac{1}{2^n} \right)_{n \in \mathbb{N}}$$

monoton fallend gegen Null. Daraus ergibt sich mit dem **Leibniz-Kriterium** erneut die Konvergenz der Reihe

$$\left(\sum_{k=0}^{n} \frac{(-1)^k}{2^k} \right)_{n \in \mathbb{N}} .$$

Das nächste Kriterium ist das sogenannte **Wurzel-Kriterium**.

> **Satz 5.9.9 Wurzel-Kriterium** Es sei $(a_n)_{n \in \mathbb{N}}$ eine Folge und $q \in [0, 1)$. Falls ein Index $n_0 \in \mathbb{N}$ existiert, so dass für alle $n \geq n_0$ die Abschätzung $\sqrt[n]{|a_n|} \leq q < 1$ erfüllt ist, dann ist die Reihe $(\sum_{k=0}^{n} a_k)_{n \in \mathbb{N}}$ absolut konvergent, also insbesondere konvergent. Falls ein Index $n_0 \in \mathbb{N}$ existiert, so dass für alle $n \geq n_0$ die Abschätzung $\sqrt[n]{|a_n|} \geq 1$ erfüllt ist, dann ist die Reihe $(\sum_{k=0}^{n} a_k)_{n \in \mathbb{N}}$ divergent.
>
> Insbesondere ist die Reihe $(\sum_{k=0}^{n} a_k)_{n \in \mathbb{N}}$ absolut konvergent, wenn $\lim_{n \to \infty} \sqrt[n]{|a_n|} < 1$ gilt und sie ist divergent, wenn $\lim_{n \to \infty} \sqrt[n]{|a_n|} > 1$ gilt.

Beweis Im Folgenden wird lediglich kurz die generelle Beweisidee skizziert. Den Konvergenz-Teil des Kriteriums zeigt man leicht, indem man das **Monotonie- und Beschränktheitskriterium** für Folgen auf die Folge der Partialsummen der Betrags-Reihe anwendet und wegen

$$|a_n| \leq q^n\,,\quad n \geq n_0\,,$$

die Konvergenz der **geometrischen Reihe**

$$\sum_{k=0}^{\infty} q^k = \frac{1}{1-q}\quad\text{für}\quad q \in [0,1)$$

ausnutzt (siehe Beispiel 2.4.6). Den Divergenz-Teil des Kriteriums zeigt man, indem man aus der angegebenen Bedingung folgert, dass $(a_n)_{n\in\mathbb{N}}$ keine Nullfolge ist und somit die induzierte Reihe nicht konvergieren kann. $\square$

Beispiel 5.9.10

Wegen

$$\sqrt[n]{\left|\frac{1}{2^n}\right|} = \frac{1}{2} =: q < 1\,,\quad n \in \mathbb{N}^*\,,$$

ist die Konvergenz-Bedingung des **Wurzel-Kriteriums** erfüllt. Also konvergiert die Reihe

$$\left(\sum_{k=0}^{n} \frac{1}{2^k}\right)_{n\in\mathbb{N}}\,.$$

Beispiel 5.9.11

Wegen

$$\sqrt[n]{\left|\left(\frac{n+1}{3n+1}\right)^n\right|} = \frac{n+1}{3n+1} \leq \frac{1}{2} =: q < 1\,,\quad n \in \mathbb{N}^*\,,$$

ist die Konvergenz-Bedingung des **Wurzel-Kriteriums** erfüllt. Also konvergiert die Reihe

$$\left(\sum_{k=0}^{n} \left(\frac{k+1}{3k+1}\right)^k\right)_{n\in\mathbb{N}}\,.$$

Das vorletzte Kriterium ist das sogenannte **Quotienten-Kriterium**.

▶ **Satz 5.9.12 Quotienten-Kriterium** Es sei $(a_n)_{n\in\mathbb{N}}$ eine Folge mit von Null verschiedenen Folgengliedern und $q \in [0, 1)$. Falls ein Index $n_0 \in \mathbb{N}$ existiert, so dass für alle $n \geq n_0$ die Abschätzung $\frac{|a_{n+1}|}{|a_n|} \leq q < 1$ erfüllt ist, dann ist die Reihe $(\sum_{k=0}^{n} a_k)_{n\in\mathbb{N}}$ absolut konvergent, also insbesondere konvergent. Falls ein Index $n_0 \in \mathbb{N}$ existiert, so dass für alle $n \geq n_0$ die Abschätzung $\frac{|a_{n+1}|}{|a_n|} \geq 1$ erfüllt ist, dann ist die Reihe $(\sum_{k=0}^{n} a_k)_{n\in\mathbb{N}}$ divergent.

Insbesondere ist die Reihe $(\sum_{k=0}^{n} a_k)_{n\in\mathbb{N}}$ absolut konvergent, wenn $\lim_{n\to\infty} \frac{|a_{n+1}|}{|a_n|} < 1$ gilt und sie ist divergent, wenn $\lim_{n\to\infty} \frac{|a_{n+1}|}{|a_n|} > 1$ gilt.

Beweis Im Folgenden wird erneut nur kurz die generelle Beweisidee skizziert. Den Konvergenz-Teil des Kriteriums zeigt man wieder leicht, indem man das **Monotonie- und Beschränktheitskriterium** für Folgen auf die Folge der Partialsummen der Betrags-Reihe anwendet und wegen

$$|a_{n+1}| \leq q|a_n| \leq q^2|a_{n-1}| \leq \cdots \leq q^n q^{1-n_0}|a_{n_0}|\,, \quad n \geq n_0\,,$$

erneut die Konvergenz der **geometrischen Reihe**

$$\sum_{k=0}^{\infty} q^k = \frac{1}{1-q} \quad \text{für} \quad q \in [0, 1)$$

ausnutzt (siehe Beispiel 2.4.6). Den Divergenz-Teil des Kriteriums zeigt man, indem man aus der angegebenen Bedingung wieder folgert, dass $(a_n)_{n\in\mathbb{N}}$ keine Nullfolge ist und somit die induzierte Reihe nicht konvergieren kann. $\qquad\square$

Beispiel 5.9.13
Wegen

$$\frac{\left|\frac{1}{2^{n+1}}\right|}{\left|\frac{1}{2^n}\right|} = \frac{1}{2} =: q < 1\,, \quad n \in \mathbb{N}\,,$$

ist die Konvergenz-Bedingung des **Quotienten-Kriteriums** erfüllt. Also konvergiert die Reihe

$$\left(\sum_{k=0}^{n} \frac{1}{2^k}\right)_{n\in\mathbb{N}}.$$

Beispiel 5.9.14

Wegen

$$\frac{\left|\frac{(-2)^{n+1}}{3^{n+1}}\right|}{\left|\frac{(-2)^n}{3^n}\right|} = \frac{2}{3} =: q < 1 , \quad n \in \mathbb{N} ,$$

ist die Konvergenz-Bedingung des **Quotienten-Kriteriums** erfüllt. Also konvergiert die Reihe

$$\left(\sum_{k=0}^{n} \frac{(-2)^k}{3^k} \right)_{n \in \mathbb{N}} .$$

Abschließend wird noch der Vollständigkeit halber das **Cauchy-Kriterium für Reihen** angegeben, welches nichts anderes als eine Reformulierung des **Cauchy-Kriteriums für Folgen** angewandt auf die Folge der Partialsummen ist.

> **Satz 5.9.15 Cauchy-Kriterium** Es sei $(\sum_{k=0}^{n} a_k)_{n \in \mathbb{N}}$ eine Reihe. Die Reihe ist genau dann konvergent, wenn gilt:

$$\forall \epsilon > 0 \, \exists n_\epsilon \in \mathbb{N} \, \forall m > n \geq n_\epsilon : |a_{n+1} + a_{n+2} + \cdots + a_m| < \epsilon.$$

Beweis Der obige Satz ergibt sich, wie bereits gesagt, als unmittelbare Konsequenz aus dem Cauchy-Kriterium für Folgen. Man betrachte dazu die Folge $(s_n)_{n \in \mathbb{N}}$ der Partialsummen,

$$s_n := \sum_{k=0}^{n} a_k , \quad n \in \mathbb{N} .$$

Die Folge $(s_n)_{n \in \mathbb{N}}$ konvergiert nach dem **Cauchy-Kriterium für Folgen** genau dann, wenn es für alle $\epsilon > 0$ einen Index $n_\epsilon \in \mathbb{N}$ gibt, so dass für alle $m, n \geq n_\epsilon$ gilt:

$$|s_m - s_n| < \epsilon .$$

Da jedoch für $m = n$ diese Ungleichung stets erfüllt ist und m und n vertauschbar sind, ergibt sich für $m > n$ unmittelbar die Identität

$$|s_m - s_n| = |a_{n+1} + a_{n+2} + \cdots + a_m|$$

und damit sofort die Behauptung des Satzes. $\square$

Beispiel 5.9.16

Das Cauchy-Kriterium kann z. B. eingesetzt werden um zu zeigen, dass die sogenannte **harmonische Reihe** $(\sum_{k=1}^{n} \frac{1}{k})_{n \in \mathbb{N}^*}$ divergiert. Dazu sei $\epsilon := \frac{1}{4}$ als zu unterschreitende Schranke gegeben und $(s_n)_{n \in \mathbb{N}^*}$ die Folge der Partialsummen,

$$s_n := \sum_{k=1}^{n} \frac{1}{k}, \quad n \in \mathbb{N}^* .$$

Da aber nun für alle $n \in \mathbb{N}^*$ die Abschätzung

$$|s_{2^{n+1}} - s_{2^n}| = \sum_{k=2^n+1}^{2^{n+1}} \frac{1}{k} = \underbrace{\frac{1}{2^n + 1}}_{\geq \frac{1}{2^{n+1}}} + \underbrace{\frac{1}{2^n + 2}}_{\geq \frac{1}{2^{n+1}}} + \cdots\cdots \underbrace{\frac{1}{2^{n+1} - 1}}_{\geq \frac{1}{2^{n+1}}} + \underbrace{\frac{1}{2^{n+1}}}_{\geq \frac{1}{2^{n+1}}}$$

$$\geq \left(2^{n+1} - 2^n\right) \frac{1}{2^{n+1}} = \frac{2^n}{2^{n+1}} = \frac{1}{2}$$

gilt, kann die für alle $m > n \geq n_\epsilon$ erforderliche ϵ-Abschätzung nie erfüllt werden. Folglich ist das **Cauchy-Kriterium für Reihen** nicht erfüllt, also die harmonische Reihe nicht konvergent und somit divergent.

5.10 Aufgaben mit Lösungen

Aufgabe 5.10.1 *Zeigen Sie, dass die Reihe $(s_n)_{n \in \mathbb{N}}$ mit*

$$s_n := \sum_{k=0}^{n} \frac{1}{k!}, \quad n \in \mathbb{N} ,$$

konvergent ist, indem Sie nachweisen, dass die Folge der Partialsummen monoton wächst und nach oben z. B. durch 3 beschränkt ist. Um die Beschränktheit zu zeigen, nutzen Sie bitte aus, dass

$$\frac{1}{k!} = \frac{1}{1 \cdot 2 \cdot 3 \cdot \ldots \cdot k} \leq \frac{1}{2^{k-1}} , \quad k \in \mathbb{N}^* ,$$

gilt, und bringen Sie die geometrische Summenformel ins Spiel.

Lösung der Aufgabe   Der Nachweis der Monotonie ist wegen

$$s_n = \sum_{k=0}^{n} \frac{1}{k!} \leq \sum_{k=0}^{n+1} \frac{1}{k!} = s_{n+1}$$

für alle $n \in \mathbb{N}$ unmittelbar klar. Die Beschränktheit durch 3 ergibt sich unter Ausnutzung der angegebenen Abschätzung sowie der geometrischen Summenformel aus der Ungleichung

$$s_n \leq 1 + \sum_{k=1}^{n} \frac{1}{2^{k-1}} = 1 + \sum_{k=0}^{n-1} \left(\frac{1}{2}\right)^k = 1 + \frac{1 - \left(\frac{1}{2}\right)^n}{1 - \frac{1}{2}} < 1 + \frac{1}{\frac{1}{2}} = 3 \,.$$

Insgesamt folgt damit die Konvergenz der Reihe aus dem Monotonie- und Beschränktheitskriterium für Folgen angewandt auf die Folge der Partialsummen.

Aufgabe 5.10.2 *Zeigen Sie, dass die Reihe $(s_n)_{n \in \mathbb{N}^*}$ mit*

$$s_n := \sum_{k=1}^{n} \frac{(-1)^k}{2^k} \,, \quad n \in \mathbb{N}^* \,,$$

konvergent ist, indem Sie das Wurzel-Kriterium anwenden.

Lösung der Aufgabe Der Nachweis der Konvergenz ergibt sich unmittelbar aus der Abschätzung

$$\sqrt[n]{\left|\frac{(-1)^n}{2^n}\right|} = \sqrt[n]{\frac{1}{2^n}} = \frac{1}{2} =: q < 1 \,, \quad n \in \mathbb{N}^*.$$

Aufgabe 5.10.3 *Zeigen Sie, dass die Reihe $(s_n)_{n \in \mathbb{N}}$ mit*

$$s_n := \sum_{k=0}^{n} \frac{2 + (-1)^k}{2^k} \,, \quad n \in \mathbb{N} \,,$$

konvergent ist, indem Sie das Wurzel-Kriterium anwenden.

Lösung der Aufgabe Der Nachweis der Konvergenz ergibt sich unmittelbar aus der Abschätzung

$$\sqrt[n]{\left|\frac{2 + (-1)^n}{2^n}\right|} \leq \sqrt[n]{\frac{3}{2^n}} \leq \frac{1.5}{2} =: q < 1 \,, \quad n \in \mathbb{N}, \, n \geq 3 \,.$$

Aufgabe 5.10.4 *Zeigen Sie, dass die Reihe $(s_n)_{n \in \mathbb{N}}$ mit*

$$s_n := \sum_{k=0}^{n} \frac{1}{k!} \,, \quad n \in \mathbb{N} \,,$$

konvergent ist, indem Sie das Quotienten-Kriterium anwenden.

Lösung der Aufgabe   Der Nachweis der Konvergenz ergibt sich unmittelbar aus der Abschätzung

$$\frac{\left|\frac{1}{(n+1)!}\right|}{\left|\frac{1}{n!}\right|} = \frac{n!}{(n+1)!} = \frac{1}{n+1} \leq \frac{1}{2} := q < 1 \,, \quad n \in \mathbb{N}^*.$$

Selbsttest 5.10.5   Gegeben sei die Reihe $(s_n)_{n \in \mathbb{N}}$ mit

$$s_n := \sum_{k=0}^{n} \frac{k^2 - 2}{k^2 + 2} \,, \quad n \in \mathbb{N} \,.$$

Welche der folgenden Aussagen sind wahr?

?+? Die Reihe konvergiert nicht, denn die Folge ihrer Summanden konvergiert nicht gegen Null.

?−? Die Reihe konvergiert, denn die Folge ihrer Summanden konvergiert gegen Null.

?−? Die Reihe konvergiert, denn alle ihre Summanden sind kleiner als 1.

?+? Die Reihe konvergiert nicht, denn die Folge ihrer Summanden konvergiert gegen 1.

Selbsttest 5.10.6   Gegeben sei die Reihe $(s_n)_{n \in \mathbb{N}}$ mit

$$s_n := \sum_{k=1}^{n} \frac{1}{k^4} \,, \quad n \in \mathbb{N}^* \,.$$

Welche der folgenden Aussagen sind wahr?

?+? Die Reihe ist konvergent.

?−? Das Quotienten-Kriterium liefert die Konvergenz der Reihe.

?−? Die Reihe ist divergent.

?+? Die Reihe ist absolut konvergent.

Transzendente Funktionen

6

Die folgenden Abschnitte stellen ohne Beweise und detaillierte Begründungen die einfachsten sogenannten **transzendenten Funktionen** mit ihren jeweiligen Umkehrfunktionen vor. Sie dienen zum schnellen Nachschlagen, falls Funktionen dieses Typs im Buch auftauchen und Unsicherheit hinsichtlich ihrer wesentlichen Eigenschaften besteht.

6.1 Exponential- und Logarithmusfunktion

Die **Exponentialfunktion** wurde bereits bei der Behandlung von Folgen und Reihen betrachtet und ist definiert als

$$\exp\colon \mathbb{R} \to (0,\infty)\,, \qquad x \mapsto e^x := \sum_{k=0}^{\infty} \frac{x^k}{k!}\,.$$

Man kann zeigen, dass exp eine bijektive Funktion ist. Ihre deshalb existierende und eindeutig bestimmte Umkehrfunktion wird **Logarithmusfunktion** genannt (vgl. Abb. 6.1) und ist berechenbar als

$$\ln\colon (0,\infty) \to \mathbb{R}\,, \qquad x \mapsto 2\sum_{k=0}^{\infty} \frac{1}{2k+1}\left(\frac{x-1}{x+1}\right)^{2k+1}\,.$$

Die wichtigsten beiden Rechenregeln für diese Funktionen lauten:

$$\exp(x + \tilde{x}) = \exp(x)\exp(\tilde{x})\,, \quad x \in \mathbb{R},\ \tilde{x} \in \mathbb{R}\,,$$
$$\ln(x\tilde{x}) = \ln(x) + \ln(\tilde{x})\,, \quad x > 0,\ \tilde{x} > 0\,.$$

Ferner sind sowohl exp als auch ln streng monoton wachsende Funktionen.

Elektronisches Zusatzmaterial Die elektronische Version dieses Kapitels enthält Zusatzmaterial, das berechtigten Benutzern zur Verfügung steht https://doi.org/10.1007/978-3-658-29922-4_6.

Abb. 6.1 exp und ln

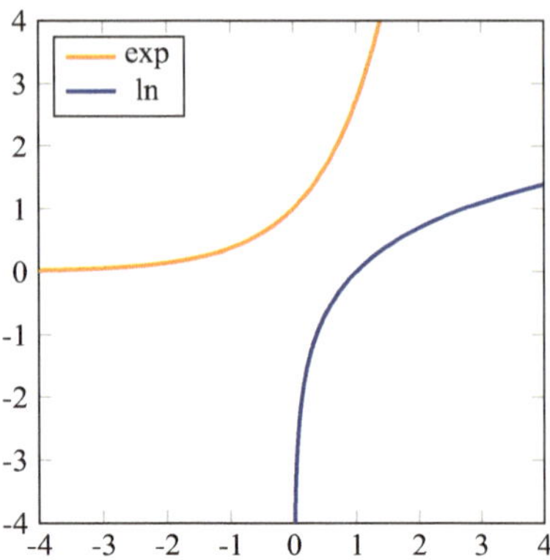

Abschließend sei bemerkt, dass bisweilen statt der Abkürzung ln (lat.: logarithmus naturalis) auch die Abkürzung log benutzt wird (z. B. in der Java-Math-Bibliothek oder bei der Bezeichnung auf den Tasten vieler Taschenrechner), obwohl das nicht sehr glücklich ist und zwangsläufig zu Verwechslungen mit dem sogenannten gewöhnlichen Logarithmus führt.

6.2 Allgemeine Potenz- und Logarithmusfunktionen

Die **allgemeine Potenzfunktion** zur Basis $a \in (0, \infty) \setminus \{1\}$ ist definiert als

$$\exp_a \colon \mathbb{R} \to (0, \infty)\,, \qquad x \mapsto a^x := \exp(x \ln(a)) = \sum_{k=0}^{\infty} \frac{(x \ln(a))^k}{k!}\,.$$

Man kann zeigen, dass $\exp_a$ eine bijektive Funktion ist. Ihre deshalb existierende und eindeutig bestimmte Umkehrfunktion wird **allgemeine Logarithmusfunktion** zur Basis a genannt (vgl. Abb. 6.2) und ist berechenbar als

$$\log_a \colon (0, \infty) \to \mathbb{R}\,, \qquad x \mapsto \frac{\ln(x)}{\ln(a)} = \frac{2}{\ln(a)} \sum_{k=0}^{\infty} \frac{1}{2k+1} \left(\frac{x-1}{x+1} \right)^{2k+1}\,.$$

Die wichtigsten beiden Rechenregeln für diese Funktionen lauten:

$$\exp_a(x + \tilde{x}) = \exp_a(x) \exp_a(\tilde{x})\,, \quad x \in \mathbb{R}, \tilde{x} \in \mathbb{R}\,,$$
$$\log_a(x\tilde{x}) = \log_a(x) + \log_a(\tilde{x})\,, \quad x > 0, \tilde{x} > 0\,.$$

Ferner sind sowohl $\exp_a$ als auch $\log_a$ streng monoton fallende Funktionen für $a \in (0, 1)$ und streng monoton wachsende Funktionen für $a \in (1, \infty)$.

Schließlich sei bemerkt, dass für spezielle Basen a auch noch andere Bezeichnungen üblich sind. So ist für $a = e$ die bereits bekannte Bezeichnung $\ln := \log_e$ (lat.: logarithmus naturalis) gebräuchlich, und diese Logarithmusfunktion zur Basis der Eulerschen

Abb. 6.2 $\exp_{0.5}$ und $\log_{0.5}$

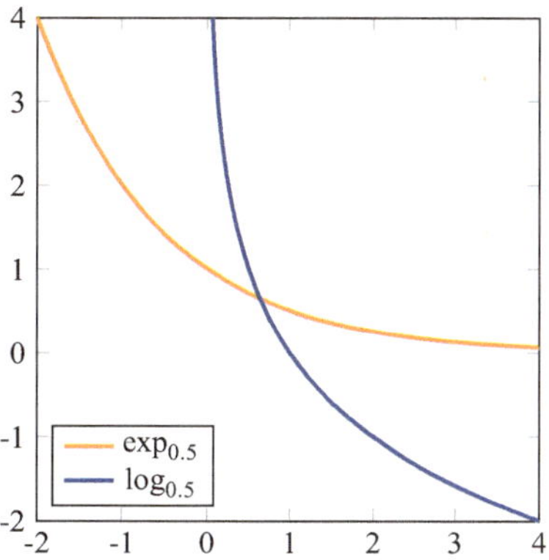

Zahl e wird entsprechend **natürlicher Logarithmus** genannt. Für die Basis $a = 2$ sind auch die Abkürzungen $\mathrm{lb} := \log_2$ und $\mathrm{ld} := \log_2$ (lat.: logarithmus dualis) üblich, und der Logarithmus zur Basis 2 wird vielfach auch **binärer, dualer oder dyadischer Logarithmus** genannt. Schließlich ist für den Logarithmus zur Basis $a = 10$, wie schon erwähnt, die schlichte Bezeichnung $\log := \log_{10}$ ohne Angabe der Basis oder $\mathrm{lg} := \log_{10}$ (lat.: logarithmus generalis) verbreitet, und der Logarithmus zur Basis 10 wird häufig auch **gewöhnlicher oder Briggsscher oder dekadischer Logarithmus** genannt.

6.3 Sinus- und Arcussinusfunktion

Die **Sinusfunktion** ist definiert als

$$\sin\colon \mathbb{R} \to [-1, 1]\,, \qquad x \mapsto \sum_{k=0}^{\infty} (-1)^k \frac{x^{2k+1}}{(2k+1)!}\,.$$

Man kann zeigen, dass sin eine bijektive Funktion ist, wenn man ihren Definitionsbereich auf $[-\frac{\pi}{2}, \frac{\pi}{2}]$ beschränkt (**Hauptwert der Umkehrfunktion des Sinus**, umgangssprachlich kurz **Hauptwert des Sinus**).

Ihre dann existierende und eindeutig bestimmte Umkehrfunktion wird **Arcussinusfunktion** genannt (vgl. Abb. 6.3) und ist berechenbar als

$$\arcsin\colon [-1, 1] \to \left[-\frac{\pi}{2}, \frac{\pi}{2}\right]\,, \qquad x \mapsto \begin{cases} -\dfrac{\pi}{2} & \text{falls } x = -1 \\[2ex] \displaystyle\sum_{k=0}^{\infty}\left(\prod_{i=1}^{k} \frac{2i-1}{2i}\right)\frac{x^{2k+1}}{2k+1} & \text{falls } |x| < 1 \\[2ex] \dfrac{\pi}{2} & \text{falls } x = 1 \end{cases}.$$

Abb. 6.3 sin und arcsin

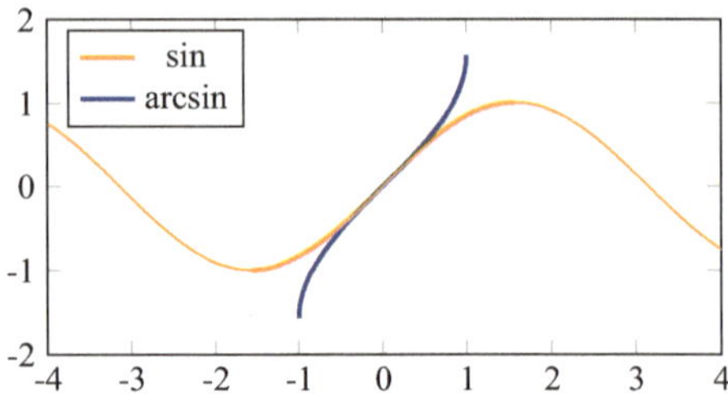

Die wichtigsten Rechenregeln für diese Funktionen lauten:

$$\sin(x) = \sin(x + 2\pi) \,, \quad x \in \mathbb{R} \,,$$
$$\sin(x) = -\sin(-x) \,, \quad x \in \mathbb{R} \,,$$
$$\arcsin(x) = -\arcsin(-x) \,, \quad x \in [-1, 1] \,.$$

Man bezeichnet die erste Regel auch als die 2π-**Periodizität des Sinus**. Ferner sind sowohl sin auf $[-\frac{\pi}{2}, \frac{\pi}{2}]$ als auch arcsin streng monoton wachsende Funktionen und darüber hinaus, wie bereits oben notiert, ungerade.

6.4 Cosinus- und Arcuscosinusfunktion

Die **Cosinusfunktion** ist definiert als

$$\cos: \mathbb{R} \to [-1, 1] \,, \qquad x \mapsto \sum_{k=0}^{\infty} (-1)^k \frac{x^{2k}}{(2k)!} \,.$$

Man kann zeigen, dass cos eine bijektive Funktion ist, wenn man ihren Definitionsbereich auf $[0, \pi]$ beschränkt (**Hauptwert der Umkehrfunktion des Cosinus**, umgangssprachlich kurz **Hauptwert des Cosinus**).

Ihre dann existierende und eindeutig bestimmte Umkehrfunktion wird **Arcuscosinusfunktion** genannt (vgl. Abb. 6.4) und ist berechenbar als

$$\arccos: [-1, 1] \to [0, \pi] \,, \quad x \mapsto \begin{cases} \pi & \text{falls } x = -1 \\ \dfrac{\pi}{2} - \sum_{k=0}^{\infty} \left(\prod_{i=1}^{k} \frac{2i-1}{2i} \right) \frac{x^{2k+1}}{2k+1} & \text{falls } |x| < 1 \\ 0 & \text{falls } x = 1 \end{cases} \,.$$

Die wichtigsten Rechenregeln für diese Funktionen lauten:

$$\cos(x) = \cos(x + 2\pi) \,, \quad x \in \mathbb{R} \,,$$

Abb. 6.4 cos und arccos

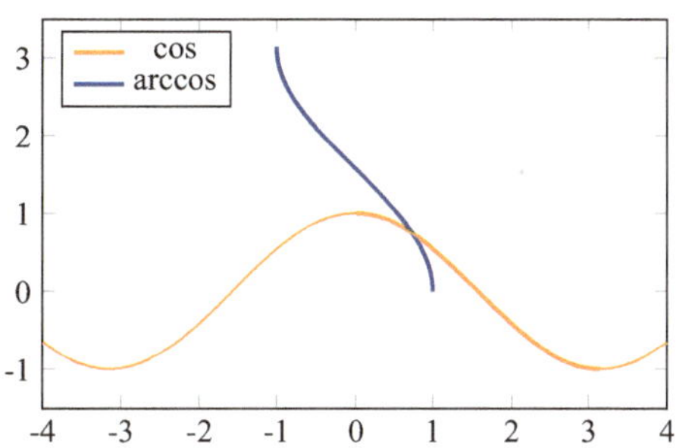

$$\cos(x) = \cos(-x) , \quad x \in \mathbb{R} ,$$

$$\arccos(x) = \pi - \arccos(-x) , \quad x \in [-1, 1] ,$$

$$\cos(x) = \sin(x + \frac{\pi}{2}) , \quad x \in \mathbb{R} ,$$

$$\arccos(x) = \frac{\pi}{2} - \arcsin(x) , \quad x \in [-1, 1] .$$

Man bezeichnet die erste Regel wieder als die 2π-**Periodizität des Cosinus**. Ferner sind sowohl cos auf $[0, \pi]$ als auch arccos streng monoton fallende Funktionen und cos darüber hinaus eine gerade Funktion. Schließlich seien auch noch folgende Formeln erwähnt, die einige weitere Zusammenhänge zwischen sin und cos festhalten und für alle $x, \tilde{x} \in \mathbb{R}$ gelten:

$$\sin(x + \tilde{x}) = \sin(x) \cos(\tilde{x}) + \cos(x) \sin(\tilde{x}) ,$$

$$\cos(x + \tilde{x}) = \cos(x) \cos(\tilde{x}) - \sin(x) \sin(\tilde{x}) ,$$

$$\sin^2(x) + \cos^2(x) = 1 .$$

Die ersten beiden Formeln werden auch als **Additionstheoreme** für cos und sin bezeichnet; für die letzte Formel ist auch der Begriff **Kreisgleichung** gebräuchlich.

6.5 Tangens- und Arcustangensfunktion

Die **Tangensfunktion** ist definiert als

$$\tan \colon \mathbb{R} \setminus \{(2k + 1)\frac{\pi}{2} \mid k \in \mathbb{Z}\} \to \mathbb{R} , \qquad x \mapsto \frac{\sin(x)}{\cos(x)} .$$

Man kann zeigen, dass tan eine bijektive Funktion ist, wenn man ihren Definitionsbereich auf das Intervall $(-\frac{\pi}{2}, \frac{\pi}{2})$ beschränkt (**Hauptwert der Umkehrfunktion des Tangens**, umgangssprachlich kurz **Hauptwert des Tangens**).

Abb. 6.5 tan und arctan

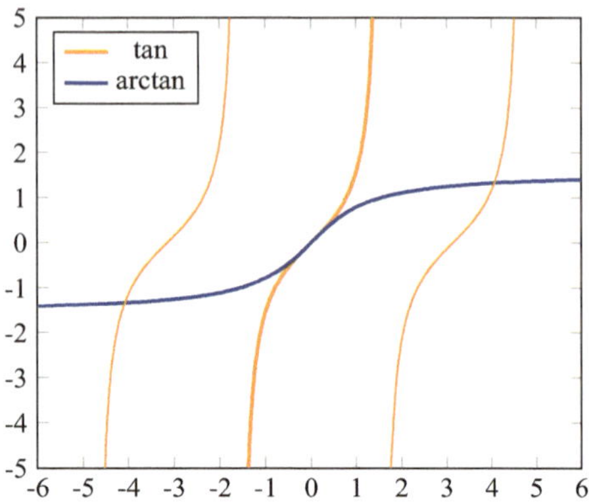

Ihre dann eindeutig bestimmte Umkehrfunktion wird **Arcustangensfunktion** genannt (vgl. Abb. 6.5) und ist berechenbar als

$$
\arctan\colon \mathbb{R} \to \left(-\frac{\pi}{2},\frac{\pi}{2}\right), \qquad x \mapsto
\begin{cases}
\displaystyle\sum_{k=0}^{\infty} \frac{(-1)^k}{2k+1} x^{2k+1} & \text{falls } |x| \le 1 \\[2ex]
\displaystyle\frac{\pi}{2}\frac{x}{|x|} - \sum_{k=0}^{\infty} \frac{(-1)^k}{2k+1}\frac{1}{x^{2k+1}} & \text{falls } |x| > 1
\end{cases}.
$$

Sowohl tan als auch arctan sind streng monoton wachsende Funktionen (bei tan natürlich nur den Hauptwert betrachtend) und darüber hinaus ungerade.

6.6 Cotangens- und Arcuscotangensfunktion

Die **Cotangensfunktion** ist definiert als

$$
\cot\colon \mathbb{R} \setminus \{k\pi \mid k \in \mathbb{Z}\} \to \mathbb{R}, \qquad x \mapsto \frac{\cos(x)}{\sin(x)}.
$$

Man kann zeigen, dass cot eine bijektive Funktion ist, wenn man ihren Definitionsbereich auf das Intervall $(0,\pi)$ beschränkt (**Hauptwert der Umkehrfunktion des Cotangens**, umgangssprachlich kurz **Hauptwert des Cotangens**).

Ihre dann eindeutig bestimmte Umkehrfunktion wird **Arcuscotangensfunktion** genannt (vgl. Abb. 6.6) und ist berechenbar als

$$
\operatorname{arccot}\colon \mathbb{R} \to (0,\pi), \qquad x \mapsto \frac{\pi}{2} - \arctan(x).
$$

Sowohl cot als auch arccot sind streng monoton fallende Funktionen (bei cot natürlich nur den Hauptwert betrachtend).

Abb. 6.6 cot und arccot

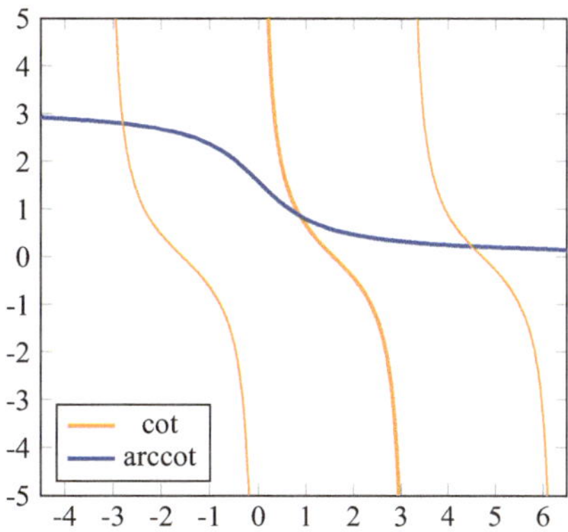

6.7 Sinushyperbolicus- und Areasinusfunktion

Die **Sinushyperbolicusfunktion** basiert auf der Exponentialfunktion und ist definiert als

$$\sinh\colon \mathbb{R} \to \mathbb{R}\,, \qquad x \mapsto \frac{1}{2}(\exp(x) - \exp(-x)) = \sum_{k=0}^{\infty} \frac{x^{2k+1}}{(2k+1)!}\,.$$

Man kann zeigen, dass sinh eine bijektive Funktion ist, und ihre eindeutig bestimmte Umkehrfunktion wird **Areasinusfunktion** genannt (vgl. Abb. 6.7). Sie ist berechenbar als

$$\operatorname{arsinh}\colon \mathbb{R} \to \mathbb{R}\,, \qquad x \mapsto \ln(x + \sqrt{x^2 + 1})\,.$$

Die Funktionen sinh und arsinh sind ungerade und streng monoton wachsende Funktionen auf ganz $\mathbb{R}$.

Abb. 6.7 sinh und arsinh

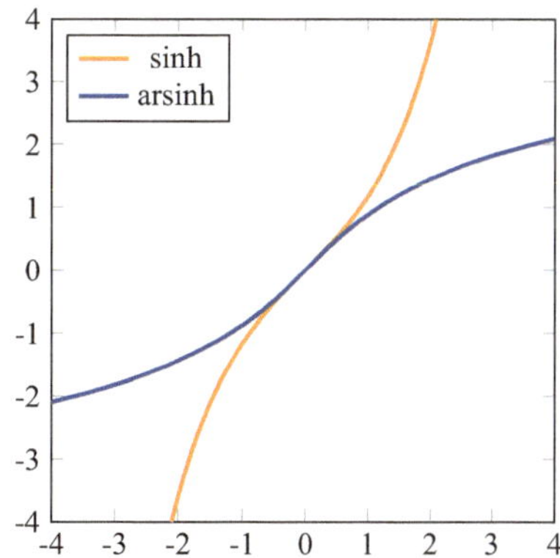

6.8   Cosinushyperbolicus- und Areacosinusfunktion

Die **Cosinushyperbolicusfunktion** basiert ebenfalls auf der Exponentialfunktion und ist
definiert als

$$\cosh \colon \mathbb{R} \to [1, \infty) \,, \qquad x \mapsto \frac{1}{2}(\exp(x) + \exp(-x)) = \sum_{k=0}^{\infty} \frac{x^{2k}}{(2k)!} \,.$$

Man kann zeigen, dass cosh eine bijektive Funktion ist, wenn man ihren Definitionsbereich auf $[0, \infty)$ einschränkt. Ihre dann existierende und eindeutig bestimmte Umkehrfunktion wird **Areacosinusfunktion** genannt (vgl. Abb. 6.8) und ist berechenbar als

$$\operatorname{arcosh} \colon [1, \infty) \to [0, \infty) \,, \qquad x \mapsto \ln(x + \sqrt{x^2 - 1}) \,.$$

Die Funktion cosh ist auf ganz $\mathbb{R}$ eine gerade Funktion und nach Einschränkung auf
$[0, \infty)$, wie auch arcosh, streng monoton wachsend. Schließlich seien auch noch folgende
Formeln erwähnt, die einige Zusammenhänge zwischen sinh und cosh festhalten und für
alle $x, \tilde{x} \in \mathbb{R}$ gelten:

$$\sinh(x + \tilde{x}) = \sinh(x)\cosh(\tilde{x}) + \cosh(x)\sinh(\tilde{x}) \,,$$
$$\cosh(x + \tilde{x}) = \cosh(x)\cosh(\tilde{x}) + \sinh(x)\sinh(\tilde{x}) \,,$$
$$\cosh^2(x) - \sinh^2(x) = 1 \,.$$

Abb. 6.8 cosh und arcosh

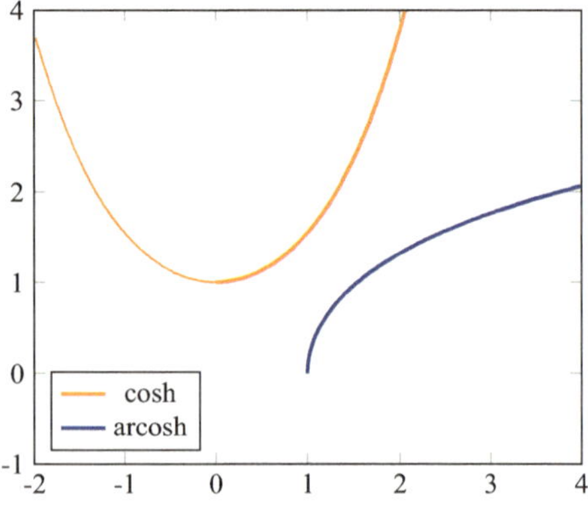

Abb. 6.9 tanh und artanh

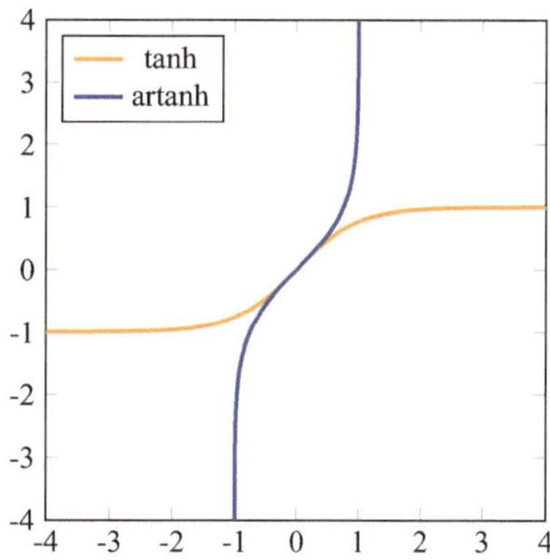

6.9   Tangenshyperbolicus- und Areatangensfunktion

Die **Tangenshyperbolicusfunktion** basiert nun wieder auf der Cosinus- und Sinushyperbolicusfunktion und ist definiert als

$$\tanh: \mathbb{R} \to (-1, 1) \,, \qquad x \mapsto \frac{\sinh(x)}{\cosh(x)} \,.$$

Man kann zeigen, dass tanh eine bijektive Funktion ist, und ihre eindeutig bestimmte Umkehrfunktion wird **Areatangensfunktion** genannt (vgl. Abb. 6.9). Sie ist berechenbar als

$$\operatorname{artanh}: (-1, 1) \to \mathbb{R} \,, \qquad x \mapsto \frac{1}{2} \ln\left(\frac{1+x}{1-x}\right).$$

Die Funktionen tanh und artanh sind ungerade und streng monoton wachsende Funktionen auf ihren jeweiligen Definitionsbereichen.

6.10   Cotangenshyperbolicus- und Areacotangensfunktion

Die **Cotangenshyperbolicusfunktion** basiert ebenfalls wieder auf der Cosinus- und Sinushyperbolicusfunktion und ist definiert als

$$\coth: \mathbb{R} \setminus \{0\} \to \mathbb{R} \setminus [-1, 1] \,, \qquad x \mapsto \frac{\cosh(x)}{\sinh(x)} \,.$$

Man kann zeigen, dass coth eine bijektive Funktion ist, wenn man ihren Definitionsbereich auf $(0, \infty)$ einschränkt und ihren Wertebereich entsprechend auf $(1, \infty)$. Ihre

Abb. 6.10 coth und arcoth

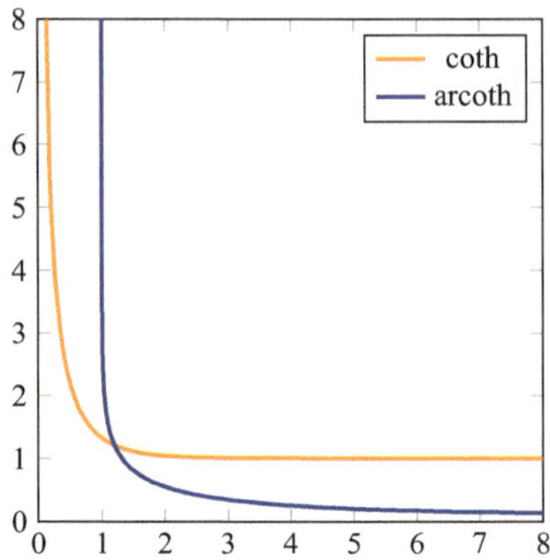

dann eindeutig bestimmte Umkehrfunktion wird **Areacotangensfunktion** genannt (vgl. Abb. 6.10) und ist berechenbar als

$$\text{arcoth} : (1, \infty) \to (0, \infty) \,, \qquad x \mapsto \frac{1}{2} \ln \left(\frac{x+1}{x-1} \right).$$

Die Funktion coth ist auf $\mathbb{R} \setminus \{0\}$ ungerade und nach Einschränkung auf $(0, \infty)$, wie auch arcoth, streng monoton fallend.

Neben der **Klassifikation von Funktionen** hinsichtlich ihrer Umkehrbarkeit und den damit verbundenen Begriffen (injektiv, surjektiv, bijektiv) spielt die Frage nach der **Glattheit von Funktionen** in der Analysis eine zentrale Rolle. Was sich darunter qualitativ verbirgt, kann man sich zunächst wieder anhand des Beispiels eines fahrenden Autos veranschaulichen.

Der sich im Fahrzeug befindende Fahrtenschreiber zeichnet auf einer drehbaren Scheibe für jeden Zeitpunkt t eines Tages die momentane Geschwindigkeit $V(t)$ auf. Dabei ist klar, dass die durch den Zeichenstift entstehende Kurve niemals unterbrochen ist, d. h. es gibt stets kontinuierliche Übergänge zwischen den unterschiedlichen Geschwindigkeiten zu verschiedenen Zeitpunkten. Der Verlauf der Kurve ist also **glatt**, d. h. ohne Sprünge. Man fasst dieses für viele natürliche Vorgänge (Temperatur, Druck, Wachstum etc.) zutreffende Verhalten auch bisweilen umgangssprachlich in folgender Redewendung zusammen: **Die Natur macht keine Sprünge!** Dies ist zwar in völliger Allgemeinheit so nicht korrekt, trifft aber für viele Prozesse in der Natur tatsächlich zu.

Kehrt man nun im engeren Sinne wieder zur Mathematik zurück, so besteht ein weiterer Grund für dieses besondere Interesse an Glattheitseigenschaften von Funktionen darin, dass man einer Funktion um so leichter ihre Struktureigenschaften (z. B. Maxima, Minima, Wendepunkte, Nullstellen etc.) entlocken kann, je glatter sie ist. Das Wissen um diese qualitativen und quantitativen Eigenschaften von Funktionen spielt natürlich auch wieder in den Anwendungen eine große Rolle, so dass die Beschäftigung mit diesen Konzepten geboten ist.

Die unterste Stufe in diesem zu entwickelnden Klassifikationskonzept bildet die **Stetigkeit**. Anschaulich und etwas vereinfacht gesprochen bedeutet die Stetigkeit einer Funktion, dass ihr Graph keine Sprünge aufweist oder, anders ausgedrückt, gezeichnet werden kann, ohne den Zeichenstift abzusetzen. Stetige Funktionen weisen also genau das Verhal-

Elektronisches Zusatzmaterial Die elektronische Version dieses Kapitels enthält Zusatzmaterial, das berechtigten Benutzern zur Verfügung steht https://doi.org/10.1007/978-3-658-29922-4_7.

ten auf, welches auch dem oben als Beispiel herangezogenen Fahrtenschreiber zu Eigen ist.

Um dieses Kapitel im Detail bearbeiten zu können, ist ein sicherer Umgang mit dem Funktionsbegriff sowie die Kenntnis von Folgen und ihres Konvergenz-Verhaltens erforderlich, so wie wir es in den vorausgegangenen Kapiteln bereits entwickelt haben (hinsichtlich weiterführender Informationen siehe [1–6]).

7.1 Grundlegendes zu stetigen Funktionen

Ruft man sich noch einmal die **ceil-Funktion** in Erinnerung (vgl. Abb. 7.1),

$$\lceil x \rceil := \text{ceil}(x) := \min\{n \in \mathbb{Z} \mid n \geq x\}\,,$$

so stellt man fest, dass diese Funktion an den ganzen Zahlen der reellen Achse charakteristische **Sprünge** aufweist. Betrachtet man zum Beispiel eine beliebige Folge, die von rechts gegen 1 konvergiert, z. B. die Folge $(x_n)_{n\in\mathbb{N}^*}$ mit $x_n := 1 + \frac{1}{n}$, $n \in \mathbb{N}^*$, so gilt offenbar

$$\lim_{n\to\infty} \text{ceil}(x_n) = \lim_{n\to\infty} 2 = 2\,,$$
$$\text{ceil}(\lim_{n\to\infty} x_n) = \text{ceil}(1) = 1\,.$$

Es macht also für einige Elemente des Definitionsbereichs der ceil-Funktion einen Unterschied, ob man für gewisse gegen sie konvergierende Folgen den Grenzwert der entsprechenden Funktionswerte ausrechnet oder den Funktionswert des entsprechenden Grenzwerts. Derartige Funktionen heißen **unstetige Funktionen**.

Betrachtet man dagegen noch einmal die **Parabel** p, $p(x) := x^2$, (vgl. Abb. 7.2), so stellt man fest, dass diese Funktion **keine Sprünge** aufweist. Sie lässt sich ohne abzusetzen zeichnen und hat an keiner Stelle $x \in \mathbb{R}$ ein ungewöhnliches Verhalten.

Abb. 7.1 ceil-Funktion mit Verhalten nahe Punkt $(1, 1)$

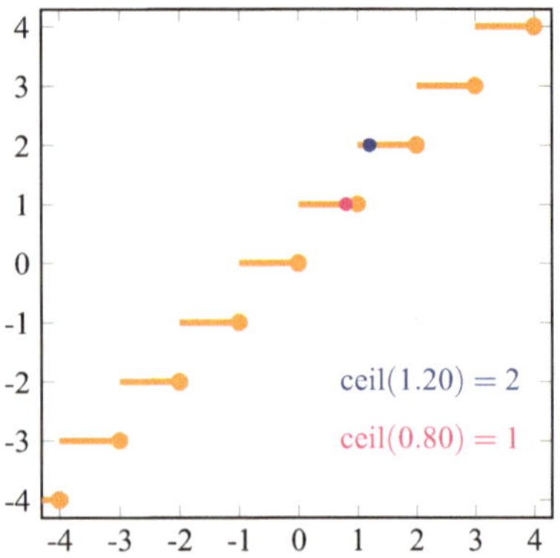

Abb. 7.2 Parabelfunktion mit
Verhalten nahe Punkt $(1, 1)$

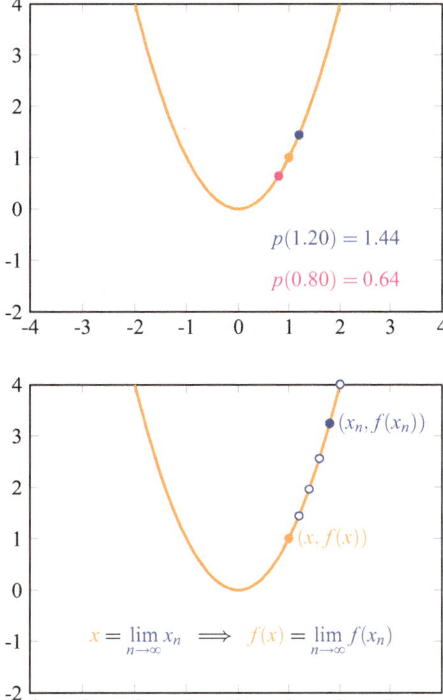

Abb. 7.3 Konzept der Stetigkeit

Nimmt man nämlich irgendeine Folge $(x_n)_{n\in\mathbb{N}}$ mit Grenzwert $x \in \mathbb{R}$, so gilt offenbar aufgrund der Rechenregeln für Folgen

$$\lim_{n\to\infty} p(x_n) = \lim_{n\to\infty} (x_n)^2 = x^2 \,,$$

$$p(\lim_{n\to\infty} x_n) = p(x) = x^2 \,.$$

Es macht also für kein Element des Definitionsbereichs der Parabelfunktion einen Unterschied, ob man für eine gegen es konvergierende Folge den Grenzwert der entsprechenden Funktionswerte ausrechnet oder den Funktionswert des entsprechenden Grenzwerts. Derartige Funktionen heißen **stetige Funktionen**.

Die obigen Überlegungen werden nun in einer präzisen Definition zusammengefasst (vgl. auch Abb. 7.3).

Definition 7.1.1 Stetige Funktionen

Es seien $D, W \subseteq \mathbb{R}$ zwei nicht leere Teilmengen von $\mathbb{R}$ und $f\colon D \to W$ eine Funktion. Man nennt f **stetig im Punkt** $x \in D$, wenn für alle gegen x konvergierenden Folgen

$(x_n)_{n\in\mathbb{N}}$ mit $x_n \in D, n \in \mathbb{N}$, gilt:

$$\lim_{n\to\infty} f(x_n) = f(\lim_{n\to\infty} x_n)\,.$$

Man nennt f **unstetig im Punkt** $x \in D$, wenn f nicht stetig in x ist. Man nennt f **stetig auf** D oder schlicht **stetig**, wenn f in jedem Punkt $x \in D$ stetig ist. Man nennt f **unstetig auf** D oder schlicht **unstetig**, wenn f nicht stetig auf D ist. ◄

Beispiel 7.1.2
Die Funktionen $f\colon [-1,1] \to \mathbb{R}, x \mapsto x$, und $g\colon [-1,1] \to \mathbb{R}, x \mapsto \min\{x,0\}$, sind stetige Funktionen auf $[-1,1]$. Dagegen sind die ceil- und auch die floor-Funktion unstetige Funktionen auf jedem Intervall mit Länge größer als 1.

7.2 Rechenregeln für stetige Funktionen

Grundsätzlich besteht das Ziel bei der Suche nach Rechenregeln für neue Objekte, hier die stetigen Funktionen, wieder darin, sich mit Hilfe dieser Regeln den Umgang mit aus mehreren Objekten des bekannten Typs zusammengesetzten Objekten zu vereinfachen. Man erhält auf diese Weise Einblicke in die strukturellen Zusammenhänge der Objekte und kann so für einen im Allgemeinen effizienteren Umgang mit ihnen sorgen. Die wesentlichen **Rechenregeln für stetige Funktionen** sind in den folgenden drei Sätzen festgehalten, die wahrscheinlich bereits aus der Schule bekannt sind. Die einfachen Beweise dieser Regeln ergeben sich größtenteils unmittelbar aus den Rechenregeln für konvergente Folgen und werden deshalb nicht explizit geführt.

▶ **Satz 7.2.1 Rechenregeln für stetige Funktionen** Es seien $D, W \subseteq \mathbb{R}$ zwei nicht leere Teilmengen von $\mathbb{R}$ und $f\colon D \to W$ und $g\colon D \to W$ zwei stetige Funktionen. Ferner seien $\alpha, \beta \in \mathbb{R}$ reelle Zahlen, und es möge im Fall der Quotientenbildung zusätzlich $g(x) \neq 0$ für alle $x \in D$ sein. Dann gelten folgende Rechenregeln:

(LR)	$(\alpha f + \beta g)$ ist stetig	**(Linearitätsregel)**
(PR)	$(f \cdot g)$ ist stetig	**(Produktregel)**
(QR)	$\left(\dfrac{f}{g}\right)$ ist stetig	**(Quotientenregel)**

▶ **Bemerkung 7.2.2 Stetigkeit rationaler Funktionen** Da die beiden Monome $m_0\colon \mathbb{R} \to \mathbb{R}, x \mapsto 1$, und $m_1\colon \mathbb{R} \to \mathbb{R}, x \mapsto x$, stetig sind, folgt aus der Linearitäts- und der Produktregel z. B. sofort die Stetigkeit aller ganzrationalen Funktionen und zusammen mit der Quotientenregel auch noch die Stetigkeit aller gebrochenrationalen Funktionen auf ihrem jeweiligen Definitionsbereich.

Abb. 7.4 Zwischenwertsatz

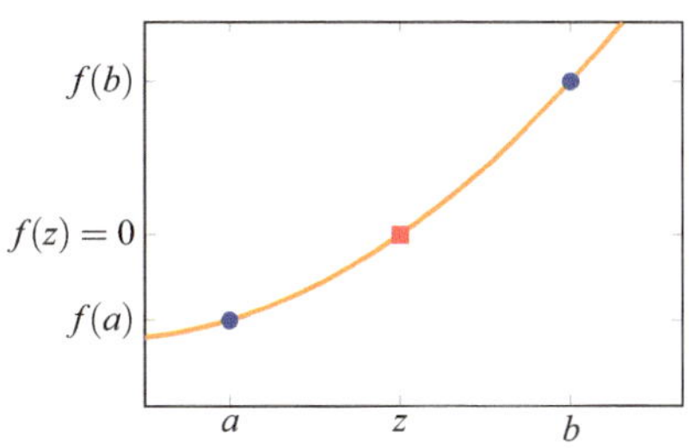

▸ **Satz 7.2.3 Verkettung stetiger Funktionen** Es seien $D_1, W_1, D_2, W_2 \subseteq \mathbb{R}$ vier nicht leere Teilmengen von $\mathbb{R}$ sowie $f_1 \colon D_1 \to W_1$ und $f_2 \colon D_2 \to W_2$ zwei stetige Funktionen. Ferner gelte $W_1 \subseteq D_2$. Dann ist die Verkettungsfunktion $h := f_2 \circ f_1 \colon D_1 \to W_2$ ebenfalls stetig.

▸ **Satz 7.2.4 Stetigkeit der Umkehrfunktion** Es seien $[a, b], [c, d] \subseteq \mathbb{R}$, zwei nicht leere abgeschlossene Intervalle in $\mathbb{R}$ und $f \colon [a, b] \to [c, d]$ eine stetige bijektive Funktion. Dann ist auch die Umkehrfunktion $f^{-1} \colon [c, d] \to [a, b]$ stetig.

Neben diesen grundlegenden Sätzen über stetige Funktionen gibt es mindestens noch zwei weitere interessante Sätze über stetige Funktionen, die erwähnt werden sollten, nämlich den **Zwischenwertsatz** und den **Extremwertsatz**. Bei diesen Sätzen ist der Definitionsbereich D, wie bereits im Satz über die Stetigkeit der Umkehrfunktion, stets ein nicht leeres abgeschlossenes Intervall $[a, b] \subseteq \mathbb{R}$. Als erstes wird der **Zwischenwertsatz** (vgl. Abb. 7.4) formuliert, der auf den tschechischen Mathematiker Bernhard Bolzano (1781–1848) zurückgeht und deshalb häufig auch als **Zwischenwertsatz von Bolzano** bezeichnet wird.

▸ **Satz 7.2.5 Zwischenwertsatz** Es sei $[a, b] \subseteq \mathbb{R}$, $a < b$, beliebig gegeben und $f \colon [a, b] \to \mathbb{R}$ eine stetige Funktion mit $f(a) \cdot f(b) < 0$. Dann gibt es eine Stelle $z \in (a, b)$ mit $f(z) = 0$. Man nennt z eine **Nullstelle** von f auf $[a, b]$.

Beweis Wegen $f(a) \cdot f(b) < 0$ gilt entweder $f(a) < 0$ und $f(b) > 0$ oder $f(a) > 0$ und $f(b) < 0$. Es liege der erste Fall vor. Es sei nun die Menge $A \subseteq [a, b]$ definiert als

$$A := \{x \in [a, b] \mid f(x) \le 0\} \, .$$

Wegen $a \in A$ ist die Menge nicht leer. Da sie ferner nach oben durch b beschränkt ist, existiert wegen der **Vollständigkeit der reellen Zahlen** ein $z \in [a, b]$ mit

$$z := \sup A \, .$$

Da z die kleinste obere Schranke von A ist, gibt es für alle $n \in \mathbb{N}^*$ ein $x_n \in A$ mit $z - \frac{1}{n} \le x_n \le z$ (sonst wäre bereits $z - \frac{1}{n}$ eine kleinere obere Schranke von A). Damit konvergiert die Folge $(x_n)_{n\in\mathbb{N}^*}$ gegen z, und die **Stetigkeit von** f induziert wegen $f(x_n) \leq 0$, $n \in \mathbb{N}^*$, sofort mit dem **Einschlusskriterium für Folgen**

$$f(z) = f(\lim_{n\to\infty} x_n) = \lim_{n\to\infty} f(x_n) \leq 0 \,.$$

Da z die kleinste obere Schranke von A ist und $f(b) > 0$ und damit insbesondere $z \neq b$ ist, gibt es andererseits für alle $n \in \mathbb{N}^*$ ein $y_n \in [a,b] \setminus A$ mit $z + \frac{1}{n} \geq y_n \geq z$ (sonst wäre z keine obere Schranke von A). Damit konvergiert die Folge $(y_n)_{n\in\mathbb{N}^*}$ gegen z und die **Stetigkeit von** f induziert wegen $f(y_n) \geq 0$, $n \in \mathbb{N}^*$, sofort mit dem **Einschlusskriterium für Folgen**

$$f(z) = f(\lim_{n\to\infty} y_n) = \lim_{n\to\infty} f(y_n) \geq 0 \,.$$

Insgesamt ist damit wegen $0 \leq f(z) \leq 0$ gezeigt, dass $f(z) = 0$ gilt. $\square$

Beispiel 7.2.6

Das Polynom p mit $p(x) := x^3 - x$ ist stetig auf $[-2, 2]$, und es gilt $p(-2) = -6$ und $p(2) = 6$. Also muss es eine Nullstelle $z \in [-2, 2]$ von p geben. Offensichtlich ist $z = 1$ eine Nullstelle. Diese Stelle muss nicht eindeutig bestimmt sein! Zum Beispiel sind in diesem Fall auch $z = -1$ und $z = 0$ Nullstellen von p.

▶ **Bemerkung 7.2.7 Verallgemeinerung des Zwischenwertsatzes** Aus dem Zwischenwertsatz kann man unmittelbar folgern, dass eine stetige Funktion $g\colon [a,b] \to \mathbb{R}$ mit $g(a) \neq g(b)$ jeden Wert $w \in (\min\{g(a), g(b)\}, \max\{g(a), g(b)\})$ als Funktionswert annimmt, d. h. ein $z \in (a,b)$ existiert mit $g(z) = w$. Um dies zu zeigen, muss man einfach den Zwischenwertsatz auf die stetige Funktion $f\colon [a,b] \to \mathbb{R}$ mit $f(x) := g(x) - w$ anwenden. In diesem verallgemeinerten Sinne präzisiert der Zwischenwertsatz gewissermaßen die intuitive und etwas vage Formulierung, dass man den Graph einer stetigen Funktion skizzieren kann, ohne den Zeichenstift abzusetzen.

Der letzte Satz im Kontext stetiger Funktionen, der erwähnt werden soll, ist der bereits angesprochene **Extremwertsatz** (vgl. Abb. 7.5). Er geht zurück auf den bedeutenden deutschen Mathematiker Karl Weierstraß (1815–1897) und wird deshalb häufig auch als **Extremwertsatz von Weierstraß** bezeichnet.

▶ **Satz 7.2.8 Extremwertsatz** Es sei $[a,b] \subseteq \mathbb{R}$, $a < b$, beliebig gegeben und $f\colon [a,b] \to \mathbb{R}$ eine stetige Funktion. Dann gibt es zwei Stellen $\underline{z} \in [a,b]$ und $\overline{z} \in [a,b]$ mit

$$f(\underline{z}) = \min\{f(x) \mid x \in [a,b]\} \text{ und } f(\overline{z}) = \max\{f(x) \mid x \in [a,b]\}.$$

Abb. 7.5 Extremwertsatz

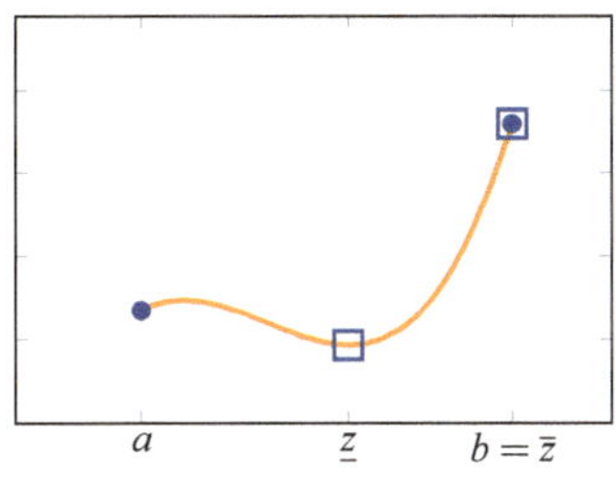

Man nennt $(\underline{z}, f(\underline{z}))^T$ oder schlicht $\underline{z}$ ein **globales Minimum** von f in $[a, b]$ und $(\overline{z}, f(\overline{z}))^T$ oder schlicht $\overline{z}$ ein **globales Maximum** von f in $[a, b]$.

Beweis Im Folgenden wird lediglich kurz die generelle Beweisidee skizziert. Zunächst zeigt man unter Ausnutzung der **Stetigkeit von** f, dass die Menge $M \subseteq \mathbb{R}$,

$$M := \{ f(x) \mid x \in [a, b] \},$$

beschränkt ist. Damit existieren aufgrund der **Vollständigkeit der reellen Zahlen** das Infimum und das Supremum der Menge. Wiederum unter Ausnutzung der Stetigkeit von f zeigt man dann abschließend, dass das Infimum und das Supremum zu M gehören, woraus die Behauptung folgt. $\square$

Beispiel 7.2.9

Das Polynom p mit $p(x) := x^2 - 2$ ist stetig auf $[-2, 2]$. Also muss es eine Stelle $\underline{z} \in [-2, 2]$ und eine Stelle $\overline{z} \in [-2, 2]$ geben mit

$$p(\underline{z}) = \min\{p(x) \mid x \in [-2, 2]\} \text{ und } p(\overline{z}) = \max\{p(x) \mid x \in [-2, 2]\}.$$

Offensichtlich sind $\underline{z} = 0$ und $\overline{z} = 2$ derartige Stellen. Diese Stellen müssen nicht eindeutig bestimmt sein! Zum Beispiel hätte man in diesem Fall auch $\overline{z} = -2$ wählen können.

7.3 Aufgaben mit Lösungen

Selbsttest 7.3.1 Welche der folgenden Aussagen über die ceil-Funktion sind wahr?

?+? Die ceil-Funktion ist unstetig.

?+? Die ceil-Funktion ist unstetig im Punkt 2.

?+? Die ceil-Funktion ist stetig im Punkt $\frac{1}{2}$.

?−? Die ceil-Funktion ist stetig.

Selbsttest 7.3.2   Gegeben sei $p\colon [-4, 4] \to \mathbb{R}$, $x \mapsto x^4 - 16$. Welche Aussagen sind wahr?

?−? Das Polynom p hat keine Nullstelle in $[-4, 4]$, denn $p(4) \cdot p(-4) > 0$.

?+? Das Polynom p hat zwei Nullstellen in $[-4, 4]$.

?+? Das Polynom p besitzt in 0 ein globales Minimum.

?+? Das Polynom p besitzt in -4 ein globales Maximum.

Literatur

1. Forster, O.: Analysis 1, 12. Aufl. Springer Spektrum, Wiesbaden (2016)
2. Forster, O., Wessoly, R.: Übungsbuch zur Analysis 1, 7. Aufl. Springer Spektrum, Wiesbaden (2017)
3. Kreußler, B., Pfister, G.: Mathematik für Informatiker. Springer, Berlin, Heidelberg (2009)
4. Teschl, G., Teschl, S.: Mathematik für Informatiker, Band 2, 3. Aufl. Springer, Berlin, Heidelberg (2014)
5. Walter, W.: Analysis 1, 7. Aufl. Springer, Berlin, Heidelberg, New York (2009)
6. Walter, W.: Analysis 2. Springer, Berlin, Heidelberg, New York (2013)

Differenzierbare Funktionen 8

Neben der bereits im vorherigen Kapitel eingeführten Stetigkeit als ein erstes **Glattheits-kriterium für Funktionen** gibt es mit der **Differenzierbarkeit** ein weiteres, deutlich restriktiveres Glattheitskonzept. Was sich darunter qualitativ verbirgt und warum man daran interessiert ist, kann man sich zunächst wieder anhand des Beispiels eines fahrenden Autos veranschaulichen. Dabei soll aber nun nicht die Geschwindigkeit, sondern die gefahrene Wegstrecke mit hinreichender Präzision erfasst werden.

Der Fahrtenschreiber möge also für jeden Zeitpunkt t eines Tages den aktuellen Kilometerstand $s(t)$ des Fahrzeugs aufzeichnen. Ein tabellarischer Ausschnitt dieser Aufzeichnung könnte wie folgt aussehen, wobei die angegebenen Minuten ab einem festgelegten Startzeitpunkt gemessen sein mögen:

t [min]	125	126	127	128	129
s [km]	12 542.132	12 542.643	12 543.432	12 544.522	12 545.931

Möchte man nun z. B. näherungsweise wissen, mit welcher Geschwindigkeit sich das Fahrzeug 127 Minuten nach dem Start fortbewegt hat, muss man sich lediglich an die Formel **Geschwindigkeit ist gleich Weg durch Zeit** erinnern und erhält so entweder

$$V(127) \approx \frac{12\,543.432 - 12\,542.643}{127 - 126} = 0.789$$

oder

$$V(127) \approx \frac{12\,544.522 - 12\,543.432}{128 - 127} = 1.090 \, ,$$

wobei auf die Angabe der Einheiten, hier km/min, verzichtet wurde. Diese beiden Resultate sind natürlich noch ziemlich ungenau und insbesondere verschieden voneinander. Möchte man genauere Ergebnisse, müsste man die zurückgelegte Wegstrecke in kürze-

Elektronisches Zusatzmaterial Die elektronische Version dieses Kapitels enthält Zusatzmaterial, das berechtigten Benutzern zur Verfügung steht https://doi.org/10.1007/978-3-658-29922-4_8.

ren Zeitabständen messen. Hätte man also beispielsweise zum Zeitpunkt 126.5 Minuten die gemessene Wegstrecke 12 542.983 Kilometer und zum Zeitpunkt 127.5 Minuten die Strecke 12 543.899 Kilometer, so würden sich folgende Näherungen ergeben:

$$V(127) \approx \frac{12\,543.432 - 12\,542.983}{127 - 126.5} = 0.898$$

oder

$$V(127) \approx \frac{12\,543.899 - 12\,543.432}{127.5 - 127} = 0.934 \,.$$

Setzt man diesen Prozess in Gedanken für immer kleiner werdende Zeitabstände um den interessierenden Zeitpunkt von 127 Minuten fort, so sollte klar sein, was passiert: Die berechneten Näherungsgeschwindigkeiten werden sich immer mehr einem gemeinsamen Wert nähern, der dann tatsächlich der momentanen Geschwindigkeit zum Zeitpunkt 127 Minuten nach dem Start entsprechen wird. Genau das ist das prinzipielle Vorgehen beim sogenannten **Differenzieren**.

Kehrt man nach dieser kleinen Motivation wieder zur Mathematik im engeren Sinne zurück und abstrahiert das obige Vorgehen von diskreten Messwerten auf allgemeine Funktionen, so stellt man fest, dass mit der Strategie der Bildung von Quotienten aus Differenzen von Funktionswerten und zugehörigen Differenzen von Argumenten auch auf einfache Weise festgestellt werden kann, wo eine Funktion steigt, fällt, Extremwerte hat und Ähnliches. Genau darum wird es im Folgenden gehen (hinsichtlich weiterführender Informationen siehe [1–6]).

8.1　Grundlegendes zu differenzierbaren Funktionen

Betrachtet man noch einmal die **Betragsfunktion** (vgl. Abb. 8.1),

$$|x| := \mathrm{abs}(x) := \left\{ \begin{array}{l} -x \text{ falls } x < 0 \\ x \text{ falls } x \geq 0 \end{array} \right\},$$

so stellt man fest, dass diese Funktion im Ursprung des Koordinatensystems eine charakteristische **Ecke** aufweist, insgesamt aber ohne den Zeichenstift abzusetzen skizzierbar ist. Definiert man nun zum Beispiel die gegen Null konvergierende Folge $(x_n)_{n \in \mathbb{N}^*}$ gemäß $x_n := \frac{1}{n}, n \in \mathbb{N}^*$, so gilt offenbar

$$\lim_{n \to \infty} \frac{\mathrm{abs}(0) - \mathrm{abs}(x_n)}{0 - x_n} = \lim_{n \to \infty} \frac{0 - \frac{1}{n}}{0 - \frac{1}{n}} = 1 \,,$$

während sich für die ebenfalls gegen Null konvergierende Folge $(y_n)_{n \in \mathbb{N}^*}$ mit $y_n := -\frac{1}{n}$, $n \in \mathbb{N}^*$, die Identität

$$\lim_{n \to \infty} \frac{\mathrm{abs}(0) - \mathrm{abs}(y_n)}{0 - y_n} = \lim_{n \to \infty} \frac{0 - \frac{1}{n}}{0 - (-\frac{1}{n})} = -1$$

Abb. 8.1 Betragsfunktion
mit Steigungsdreiecken und
Differenzenquotienten

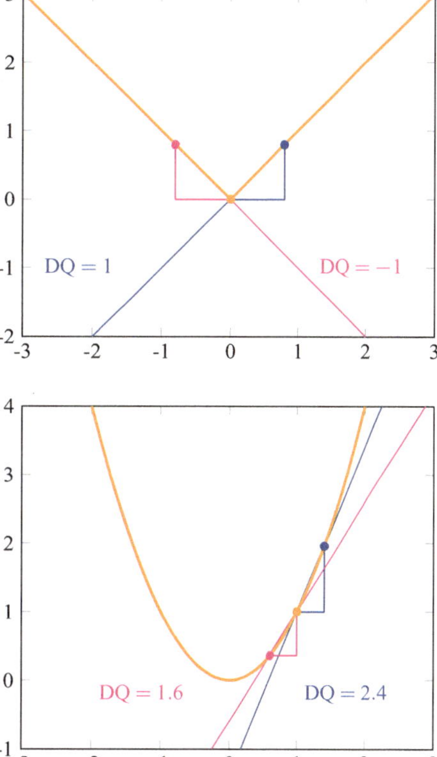

Abb. 8.2 Parabelfunktion
mit Steigungsdreiecken und
Differenzenquotienten

ergibt. Es macht also für mindestens ein Element des Definitionsbereichs der Betragsfunktion einen Unterschied, mit welcher gegen sie konvergierenden Folge man den Grenzwert der entsprechenden **Differenzenquotienten** ausrechnet. Derartige Funktionen heißen
nicht differenzierbare Funktionen.

Betrachtet man dagegen noch einmal die **Parabel** p, $p(x) := x^2$, (vgl. Abb. 8.2), so
stellt man fest, dass diese Funktion **weder Sprünge noch Ecken** aufweist.

Nimmt man hier irgendeine Folge $(x_n)_{n \in \mathbb{N}}$ mit Grenzwert $x \in \mathbb{R}$ und $x_n \neq x$ für alle
$n \in \mathbb{N}$, so gilt offenbar unter Ausnutzung der dritten binomischen Formel

$$\lim_{n \to \infty} \frac{p(x) - p(x_n)}{x - x_n} = \lim_{n \to \infty} \frac{x^2 - x_n^2}{x - x_n} = \lim_{n \to \infty} (x + x_n) = 2x \, .$$

Es macht also für kein Element x des Definitionsbereichs der Parabelfunktion einen Unterschied, welche gegen x konvergierende Folge man zur Berechnung des Grenzwerts der
jeweiligen Differenzenquotienten benutzt. Das Ergebnis ist stets gleich $2x$. Für die Parabel p bedeutet dies z. B., dass sie im Punkt $(x, y)^T = (-2, 4)^T$ die Steigung $2x =
2 \cdot (-2) = -4$ hat, im Punkt $(x, y)^T = (0, 0)^T$ die Steigung $2x = 2 \cdot 0 = 0$ und im Punkt
$(x, y)^T = (1, 1)^T$ die Steigung $2x = 2 \cdot 1 = 2$ hat. Derartige Funktionen, denen man in

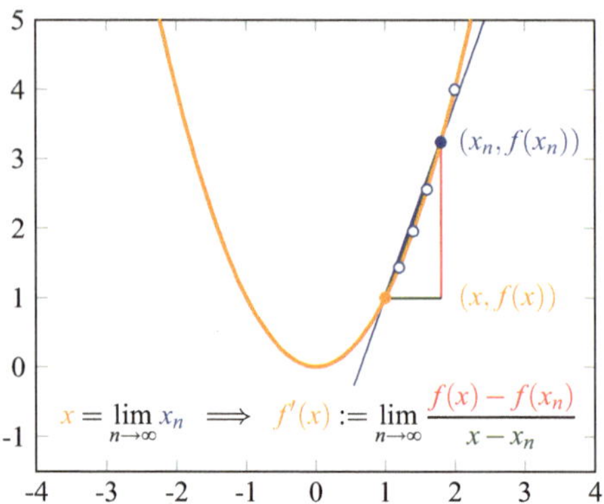

Abb. 8.3 Konzept der Differenzierbarkeit

jedem Punkt ihres Definitionsbereichs in eindeutiger Weise eine Steigung zuordnen kann, heißen **differenzierbare Funktionen**.

Die obigen Überlegungen werden nun in einer präzisen Definition zusammengefasst, deren Grundlagen unabhängig voneinander um 1670 von Gottfried Wilhelm Leibniz (1646–1717) und Sir Isaac Newton (1643–1727) gelegt wurden (vgl. auch Abb. 8.3).

Definition 8.1.1 Differenzierbare Funktionen

Es seien $D, W \subseteq \mathbb{R}$ zwei nicht leere Teilmengen von $\mathbb{R}$ und $f : D \to W$ eine Funktion. Man nennt f **differenzierbar im Punkt** $x \in D$, wenn es eine Zahl $D_f(x) \in \mathbb{R}$ gibt, so dass für alle gegen x konvergierenden Folgen $(x_n)_{n \in \mathbb{N}}$ mit $x \neq x_n \in D, n \in \mathbb{N}$, gilt:

$$\lim_{n \to \infty} \frac{f(x) - f(x_n)}{x - x_n} = D_f(x) \, .$$

Man schreibt dann auch

$$D_f(x) =: f'(x) =: (f(x))' =: \frac{df}{dx}(x) =: \frac{d}{dx} f(x) \, ,$$

und bezeichnet diese Größe als die **Ableitung** oder die **Steigung** von f im Punkt $x \in D$. Man nennt f **nicht differenzierbar im Punkt** $x \in D$, wenn f im Punkt x keine Ableitung im obigen Sinne zugeordnet werden kann. Man nennt f **differenzierbar auf** D oder schlicht **differenzierbar**, wenn f in jedem Punkt $x \in D$ differenzierbar ist. In diesem Fall bezeichnet man die Funktion $f' : D \to \mathbb{R}, x \mapsto f'(x)$, die jedem $x \in D$ die Ableitung $f'(x)$ zuordnet, als **Ableitungsfunktion** von f oder auch als **Ableitung** von f. Man nennt f **nicht differenzierbar auf** D oder schlicht **nicht differenzierbar**, wenn man f auf D keine Ableitungsfunktion zuordnen kann. ◄

Beispiel 8.1.2

Die Funktion $f : [-1, 1] \to \mathbb{R}, x \mapsto x$, ist differenzierbar für alle $x \in [-1, 1]$ mit $f'(x) = 1$. Sie ist also differenzierbar (auf $[-1, 1]$).

Dagegen ist die Funktion $g\colon [-1, 1] \to \mathbb{R}$, $x \mapsto \min\{x, 0\}$, nur differenzierbar für alle $x \in [-1, 0)$ mit $f'(x) = 1$ sowie für alle $x \in (0, 1]$ mit $f'(x) = 0$, während sie im Punkt $x = 0$ nicht differenzierbar ist. Sie ist also nicht differenzierbar (auf $[-1, 1]$).

Die konkrete Berechnung der angegebenen Ableitungen sowie der Nachweis der Nicht-Differenzierbarkeit der zweiten Funktion im Nullpunkt seien nachdrücklich als Übung empfohlen!

Wie bereits oben für die Parabel getan, kann man nun versuchen, für alle Funktionen ohne Ecken die Ableitungen für alle Stellen x ihres Definitionsbereichs zu bestimmen. So erkennt man z. B. sofort, dass **konstante Funktionen** auf $\mathbb{R}$ stets die Ableitung Null an allen Stellen ihres Definitionsbereichs besitzen. Ferner ergibt sich für **beliebige Monome** $m_k\colon \mathbb{R} \to \mathbb{R}$, $m_k(x) := x^k$, für $k \in \mathbb{N}^*$ die Ableitung $m_k'(x) = k x^{k-1}$. Diese Regel wird exemplarisch bewiesen, während anschließend entsprechende Differentiationsformeln für viele andere elementare Funktionen, die entsprechend bewiesen werden müssten, lediglich ohne Beweis tabellarisch angegeben werden.

Man nimmt also wieder irgendeine Folge $(x_n)_{n\in\mathbb{N}}$ mit Grenzwert $x \in \mathbb{R}$ und $x_n \neq x$ für alle $n \in \mathbb{N}$. Dann ist die Folge $(h_n)_{n\in\mathbb{N}}$ mit den Folgengliedern $h_n := x - x_n$, $n \in \mathbb{N}$, offensichtlich eine gegen Null konvergierende Folge, und man erhält unter Ausnutzung des **binomischen Lehrsatzes**

$$\lim_{n\to\infty} \frac{m_k(x) - m_k(x_n)}{x - x_n} = \lim_{n\to\infty} \frac{x^k - (x - h_n)^k}{h_n}$$

$$= \lim_{n\to\infty} \frac{x^k - \sum_{i=0}^{k} \binom{k}{i} x^i (-h_n)^{k-i}}{h_n} = \lim_{n\to\infty} \frac{-\sum_{i=0}^{k-1} \binom{k}{i} x^i (-h_n)^{k-i}}{h_n}$$

$$= \lim_{n\to\infty} -\sum_{i=0}^{k-1} \binom{k}{i} x^i (-1)^{k-i} h_n^{k-i-1} = \binom{k}{k-1} x^{k-1} = k x^{k-1} \,.$$

Wie bereits angekündigt folgen nun einige **Tabellen mit wichtigen Funktionen und ihren Ableitungen,** wobei natürlich stets nur Werte x aus der Schnittmenge des jeweiligen Definitionsbereichs der Funktion **und** ihrer Ableitungsfunktion zugelassen sind.

Algebraische Funktionen:

$$f(x) = x^n \qquad\qquad f'(x) = n x^{n-1}$$

$$f(x) = \frac{1}{x^n} \qquad\qquad f'(x) = \frac{-n}{x^{n+1}}$$

$$f(x) = \sqrt{x} \qquad\qquad f'(x) = \frac{1}{2\sqrt{x}}$$

$$f(x) = \sqrt[n]{x} \qquad\qquad f'(x) = \frac{1}{n \sqrt[n]{x^{n-1}}}$$

Potenz- und Logarithmusfunktionen:

$$f(x) = e^x \qquad\qquad f'(x) = e^x$$

$$f(x) = \ln(x) \qquad\qquad f'(x) = \frac{1}{x}$$

$$f(x) = a^x \qquad\qquad f'(x) = \ln(a)\, a^x$$

$$f(x) = \log_a(x) \qquad\qquad f'(x) = \frac{1}{\ln(a)}\frac{1}{x}$$

Trigonometrische Funktionen:

$$f(x) = \sin(x) \qquad\qquad f'(x) = \cos(x)$$

$$f(x) = \cos(x) \qquad\qquad f'(x) = -\sin(x)$$

$$f(x) = \tan(x) \qquad\qquad f'(x) = \frac{1}{\cos^2(x)}$$

$$f(x) = \cot(x) \qquad\qquad f'(x) = \frac{-1}{\sin^2(x)}$$

Hyperbolische Funktionen:

$$f(x) = \sinh(x) \qquad\qquad f'(x) = \cosh(x)$$

$$f(x) = \cosh(x) \qquad\qquad f'(x) = \sinh(x)$$

$$f(x) = \tanh(x) \qquad\qquad f'(x) = \frac{1}{\cosh^2(x)}$$

$$f(x) = \coth(x) \qquad\qquad f'(x) = \frac{-1}{\sinh^2(x)}$$

Arcusfunktionen:

$$f(x) = \arcsin(x) \qquad\qquad f'(x) = \frac{1}{\sqrt{1-x^2}}$$

$$f(x) = \arccos(x) \qquad\qquad f'(x) = \frac{-1}{\sqrt{1-x^2}}$$

$$f(x) = \arctan(x) \qquad\qquad f'(x) = \frac{1}{1+x^2}$$

$$f(x) = \operatorname{arccot}(x) \qquad\qquad f'(x) = \frac{-1}{1+x^2}$$

Areafunktionen:

$$f(x) = \operatorname{arsinh}(x) \qquad\qquad f'(x) = \frac{1}{\sqrt{x^2+1}}$$

$$f(x) = \operatorname{arcosh}(x) \qquad\qquad f'(x) = \frac{1}{\sqrt{x^2-1}}$$

$$f(x) = \operatorname{artanh}(x) \qquad\qquad f'(x) = \frac{1}{1 - x^2}$$

$$f(x) = \operatorname{arcoth}(x) \qquad\qquad f'(x) = \frac{1}{1 - x^2}$$

8.2 Rechenregeln für differenzierbare Funktionen

Grundsätzlich besteht das Ziel bei der Suche nach Rechenregeln für neue Objekte, hier die differenzierbaren Funktionen, wieder darin, sich mit Hilfe dieser Regeln den Umgang mit aus mehreren Objekten des bekannten Typs zusammengesetzten Objekten zu vereinfachen. Man erhält auf diese Weise Einblicke in die strukturellen Zusammenhänge der Objekte und kann so für einen im Allgemeinen effizienteren Umgang mit ihnen sorgen. Zu Beginn soll zunächst gezeigt werden, dass alle differenzierbaren Funktionen mindestens stetig sind, also die **Differenzierbarkeit hinreichend für die Stetigkeit** ist.

▶ **Satz 8.2.1 Hinreichende Stetigkeitsbedingung** Es seien $D, W \subseteq \mathbb{R}$ zwei nicht leere Teilmengen von $\mathbb{R}$ und $f\colon D \to W$ eine im Punkt $x \in D$ differenzierbare Funktion. Dann ist f auch stetig im Punkt x.

Beweis Zum Beweis nimmt man irgendeine Folge $(x_n)_{n\in\mathbb{N}}$ mit Grenzwert $x \in D$ und $x \neq x_n \in D, n \in \mathbb{N}$. Dann gilt aufgrund der Differenzierbarkeit von f in x sowie mit den Rechenregeln für konvergente Folgen:

$$\lim_{n\to\infty} f(x_n) = \lim_{n\to\infty} \left(\frac{f(x) - f(x_n)}{x - x_n}(x_n - x) + f(x) \right)$$

$$= \lim_{n\to\infty} \frac{f(x) - f(x_n)}{x - x_n} \cdot \lim_{n\to\infty} (x_n - x) + f(x)$$

$$= f'(x) \cdot 0 + f(x) = f(x) = f(\lim_{n\to\infty} x_n) \,.$$

Ist nun $(x_n)_{n\in\mathbb{N}}$ eine Folge mit Grenzwert x sowie $x_n \in D, n \in \mathbb{N}$, und gilt für einige oder sogar für alle Folgenglieder $x_n = x$ (was ja bei der Definition der Stetigkeit durchaus zugelassen war), dann argumentiert man aufsetzend auf dem obigen Ergebnis direkt über die Definition konvergenter Folgen. Auf Details wird verzichtet. Insgesamt folgt somit, dass f stetig im Punkt x ist. □

Nach diesem einleitenden Resultat werden nun die wesentlichen **Rechenregeln für differenzierbare Funktionen** in den folgenden beiden Sätzen festgehalten, die wahrscheinlich bereits aus der Schule bekannt sind (mindestens die **Produktregel**, die **Quotientenregel** und die **Kettenregel**) und die deshalb nur auszugsweise bewiesen werden.

▶ **Satz 8.2.2 Rechenregeln für differenzierbare Funktionen** Es seien $D, W \subseteq \mathbb{R}$ zwei nicht leere Teilmengen von $\mathbb{R}$ und $f\colon D \to W$ und $g\colon D \to W$ zwei differenzierbare Funktionen. Ferner seien $\alpha, \beta \in \mathbb{R}$ reelle Zahlen, und es möge im Fall der Quotientenbildung zusätzlich $g(x) \neq 0$ für alle $x \in D$ sein. Dann gelten folgende Rechenregeln:

(LR) $(\alpha f + \beta g)$ ist differenzierbar mit $(\alpha f + \beta g)' = \alpha f' + \beta g'$ **(Linearitätsregel)**

(PR) $(f \cdot g)$ ist differenzierbar mit $(f \cdot g)' = f'g + fg'$ **(Produktregel)**

(QR) $\left(\dfrac{f}{g}\right)$ ist differenzierbar mit $\left(\dfrac{f}{g}\right)' = \left(\dfrac{f'g - fg'}{g^2}\right)$ **(Quotientenregel)**

Beweis Exemplarisch wird die Produktregel bewiesen. Man nimmt also wieder irgendeine Folge $(x_n)_{n\in\mathbb{N}}$ mit Grenzwert $x \in D$ und $x \neq x_n \in D, n \in \mathbb{N}$. Dann gilt aufgrund der Differenzierbarkeit von f und g in x sowie der Stetigkeit von f in x mit den Rechenregeln für konvergente Folgen:

$$
\begin{aligned}
(f \cdot g)'(x) &= \lim_{n\to\infty} \frac{f(x)g(x) - f(x_n)g(x_n)}{x - x_n} \\
&= \lim_{n\to\infty} \frac{(f(x) - f(x_n))g(x) + (g(x) - g(x_n))f(x_n)}{x - x_n} \\
&= \lim_{n\to\infty} \frac{f(x) - f(x_n)}{x - x_n}g(x) + \lim_{n\to\infty} \frac{g(x) - g(x_n)}{x - x_n} \cdot \lim_{n\to\infty} f(x_n) \\
&= f'(x)g(x) + g'(x)f(x) \,.
\end{aligned}
$$

Die übrigen Regeln lassen sich entsprechend beweisen. $\square$

▶ **Bemerkung 8.2.3 Differenzierbarkeit rationaler Funktionen** Da die beiden Monome $m_0 \colon \mathbb{R} \to \mathbb{R}, x \mapsto 1$, und $m_1 \colon \mathbb{R} \to \mathbb{R}, x \mapsto x$, differenzierbar sind, folgt aus der Linearitäts- und der Produktregel z. B. sofort die Differenzierbarkeit aller ganzrationalen Funktionen und zusammen mit der Quotientenregel auch noch die Differenzierbarkeit aller gebrochenrationalen Funktionen auf ihrem jeweiligen Definitionsbereich.

▶ **Satz 8.2.4 Verkettung differenzierbarer Funktionen** Es seien $D_1, W_1, D_2, W_2 \subseteq \mathbb{R}$ vier nicht leere Teilmengen von $\mathbb{R}$ sowie $f_1 \colon D_1 \to W_1$ und $f_2 \colon D_2 \to W_2$ zwei differenzierbare Funktionen. Ferner gelte $W_1 \subseteq D_2$. Dann ist die Verkettungsfunktion $h := f_2 \circ f_1 \colon D_1 \to W_2$ ebenfalls differenzierbar, und es gilt

$$\textbf{(KR)} \quad (f_2 \circ f_1)' = (f_2' \circ f_1) \cdot f_1' \quad \textbf{(Kettenregel)}$$

Beweis Im Folgenden wird lediglich kurz die generelle Beweisidee skizziert. Dazu betrachtet man wieder irgendeine Folge $(x_n)_{n\in\mathbb{N}}$ mit Grenzwert $x \in D_1$ und $x \neq x_n \in D_1$, $n \in \mathbb{N}$. Ferner nimmt man zunächst an, dass auch für $f_1(x) \in W_1$ die Bedingung $f_1(x) \neq f_1(x_n) \in W_1$ für alle $n \in \mathbb{N}$ erfüllt ist. Dann gilt aufgrund der Differenzierbarkeit von f_1 in x und von f_2 in $f_1(x)$ sowie der Stetigkeit von f_1 in x mit den Rechenregeln für konvergente Folgen:

$$
\begin{aligned}
(f_2 \circ f_1)'(x) &= \lim_{n \to \infty} \frac{f_2(f_1(x)) - f_2(f_1(x_n))}{x - x_n} \\
&= \lim_{n \to \infty} \left(\left(\frac{f_2(f_1(x)) - f_2(f_1(x_n))}{f_1(x) - f_1(x_n)} \right) \left(\frac{f_1(x) - f_1(x_n)}{x - x_n} \right) \right) \\
&= \lim_{n \to \infty} \frac{f_2(f_1(x)) - f_2(f_1(x_n))}{f_1(x) - f_1(x_n)} \cdot \lim_{n \to \infty} \frac{f_1(x) - f_1(x_n)}{x - x_n} \\
&= f_2'(f_1(x)) \cdot f_1'(x) = (f_2' \circ f_1)(x) \cdot f_1'(x) \,.
\end{aligned}
$$

Damit ist in diesem Fall der Beweis erbracht. Es bleibt zu zeigen, dass auch im Fall, dass die Bedingung $f_1(x) \neq f_1(x_n)$ für einige oder sogar für alle $n \in \mathbb{N}$ verletzt ist, die Aussage korrekt ist. Dies ist etwas technisch und soll hier nicht im Detail vorgeführt werden. $\qquad\square$

Beispiel 8.2.5
Die Funktion $f : [-1, 1] \to \mathbb{R}$, $x \mapsto x^2 \cos(x)$, ist differenzierbar für alle $x \in [-1, 1]$, und mit der Produktregel ergibt sich

$$
f'(x) = (x^2)' \cos(x) + x^2 (\cos(x))' = 2x \cos(x) - x^2 \sin(x) \,.
$$

Beispiel 8.2.6
Die Funktion $f : [-1, 1] \to \mathbb{R}$, $x \mapsto \sin(\exp(x))$, ist differenzierbar für alle $x \in [-1, 1]$, und mit der Kettenregel ergibt sich

$$
f'(x) = \sin'(\exp(x))(\exp(x))' = \cos(\exp(x)) \exp(x) \,.
$$

Beispiel 8.2.7
Die Funktion $f : [-1, 1] \to \mathbb{R}$, $x \mapsto \dfrac{3x^3 - 2x}{2 - \cos(x)}$, ist differenzierbar für alle $x \in [-1, 1]$, und mit der Linearitäts- und Quotientenregel ergibt sich

$$
\begin{aligned}
f'(x) &= \frac{(3x^3 - 2x)'(2 - \cos(x)) - (3x^3 - 2x)(2 - \cos(x))'}{(2 - \cos(x))^2} \\
&= \frac{(9x^2 - 2)(2 - \cos(x)) - (3x^3 - 2x)(\sin(x))}{(2 - \cos(x))^2} \,.
\end{aligned}
$$

Zum Abschluss wird ein wichtiger Satz über die **Ableitung der Umkehrfunktion** formuliert und bewiesen.

▶   **Satz 8.2.8 Ableitung der Umkehrfunktion** Es seien $D, W \subseteq \mathbb{R}$ zwei nicht leere Teilmengen von $\mathbb{R}$ und $f \colon D \to W$ eine stetige bijektive Funktion mit differenzierbarer Umkehrfunktion $f^{-1} \colon W \to D$. Falls nun $(f^{-1})'(x) \neq 0$ für alle $x \in W$ gilt, dann ist auch f differenzierbar und es gilt

$$f'(x) = \frac{1}{(f^{-1})'(f(x))} \, , \quad x \in D \, .$$

Beweis Zum Beweis nimmt man wieder irgendeine Folge $(x_n)_{n \in \mathbb{N}}$ mit Grenzwert $x \in D$ und $x \neq x_n \in D, n \in \mathbb{N}$. Da f bijektiv ist, folgt daraus sofort, dass auch für $f(x) \in W$ die Bedingung $f(x) \neq f(x_n) \in W$ für alle $n \in \mathbb{N}$ erfüllt ist. Damit ergibt sich aber aufgrund der Differenzierbarkeit von f^{-1} in $f(x)$ und der Stetigkeit von f in x mit den Rechenregeln für konvergente Folgen:

$$f'(x) = \lim_{n \to \infty} \frac{f(x) - f(x_n)}{x - x_n} = \lim_{n \to \infty} \frac{f(x) - f(x_n)}{f^{-1}(f(x)) - f^{-1}(f(x_n))}$$

$$= \lim_{n \to \infty} \frac{1}{\frac{f^{-1}(f(x)) - f^{-1}(f(x_n))}{f(x) - f(x_n)}} = \frac{1}{(f^{-1})'(f(x))} \, . \qquad \square$$

Beispiel 8.2.9

Die Funktion $f \colon (0, \infty) \to (0, \infty)$, $x \mapsto \sqrt{x}$, ist stetig und bijektiv, und $f^{-1} \colon (0, \infty) \to (0, \infty)$ mit $f^{-1}(x) = x^2$ ist differenzierbar mit Ableitung $(f^{-1})'(x) = 2x$ ungleich Null. Also folgt für alle $x \in (0, \infty)$ die Identität

$$f'(x) = \frac{1}{(f^{-1})'(\sqrt{x})} = \frac{1}{2\sqrt{x}}.$$

Beispiel 8.2.10

Die Funktion $f \colon (-1, 1) \to (-\frac{\pi}{2}, \frac{\pi}{2})$, $x \mapsto \arcsin(x)$, ist stetig und bijektiv, und $f^{-1} \colon (-\frac{\pi}{2}, \frac{\pi}{2}) \to (-1, 1)$ mit $f^{-1}(x) = \sin(x)$ ist differenzierbar mit Ableitung $(f^{-1})'(x) = \cos(x)$ ungleich Null. Also folgt für alle $x \in (-1, 1)$ die Identität

$$f'(x) = \frac{1}{\cos(\arcsin(x))} = \frac{1}{\sqrt{1 - \sin^2(\arcsin(x))}} = \frac{1}{\sqrt{1 - x^2}}.$$

Beispiel 8.2.11

Die Funktion $f\colon (1,\infty) \to (0,\infty)$, $x \mapsto \operatorname{arcosh}(x)$, ist stetig und bijektiv, und $f^{-1}\colon (0,\infty) \to (1,\infty)$ gegeben durch $f^{-1}(x) = \cosh(x)$ ist differenzierbar mit Ableitung $(f^{-1})'(x) = \sinh(x)$ ungleich Null. Also folgt für alle $x \in (1,\infty)$ die Identität

$$f'(x) = \frac{1}{\sinh(\operatorname{arcosh}(x))} = \frac{1}{\sqrt{\cosh^2(\operatorname{arcosh}(x)) - 1}} = \frac{1}{\sqrt{x^2 - 1}}.$$

8.3 Aufgaben mit Lösungen

Aufgabe 8.3.1 *Überprüfen Sie, ob die folgenden Funktionen in jedem Punkt ihres Definitionsbereichs differenzierbar sind, und bestimmen Sie anschließend gegebenenfalls ihre Ableitungen an den jeweiligen Stellen:*

(a) $f\colon \mathbb{R} \to \mathbb{R}$, $x \mapsto \cos^2(x)\sin(x)$,

(b) $f\colon \mathbb{R} \to \mathbb{R}$, $x \mapsto \cos(\exp(\cos(x)))$,

(c) $f\colon \mathbb{R} \to \mathbb{R}$, $x \mapsto \dfrac{\sin(x)}{2x^2 + \cos^2(x)}$,

(d) $f\colon \mathbb{R} \to \mathbb{R}$, $x \mapsto \sin^2(x)\cos(x)$,

(e) $f\colon \mathbb{R} \to \mathbb{R}$, $x \mapsto \cos(\sin(\cos(x)))$,

(f) $f\colon \mathbb{R} \to \mathbb{R}$, $x \mapsto \dfrac{\sin(x)\cos(x)}{x^2 + \cos^2(x)}$.

Lösung der Aufgabe

(a) f ist differenzierbar für alle $x \in \mathbb{R}$, und mit der Produkt- und Kettenregel ergibt sich

$$\begin{aligned}
f'(x) &= (\cos^2(x))'\sin(x) + \cos^2(x)(\sin(x))' \\
&= 2\cos(x)(-\sin(x))\sin(x) + \cos^2(x)\cos(x) \\
&= -2\sin^2(x)\cos(x) + \cos^3(x).
\end{aligned}$$

(b) f ist differenzierbar für alle $x \in \mathbb{R}$, und mit zweimaliger Anwendung der Kettenregel ergibt sich

$$\begin{aligned}
f'(x) &= \cos'(\exp(\cos(x)))(\exp(\cos(x)))' \\
&= -\sin(\exp(\cos(x)))\exp'(\cos(x))\cos'(x) \\
&= \sin(\exp(\cos(x)))\exp(\cos(x))\sin(x).
\end{aligned}$$

(c) f ist differenzierbar für alle $x \in \mathbb{R}$, und mit der Linearitäts- Quotienten- und Kettenregel ergibt sich

$$
\begin{aligned}
f'(x) &= \frac{(\sin(x))'(2x^2 + \cos^2(x)) - (\sin(x))(2x^2 + \cos^2(x))'}{(2x^2 + \cos^2(x))^2} \\
&= \frac{\cos(x)(2x^2 + \cos^2(x)) - \sin(x)(4x + (\cos^2(x))')}{(2x^2 + \cos^2(x))^2} \\
&= \frac{\cos(x)(2x^2 + \cos^2(x)) - \sin(x)(4x - 2\cos(x)\sin(x))}{(2x^2 + \cos^2(x))^2}.
\end{aligned}
$$

(d) f ist differenzierbar für alle $x \in \mathbb{R}$, und mit der Produkt- und Kettenregel ergibt sich

$$
\begin{aligned}
f'(x) &= (\sin^2(x))' \cos(x) + \sin^2(x)(\cos(x))' \\
&= 2\sin(x)\cos(x)\cos(x) - \sin^2(x)\sin(x) \\
&= 2\sin(x)\cos^2(x) - \sin^3(x).
\end{aligned}
$$

(e) f ist differenzierbar für alle $x \in \mathbb{R}$, und mit zweimaliger Anwendung der Kettenregel ergibt sich

$$
\begin{aligned}
f'(x) &= \cos'(\sin(\cos(x)))(\sin(\cos(x)))' \\
&= -\sin(\sin(\cos(x)))\sin'(\cos(x))\cos'(x) \\
&= \sin(\sin(\cos(x)))\cos(\cos(x))\sin(x).
\end{aligned}
$$

(f) f ist differenzierbar für alle $x \in \mathbb{R}$, und mit der Linearitäts- Quotienten- und Kettenregel ergibt sich

$$
\begin{aligned}
f'(x) &= \frac{(\sin(x)\cos(x))'(x^2 + \cos^2(x)) - (\sin(x)\cos(x))(x^2 + \cos^2(x))'}{(x^2 + \cos^2(x))^2} \\
&= \frac{(\cos^2(x) - \sin^2(x))(x^2 + \cos^2(x)) - (\sin(x)\cos(x))(2x + (\cos^2(x))')}{(x^2 + \cos^2(x))^2} \\
&= \frac{(\cos^2(x) - \sin^2(x))(x^2 + \cos^2(x)) - (\sin(x)\cos(x))(2x - 2\cos(x)\sin(x))}{(x^2 + \cos^2(x))^2}.
\end{aligned}
$$

Aufgabe 8.3.2 *Überprüfen Sie, ob die folgenden Funktionen stetig und bijektiv sind und ob ihre Umkehrfunktionen differenzierbar und ihre Ableitungen ungleich Null sind. Wenn ja, bestimmen Sie ihre Ableitungen über Zugriff auf die Ableitungen der Umkehrfunktionen:*

(a) $f: (0, \infty) \to (0, \infty)$, $x \mapsto \sqrt[3]{x}$,

(b) $f: (-1, 1) \to (0, \pi)$, $x \mapsto \arccos(x)$,

(c) $f: \mathbb{R} \to \mathbb{R}$, $x \mapsto \operatorname{arsinh}(x)$.

Lösung der Aufgabe

(a) f ist stetig und bijektiv, und $f^{-1}\colon (0,\infty) \to (0,\infty)$ mit $f^{-1}(x) = x^3$ ist differenzierbar mit Ableitung $(f^{-1})'(x) = 3x^2$ ungleich Null. Also folgt für alle $x \in (0,\infty)$ die Identität

$$f'(x) = \frac{1}{(f^{-1})'(\sqrt[3]{x})} = \frac{1}{3\sqrt[3]{x^2}}.$$

(b) f ist stetig und bijektiv, und $f^{-1}\colon (0,\pi) \to (-1,1)$ mit $f^{-1}(x) = \cos(x)$ ist differenzierbar mit Ableitung $(f^{-1})'(x) = -\sin(x)$ ungleich Null. Also folgt für alle $x \in (-1,1)$ die Identität

$$f'(x) = \frac{1}{-\sin(\arccos(x))} = \frac{-1}{\sqrt{1 - \cos^2(\arccos(x))}} = \frac{-1}{\sqrt{1-x^2}}.$$

(c) f ist stetig und bijektiv, und $f^{-1}\colon \mathbb{R} \to \mathbb{R}$ gegeben durch $f^{-1}(x) = \sinh(x)$ ist differenzierbar mit Ableitung $(f^{-1})'(x) = \cosh(x)$ ungleich Null. Also folgt für alle $x \in \mathbb{R}$ die Identität

$$f'(x) = \frac{1}{\cosh(\operatorname{arsinh}(x))} = \frac{1}{\sqrt{1 + \sinh^2(\operatorname{arsinh}(x))}} = \frac{1}{\sqrt{1+x^2}}.$$

Selbsttest 8.3.3 Welche der folgenden Aussagen über die ceil-Funktion sind wahr?

?+? Die ceil-Funktion ist nicht differenzierbar.

?+? Die ceil-Funktion ist nicht differenzierbar im Punkt 2.

?+? Die ceil-Funktion ist differenzierbar im Punkt $\frac{1}{2}$.

?−? Die ceil-Funktion ist differenzierbar.

Selbsttest 8.3.4 Welche der folgenden Aussagen über Funktionen f sind wahr?

?+? Aus der Differenzierbarkeit von f an einer Stelle folgt die Stetigkeit von f an dieser Stelle.

?−? Aus der Stetigkeit von f an einer Stelle folgt die Differenzierbarkeit von f an dieser Stelle.

?+? Von der Ableitung von f^{-1} einer bijektiven Funktion f kann man auf die Ableitung von f schließen.

?+? Die Kettenregel ist eine wichtige Differentiationsregel.

?−? Die Produktionsregel ist eine wichtige Differentiationsregel.

8.4 Extremwerte differenzierbarer Funktionen

Im Folgenden sei der Definitionsbereich D der gegebenen Funktionen stets ein abgeschlossenes Intervall $[a,b] \subseteq \mathbb{R}$ mit $a < b$. Man interessiert sich nun für die Stellen im Intervall $[a,b]$, an denen eine auf $[a,b]$ definierte Funktion f besonders kleine bzw.

besonders große Funktionswerte annimmt, sogenannte **Extremwerte**. Diese Stellen werden, je nachdem ob sie minimale oder maximale Funktionswerte liefern, **Minima** bzw. **Maxima** von f genannt, wobei man genauer noch zwischen lokalen, globalen und strengen Minima bzw. Maxima unterscheidet. Präzise werden diese Begriffe in der folgenden Definition eingeführt.

Definition 8.4.1 Extremwerte von Funktionen

Es sei $[a,b] \subseteq \mathbb{R}$, $a < b$, beliebig gegeben und $f \colon [a,b] \to \mathbb{R}$ eine Funktion sowie $x \in [a,b]$. Man nennt den Punkt $(x, f(x))^T$ oder schlicht den Punkt x

- **globales Minimum (Maximum)** von f in $[a,b]$, falls

$$\forall t \in [a,b]\colon \quad f(x) \le f(t) \quad (f(x) \ge f(t)),$$

- **strenges globales Minimum (Maximum)** von f in $[a,b]$, falls

$$\forall t \in [a,b] \setminus \{x\}\colon \quad f(x) < f(t) \quad (f(x) > f(t)),$$

- **lokales Minimum (Maximum)** von f in $[a,b]$, falls

$$\exists \epsilon > 0 \; \forall t \in (x - \epsilon, x + \epsilon) \cap [a,b]\colon \quad f(x) \le f(t) \quad (f(x) \ge f(t)),$$

- **strenges lokales Minimum (Maximum)** von f in $[a,b]$, falls

$$\exists \epsilon > 0 \; \forall t \in (x - \epsilon, x + \epsilon) \cap [a,b] \setminus \{x\}\colon \; f(x) < f(t) \; (f(x) > f(t)).$$

Allgemein bezeichnet man (strenge) globale Minima und Maxima als **(strenge) globale Extremwerte bzw. Extrema** und entsprechend (strenge) lokale Minima und Maxima als **(strenge) lokale Extremwerte bzw. Extrema.** ◄

Beispiel 8.4.2
Man betrachte die Funktion $f \colon [0,5] \to \mathbb{R}$, $x \mapsto x^3 - 6x^2 + 9x + 1$. Eine kleine Wertetabelle für diese Funktion ergibt

x	0	1	2	3	4	5
$f(x)$	1	5	3	1	5	21

Anhand dieser Tabelle lässt sich die Funktion bereits qualitativ skizzieren (vgl. Abb. 8.4).

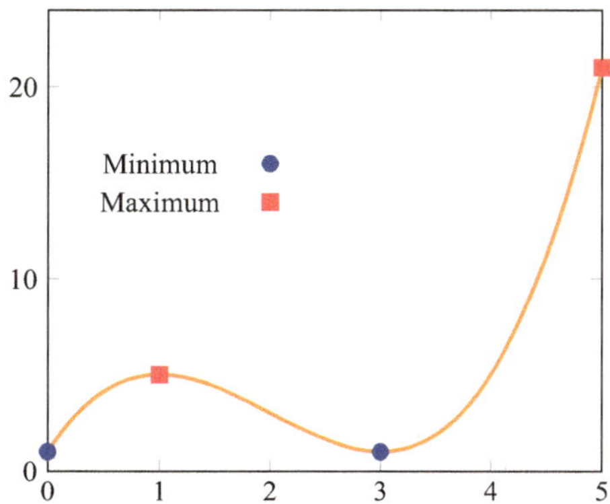

Abb. 8.4 Funktion mit Minima und Maxima

Man erkennt, dass die Punkte 0 und 3 **strenge lokale Minima** und gleichzeitig **globale Minima** von f sind und dass f kein strenges globales Minimum besitzt. Ferner ist der Punkt 1 ein **strenges lokales Maximum** von f sowie der Randpunkt 5 sogar ein **strenges globales Maximum** von f. Man beachte stets, dass bei diesen Aussagen der feste Definitionsbereich von f entscheidend ist; sobald man diesen ändert, ändern sich i. Allg. auch die Extremwerte.

Während man im obigen Beispiel noch mit relativ elementaren Techniken (z. B. mit einer Wertetabelle oder Skizze) entscheiden kann, wo sich die Extremwerte befinden, ist das für kompliziertere Funktionen i. Allg. nicht so einfach möglich. Hier ist man auf **analytische Techniken** angewiesen, um der Funktion die Lage ihrer Extremalstellen zu entlocken. Die folgenden Sätze geben die benötigten Techniken an die Hand, die vermutlich noch aus der Schulzeit bekannt sind. Das erste Kriterium besagt lediglich, dass die Funktion in einem inneren lokalen Extremum eines Intervalls die Steigung Null haben muss. Man bezeichnet dies als eine **notwendige lokale Extremwertbedingung**.

> **Satz 8.4.3 Notwendige lokale Extremwertbedingung** Es sei $[a,b] \subseteq \mathbb{R}$, $a < b$, beliebig gegeben und $f : [a,b] \to \mathbb{R}$ eine differenzierbare Funktion. Wenn der Punkt $x \in (a,b)$ ein **lokales Extremum** von f ist, dann gilt $f'(x) = 0$.

Bevor der Beweis dieses Satzes skizziert wird, werden zunächst noch zwei Sätze festgehalten, die sich unmittelbar aus diesem ergeben und die in der Literatur als **Satz von Rolle** (benannt nach dem französischen Mathematiker Michel Rolle, 1652–1719) und als **Mittelwertsatz der Differentialrechnung** bekannt sind.

> **Satz 8.4.4 Satz von Rolle** Es sei $[a,b] \subseteq \mathbb{R}$, $a < b$, beliebig gegeben und $f : [a,b] \to \mathbb{R}$ eine differenzierbare Funktion mit $f(a) = f(b)$. Dann gibt es einen Punkt $x \in (a,b)$ mit $f'(x) = 0$.

Abb. 8.5 Satz von Rolle

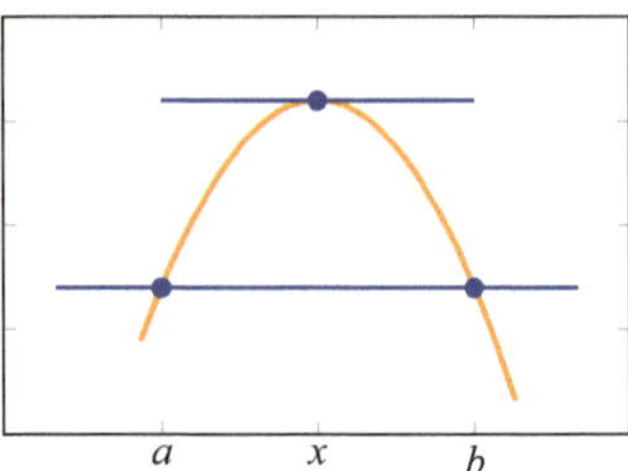

Abb. 8.6 Mittelwertsatz der Differentialrechnung

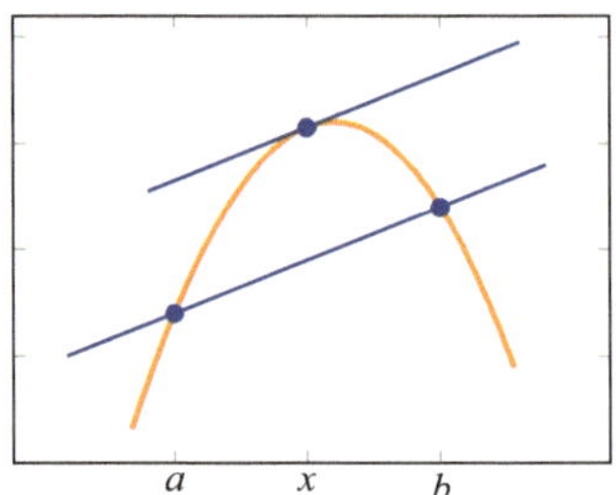

▶ **Satz 8.4.5 Mittelwertsatz der Differentialrechnung** Es sei $[a, b] \subseteq \mathbb{R}$, $a < b$, beliebig gegeben und $f : [a, b] \to \mathbb{R}$ eine differenzierbare Funktion. Dann gibt es einen Punkt $x \in (a, b)$ mit

$$f'(x) = \frac{f(b) - f(a)}{b - a} \, .$$

Beweis Zunächst ergibt sich der Satz von Rolle (vgl. Abb. 8.5) unmittelbar aus dem Satz über die **notwendige lokale Extremwertbedingung** und dem **Extremwertsatz für stetige Funktionen**, der für stetige, also insbesondere für differenzierbare Funktionen sichert, dass sie ein globales Minimum und Maximum in ihrem Definitionsintervall $[a, b]$ besitzen. Wegen der Voraussetzung $f(a) = f(b)$ liegt mindestens eines dieser globalen Extrema in (a, b), es sei denn, f ist eine konstante Funktion, für die der Satz jedoch unmittelbar klar ist. Da jedes globale Extremum aber insbesondere ein lokales Extremum ist, ist die Aussage des Satzes von Rolle auf die entsprechenden Sätze zurückgeführt. Der Mittelwertsatz der Differentialrechnung (vgl. Abb. 8.6) folgt wiederum leicht aus der **Anwendung des Satzes von Rolle** auf die differenzierbare Funktion $g : [a, b] \to \mathbb{R}$,

$$g(x) := f(x) - \frac{f(b) - f(a)}{b - a}(x - a) \, , \quad x \in [a, b] \, ,$$

mit $g(a) = g(b)$. Es genügt also, den Satz über die notwendige lokale Extremwertbedingung zu beweisen. Dazu sei x z. B. ein lokales Minimum. Man betrachtet nun zwei gegen x konvergierende Folgen, und zwar einmal die Folge $(u_n)_{n \in \mathbb{N}^*}$ mit $u_n := x - \frac{1}{n}$, $n \in \mathbb{N}^*$, und einmal die Folge $(o_n)_{n \in \mathbb{N}^*}$ mit $o_n := x + \frac{1}{n}$, $n \in \mathbb{N}^*$. Da $x \in (a, b)$ gilt, liegen alle Folgenglieder der obigen beiden Folgen ab einem hinreichend großen Index im Intervall

(a, b). Man erhält so für die Ableitung von f im Punkt x zwei Abschätzungen. Zunächst gilt für alle hinreichend großen $n \in \mathbb{N}^*$ die Ungleichung $f(x) - f(u_n) \leq 0$ und somit

$$f'(x) = \lim_{n \to \infty} \frac{f(x) - f(u_n)}{x - u_n} = \lim_{n \to \infty} \frac{f(x) - f(u_n)}{\frac{1}{n}} \leq 0 \,,$$

andererseits jedoch für alle hinreichend großen $n \in \mathbb{N}^*$ auch die Ungleichung $f(x) - f(o_n) \leq 0$ und somit

$$f'(x) = \lim_{n \to \infty} \frac{f(x) - f(o_n)}{x - o_n} = \lim_{n \to \infty} \frac{f(x) - f(o_n)}{-\frac{1}{n}} \geq 0 \,.$$

Aus $f'(x) \leq 0$ und $f'(x) \geq 0$ folgt wie behauptet $f'(x) = 0$. $\qquad\square$

Beispiel 8.4.6

Man betrachte erneut die Funktion $f : [0, 5] \to \mathbb{R}, x \mapsto x^3 - 6x^2 + 9x + 1$ (vgl. auch Abb. 8.4). Für sie ist bereits bekannt, dass sie im Punkt 1 ein **lokales Maximum** und im Punkt 3 ein **lokales Minimum** besitzt. Wegen $f' : [0, 5] \to \mathbb{R}, x \mapsto 3x^2 - 12x + 9$, hat das nach dem obigen Satz wie erwartet zur Konsequenz, dass $f'(1) = 0$ und $f'(3) = 0$ gilt.

▶ **Bemerkung 8.4.7 Notwendige Extremwertbedingung** Man nennt die gerade diskutierte Extremwertbedingung **notwendig**, da sie zwar an einem inneren Extremum erfüllt sein muss, ihre Gültigkeit aber keinesfalls die Existenz eines Extremwerts sichert. So gilt z. B. für die Funktion $f : [-1, 1] \to \mathbb{R}$, $x \mapsto x^3$, die Identität $f'(0) = 0$, jedoch liegt in 0 kein lokales Extremum von f vor! Zur Erläuterung einer notwendigen Bedingung wird ein weiteres einfaches Beispiel gegeben: Wenn eine natürliche Zahl ohne Rest durch 4 teilbar ist, dann ist sie auch ohne Rest durch 2 teilbar; allerdings ist z. B. 6 ohne Rest durch 2 teilbar, ohne durch 4 teilbar zu sein. Die Bedingung der Teilbarkeit durch 2 ist also für die Teilbarkeit durch 4 durchaus notwendig, aber nicht hinreichend!

Nach diesem sogenannten notwendigen Kriterium für die Existenz eines lokalen Extremums gelten die folgenden Schritte nun der Suche nach einer **hinreichenden Extremwertbedingung**. Dazu wird zunächst allgemein das Konzept von **Ableitungen höherer Ordnung** eingeführt und anschließend der entsprechende Satz formuliert.

Definition 8.4.8 Höhere Ableitungen von Funktionen

Es sei $[a, b] \subseteq \mathbb{R}, a < b$, beliebig gegeben und $f : [a, b] \to \mathbb{R}$ eine differenzierbare Funktion. Wenn auch die Funktion $f' : [a, b] \to \mathbb{R}$ differenzierbar ist, setzt man

$f^{(2)} := f'' := (f')'$ und nennt $f^{(2)}$ die **zweite Ableitung** von f auf $[a,b]$. So induktiv fortfahrend setzt man für $k \in \mathbb{N}$, $k \geq 3$, falls $f^{(k-1)}$ differenzierbar ist, $f^{(k)} := (f^{(k-1)})'$ und nennt $f^{(k)}$ die **k-te Ableitung** von f. Aus Konsistenzgründen definiert man ferner $f^{(0)} := f$ (**nullte Ableitung** von f) und $f^{(1)} := f'$ (**erste Ableitung** von f) und führt auch folgende Abkürzungen ein:

$$f^{(k)}(x) =: (f(x))^{(k)} =: \frac{d^k f}{dx^k}(x) =: \frac{d^k}{dx^k} f(x) , \quad k \in \mathbb{N} .$$

Schließlich wird eine **k-te Ableitung** von f auch häufig als **Ableitung k-ter Ordnung** oder als **Ableitung der Ordnung k** von f bezeichnet. ◄

Beispiel 8.4.9

Für die Funktion $f: \mathbb{R} \to \mathbb{R}$, $x \mapsto \sin(x) - \exp(x) + 2x^6 - 4x^2 - 6$, ergeben sich die Ableitungen bis zur Ordnung 4 zu:

$$f(x) = f^{(0)}(x) = \sin(x) - \exp(x) + 2x^6 - 4x^2 - 6 ,$$

$$f'(x) = f^{(1)}(x) = \cos(x) - \exp(x) + 12x^5 - 8x ,$$

$$f''(x) = f^{(2)}(x) = -\sin(x) - \exp(x) + 60x^4 - 8 ,$$

$$f'''(x) = f^{(3)}(x) = -\cos(x) - \exp(x) + 240x^3 ,$$

$$f''''(x) = f^{(4)}(x) = \sin(x) - \exp(x) + 720x^2 .$$

Unter Zugriff auf die zweite Ableitung einer Funktion kann man nun in Verallgemeinerung der bereits bewiesenen notwendigen lokalen Extremwertbedingung auch zwei **hinreichende lokale Extremwertbedingungen** formulieren.

▶ **Satz 8.4.10 Hinreichende lokale Extremwertbedingungen** Es sei $[a,b] \subseteq \mathbb{R}$, $a < b$, beliebig gegeben und $f: [a,b] \to \mathbb{R}$ eine zweimal differenzierbare Funktion. Dann ist der Punkt $x \in (a,b)$ ein **lokales Minimum** von f, wenn gilt

$$f'(x) = 0 \qquad \text{und} \qquad f''(x) > 0 .$$

Entsprechend ist der Punkt $x \in (a,b)$ ein **lokales Maximum** von f, wenn gilt

$$f'(x) = 0 \qquad \text{und} \qquad f''(x) < 0 .$$

Auf den Beweis wird zugunsten zweier Beispiele verzichtet.

Beispiel 8.4.11

Man betrachte erneut die Funktion $f\colon [0,5] \to \mathbb{R},\ x \mapsto x^3 - 6x^2 + 9x + 1$ (vgl. auch Abb. 8.4). Für diese Funktion ergibt sich zunächst $f'(x) = 3x^2 - 12x + 9$ und $f''(x) = 6x - 12$. Aus der **notwendigen Bedingung** $f'(x) = 0$ erhält man durch Auflösen der entsprechenden quadratischen Gleichung die bekannten Stellen $x_1 = 1$ und $x_2 = 3$, an denen Extrema vorliegen könnten. Unter Ausnutzung der **hinreichenden Bedingungen** erhält man wegen $f''(1) = -6 < 0$ die Information, dass an der Stelle $x_1 = 1$ ein lokales Maximum vorliegt, und wegen $f''(3) = 6 > 0$ die Information, dass an der Stelle $x_2 = 3$ ein lokales Minimum vorliegt. Man beachte generell, dass mit dieser Vorgehensweise nur lokale Extrema in $(0,5)$, also im Inneren des Intervalls $[0,5]$ identifiziert werden können, mögliche (lokale) Randextrema also gesondert untersucht werden müssten!

Beispiel 8.4.12

Man betrachte nun die Funktion $f\colon [-1,1] \to \mathbb{R},\ x \mapsto x^3 - x$.

Für diese Funktion (vgl. Abb. 8.7) ergibt sich zunächst $f'(x) = 3x^2 - 1$ und $f''(x) = 6x$. Aus der **notwendigen Bedingung** $f'(x) = 0$ erhält man durch Auflösen der entsprechenden quadratischen Gleichung die Stellen $x_1 = +\sqrt{\tfrac{1}{3}}$ und $x_2 = -\sqrt{\tfrac{1}{3}}$, an denen Extrema vorliegen könnten. Unter Ausnutzung der **hinreichenden Bedingungen** erhält man wegen $f''\left(+\sqrt{\tfrac{1}{3}}\right) > 0$ die Information, dass an der Stelle $x_1 = +\sqrt{\tfrac{1}{3}}$ ein lokales Minimum vorliegt, und wegen $f''\left(-\sqrt{\tfrac{1}{3}}\right) < 0$ die Information, dass an der Stelle $x_2 = -\sqrt{\tfrac{1}{3}}$ ein lokales Maximum vorliegt.

▶ **Bemerkung 8.4.13 Hinreichende Extremwertbedingung und Randextrema** Man nennt die gerade diskutierte Extremwertbedingung **hinreichend**, da ihre Gültigkeit zwar die Existenz eines inneren Extremums sichert, sie aber

Abb. 8.7 Funktion mit Minimum und Maximum

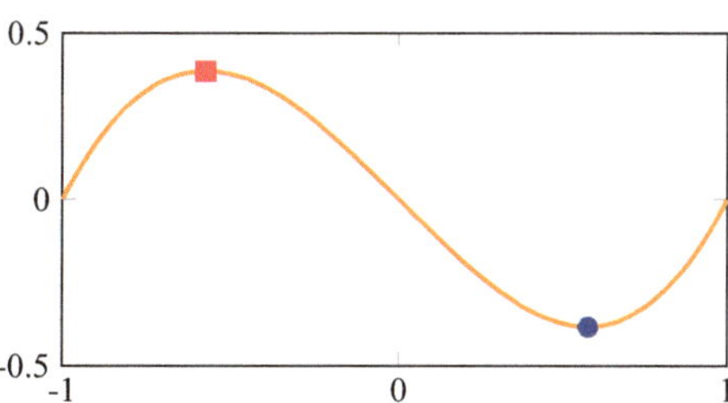

keinesfalls an einem inneren Extremwert erfüllt sein muss. So gelten zum Beispiel für die Funktion $f : [-1, 1] \to \mathbb{R}$, $x \mapsto x^4$, die Identitäten $f'(0) = 0$ und $f''(0) = 0$, dennoch liegt in 0 ein lokales Extremum von f vor!

Ferner sollte klar sein, dass mit der Strategie, mögliche lokale Extrema mittels Zugriff auf die erste und zweite Ableitung einer Funktion $f : [a, b] \to \mathbb{R}$ zu identifizieren, nur **innere Extrema** im offenen Intervall (a, b) gefunden werden können, eventuelle **Randextrema** in den Punkten a und b des Definitionsintervalls jedoch stets einer gesonderten Betrachtung bedürfen!

Unter Berücksichtigung von Ableitungen höherer Ordnung lassen sich die notwendigen und hinreichenden Extremwertbedingungen noch weiter verfeinern. In diesem Buch soll darauf jedoch verzichtet werden (eine vollständige Version findet man z. B. in [1, 4]).

8.5 Aufgaben mit Lösungen

Aufgabe 8.5.1 *Betrachten Sie die Funktion* $f : [-4, 4] \to \mathbb{R}$, $x \mapsto 2x^3 - 6x^2 - 18x - 7$, *und bestimmen Sie ihre lokalen Extrema in* $[-4, 4]$, *ohne Randextrema zu berücksichtigen.*

Lösung der Aufgabe Für diese Funktion ergibt sich zunächst $f'(x) = 6x^2 - 12x - 18$ und $f''(x) = 12x - 12$. Aus der notwendigen Bedingung $f'(x) = 0$ erhält man durch Auflösen der entsprechenden quadratischen Gleichung die Stellen $x_1 = -1$ und $x_2 = 3$, an denen Extrema vorliegen könnten. Unter Ausnutzung der hinreichenden Bedingungen erhält man wegen $f''(-1) = -24 < 0$ die Information, dass an der Stelle $x_1 = -1$ ein lokales Maximum vorliegt, und wegen $f''(3) = 24 > 0$ die Information, dass an der Stelle $x_2 = 3$ ein lokales Minimum vorliegt.

Aufgabe 8.5.2 *Betrachten Sie die Funktion* $f : [-4, 4] \to \mathbb{R}$, $x \mapsto 2x^3 - 9x^2 - 6$, *und bestimmen Sie ihre lokalen Extrema in* $[-4, 4]$, *ohne Randextrema zu berücksichtigen.*

Lösung der Aufgabe Für diese Funktion ergibt sich zunächst $f'(x) = 6x^2 - 18x$ und $f''(x) = 12x - 18$. Aus der notwendigen Bedingung $f'(x) = 0$ erhält man durch Auflösen der entsprechenden quadratischen Gleichung die Stellen $x_1 = 0$ und $x_2 = 3$, an denen Extrema vorliegen könnten. Unter Ausnutzung der hinreichenden Bedingungen erhält man wegen $f''(0) = -18 < 0$ die Information, dass an der Stelle $x_1 = 0$ ein lokales Maximum vorliegt, und wegen $f''(3) = 18 > 0$ die Information, dass an der Stelle $x_2 = 3$ ein lokales Minimum vorliegt.

Aufgabe 8.5.3 *Betrachten Sie die Funktion* $f : [-2, 2] \to \mathbb{R}$, $x \mapsto e^{-x^2}$, *und bestimmen Sie ihre lokalen Extrema in* $[-2, 2]$, *ohne Randextrema zu berücksichtigen.*

Lösung der Aufgabe Für diese Funktion ergibt sich zunächst $f'(x) = -2xe^{-x^2}$ und $f''(x) = 4x^2 e^{-x^2} - 2e^{-x^2}$. Aus der notwendigen Bedingung $f'(x) = 0$ erhält man durch Auflösen der entsprechenden Gleichung die einzige Stelle $x_1 = 0$, an der ein Extremum vorliegen könnte. Bei der Auflösung der Gleichung muss man ausnutzen, dass die Exponentialfunktion stets positiv ist, also insbesondere nie Null werden kann. Unter Ausnutzung der hinreichenden Bedingungen erhält man wegen $f''(0) = -2 < 0$ die Information, dass an der Stelle $x_1 = 0$ ein lokales Maximum vorliegt.

Aufgabe 8.5.4 *Betrachten Sie die Funktion $f : [1, 19] \to \mathbb{R},\ x \mapsto 2\sqrt{x} + \sqrt{20 - x}$, und bestimmen Sie ihre lokalen Extrema in $[1, 19]$, ohne Randextrema zu berücksichtigen.*

Lösung der Aufgabe Für diese Funktion ergibt sich zunächst $f'(x) = \frac{1}{\sqrt{x}} - \frac{1}{2\sqrt{20-x}}$ und $f''(x) = -\frac{1}{2\sqrt{x^3}} - \frac{1}{4\sqrt{(20-x)^3}}$. Aus der notwendigen Bedingung $f'(x) = 0$ erhält man durch Auflösen der entsprechenden Gleichung die einzige Stelle $x_1 = 16$, an der ein Extremum vorliegen könnte. Bei der Auflösung der Gleichung muss man die Wurzeln auf je einer Seite der Gleichung stehend durch Quadrieren zum Verschwinden bringen. Unter Ausnutzung der hinreichenden Bedingungen erhält man wegen $f''(16) < 0$ die Information, dass an der Stelle $x_1 = 16$ ein lokales Maximum vorliegt.

Selbsttest 8.5.5 Welche der folgenden Aussagen über Extrema von Funktionen sind wahr?

?+? Jedes globale Minimum ist auch ein lokales Minimum.
?+? Jedes strenge globale Maximum ist auch ein globales Maximum.
?−? Jedes lokale Minimum ist auch ein globales Minimum.
?−? Ein lokales Maximum ist stets größer als ein lokales Minimum.

Selbsttest 8.5.6 Es sei f auf $\mathbb{R}$ zweimal differenzierbar. Welche der folgenden Aussagen sind wahr?

?+? Aus $f'(-2) = 0$ und $f''(-2) < 0$ folgt, dass f in -2 ein lokales Maximum besitzt.
?−? Aus $f'(-2) = 0$ und $f''(-2) > 0$ folgt, dass f in -2 ein lokales Maximum besitzt.
?−? Aus $f'(-2) = 0$ folgt, dass f in -2 ein lokales Extremum besitzt.
?+? Aus $f'(-2) = 0$ folgt, dass f in -2 ein lokales Extremum besitzen könnte.

Literatur

1. Forster, O.: Analysis 1, 12. Aufl. Springer Spektrum, Wiesbaden (2016)
2. Forster, O., Wessoly, R.: Übungsbuch zur Analysis 1, 7. Aufl. Springer Spektrum, Wiesbaden (2017)
3. Kreußler, B., Pfister, G.: Mathematik für Informatiker. Springer, Berlin, Heidelberg (2009)

4. Teschl, G., Teschl, S.: Mathematik für Informatiker, Band 2, 3. Aufl. Springer, Berlin, Heidelberg (2014)
5. Walter, W.: Analysis 1, 7. Aufl. Springer, Berlin, Heidelberg, New York (2009)
6. Walter, W.: Analysis 2. Springer, Berlin, Heidelberg, New York (2013)

Neben den Polynomen (und Quotienten aus Polynomen) haben sich im Grafik-Bereich insbesondere Funktionen bewährt, die **stückweise** aus Polynomen niedrigen Grades in einer **glatten** Art und Weise aneinander geheftet werden. Glatt bedeutet in diesem Zusammenhang, dass die entstehende Funktion als Ganzes **hinreichend oft differenzierbar** ist. Der für die Anwendungen bedeutsamste Fall sind stückweise Polynome vom Grad 3 mit zweimaliger stetiger Differenzierbarkeit, d. h. die gesamte Funktion ist zweimal differenzierbar und ihre zweite Ableitung ist immer noch stetig. In der Literatur tauchten Konstruktionen dieses Typs erstmals 1938 in einer Arbeit von Lothar Collatz (1910–1990) (zusammen mit Wilhelm Quade) auf; ausgebaut und in ihrer ganzen Anwendungsrelevanz erkannt wurden sie dann Mitte des 20-sten Jahrhunderts insbesondere von Isaac Schoenberg (1903–1990), der zahlreiche Publikationen zu diesem Themenbereich verfasste (vgl. z. B. [1–3]). Auf ihn geht auch die für diese Funktionen gebräuchliche Bezeichnung **Splines** zurück. Der Begriff Spline kommt aus dem Englischen und bedeutet so viel wie elastisches Lineal oder biegsame Latte. Diese im Schiffbau auch Straklatte genannten Zeichengeräte können an einzelnen Punkten durch Gewichte oder Nägel fixiert werden und ermöglichen so z. B. die Konstruktion eines krummlinig verlaufenden Schiffsrumpfs. Im engeren mathematischen Sinne sollen also Spline-Funktionen genau solche **flexiblen grafischen Werkzeuge** realisieren, mit denen man derartige Konstruktionen rechentechnisch nachvollziehen und implementieren kann (hinsichtlich weiterer Details siehe [4–6]).

9.1 Kardinale kubische B-Splines

Die zentrale, für die gesamte Konstruktion entscheidende Funktion ist der sogenannte **kardinale kubische B-Spline.** Dabei steht das **B** für **Basis**, ausgeschrieben also **Basis-Spline**, das Adjektiv **kubisch** weist auf die stückweise benutzten Polynome vom Grad 3

Elektronisches Zusatzmaterial Die elektronische Version dieses Kapitels enthält Zusatzmaterial, das berechtigten Benutzern zur Verfügung steht https://doi.org/10.1007/978-3-658-29922-4_9.

Abb. 9.1 Kardinaler kubischer B-Spline b^3

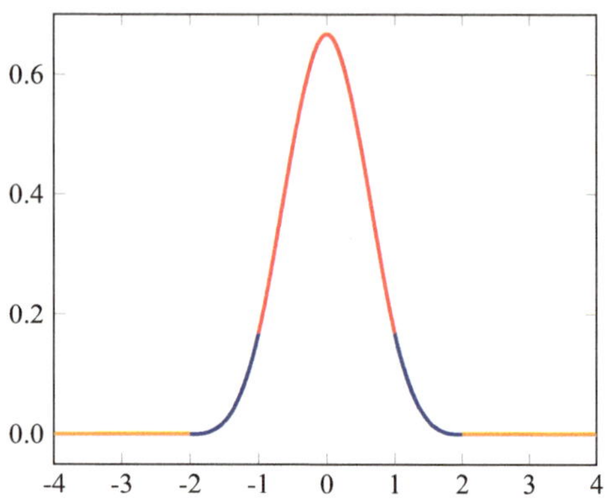

hin und der Zusatz **kardinal** soll schließlich darauf hindeuten, dass die kubischen Polynome an ganz speziellen ganzzahligen (kardinalen) Nahtstellen glatt aneinander geheftet werden. Diese eindeutig bestimmte Funktion mit dem etwas langen Namen wird im Folgenden präzise eingeführt, wobei von nun an der obere Index 3 stets an den Grad der zur Konstruktion benutzten Polynome erinnern soll und nicht als Potenz oder Ableitung missverstanden werden sollte.

Definition 9.1.1 Kardinaler kubischer B-Spline

Die stückweise ganzrationale Funktion b^3,

$$
b^3 \colon \mathbb{R} \to \mathbb{R}, \qquad x \mapsto
\begin{cases}
0 & \text{für} \quad x \le -2 \\[4pt]
\frac{1}{6}x^3 + x^2 + 2x + \frac{4}{3} & \text{für} \quad -2 < x \le -1 \\[4pt]
-\frac{1}{2}x^3 - x^2 + \frac{2}{3} & \text{für} \quad -1 < x \le 0 \\[4pt]
\frac{1}{2}x^3 - x^2 + \frac{2}{3} & \text{für} \quad 0 < x \le 1 \\[4pt]
-\frac{1}{6}x^3 + x^2 - 2x + \frac{4}{3} & \text{für} \quad 1 < x \le 2 \\[4pt]
0 & \text{für} \quad x > 2
\end{cases},
$$

wird **kardinaler kubischer B-Spline** oder häufig kurz **kubischer B-Spline** genannt (vgl. Abb. 9.1). ◄

Die Funktion ist leicht zu implementieren, wobei im folgenden Java-Code zur Auswertung der kubischen Polynome auch noch die **Horner-Idee** (Ausklammern) eingebaut wurde, um einige Operationen zu sparen.

```java
class BSpline
{
    public double outBSpline(double x)
        {
        double help=0.0;
```

```
    if (x>-2.0) help=((x/6.0+1.0)*x+2.0)*x+4.0/3.0;
    if (x>-1.0) help=(-x/2.0-1.0)*x*x+2.0/3.0;
    if (x> 0.0) help=(x/2.0-1.0)*x*x+2.0/3.0;
    if (x> 1.0) help=((-x/6.0+1.0)*x-2.0)*x+4.0/3.0;
    if (x> 2.0) help=0.0;
    return help;
    }
}
```

Neben der einfachen Bauart ist der kardinale kubische B-Spline auch noch erfreulich **glatt**, wie im folgenden Satz festgehalten wird.

▶ **Satz 9.1.2 Glattheit des kardinalen kubischen B-Splines** Der kardinale kubische B-Spline $b^3 \colon \mathbb{R} \to \mathbb{R}$ ist zweimal differenzierbar und seine zweite Ableitung ist auch noch stetig.

Beweis Auf den Beweis wird verzichtet. Er wird als Übung empfohlen! Man mache sich auf jeden Fall klar, dass lediglich die **kardinalen Nahtstellen** -2, -1, 0, 1 und 2 untersucht werden müssen, an denen die Polynomteile aneinander geheftet wurden. Nur dort muss man nachweisen, dass Stetigkeit und Differenzierbarkeit entsprechender Ordnung vorliegt, denn alle anderen Stellen sind innere Punkte eines Definitionsbereichs eines festen Polynoms und damit unkritisch.   □

Basierend auf dem kardinalen kubischen B-Spline b^3 lassen sich nun durch einfache **Stauchung**, **Verschiebung** und **Überlagerung** neue Funktionen erzeugen, mit denen man erstaunliche grafische Werkzeuge generieren kann. Eine der wichtigsten Klassen derartiger Splines stellen die **natürlichen kardinalen kubischen B-Splines** dar. Dabei weist das Adjektiv **natürlich** bereits darauf hin, dass man mit Splines dieses Typs für viele Design-Probleme i.W. die natürlichen, d. h. die durch die Naturgesetze eindeutig bestimmten Lösungen erhalten kann. So ist es z. B. mit diesen Splines relativ einfach möglich, eine Kurve zu realisieren, die in guter Näherung das Aussehen eines an einigen Punkten fixierten biegsamen Lineals beschreibt.

Definition 9.1.3 Natürliche kardinale kubische B-Splines

Es sei $n \in \mathbb{N}$, $n \geq 3$, beliebig gegeben und es sei b^3 der kardinale kubische B-Spline. Die stückweise polynomialen Funktionen $b^3_{k,n} \colon \mathbb{R} \to \mathbb{R}$, $0 \leq k \leq n$, mit

$$b^3_{0,n}(x) := 2b^3(nx+1) + b^3(nx),$$
$$b^3_{1,n}(x) := -b^3(nx+1) + b^3(nx-1),$$
$$b^3_{k,n}(x) := b^3(nx-k), \quad 2 \leq k \leq n-2,$$
$$b^3_{n-1,n}(x) := -b^3(nx-(n+1)) + b^3(nx-(n-1)),$$
$$b^3_{n,n}(x) := 2b^3(nx-(n+1)) + b^3(nx-n),$$

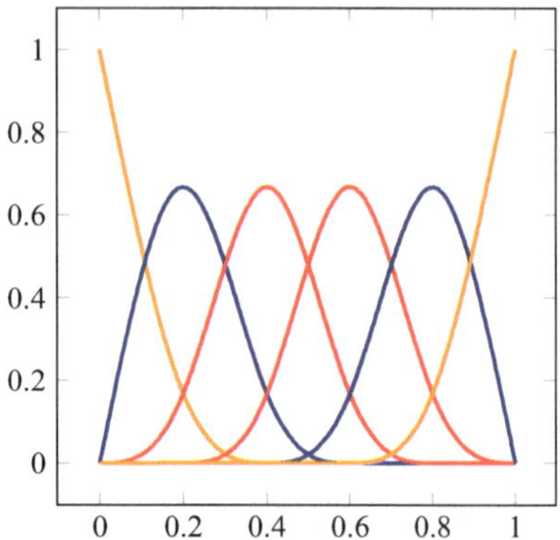

Abb. 9.2 Natürliche kubische B-Splines $b_{k,5}^3$ für $k = 0, 1, 2, 3, 4, 5$

werden **natürliche kardinale kubische B-Splines** oder häufig kurz **natürliche kubische B-Splines** zum Index n genannt. Sie sind zwar auf ganz $\mathbb{R}$ erklärt, werden aber im Allgemeinen nur auf Argumente aus $[0, 1]$ angewandt (vgl. Abb. 9.2). ◄

Der Java-Code dieser Funktionen ergibt sich leicht unter Zugriff auf die bereits erfolgte Implementierung des kardinalen kubischen B-Splines.

```
class BSplinesnat extends BSpline
{
 public double outBSplinesnat(int k, int n, double x)
   {
   double help;
   help=outBSpline(n*x-k);
   if (k==0) help=2.0*outBSpline(n*x+1.0)+outBSpline(n*x);
   if (k==1) help=-1.0*outBSpline(n*x+1.0)+outBSpline(n*x-1.0);
   if (k==n-1) help=-1.0*outBSpline(n*x-n-1.0)+outBSpline(n*x-n+1.0);
   if (k==n) help=2.0*outBSpline(n*x-n-1.0)+outBSpline(n*x-n);
   return help;
   }
}
```

Die **natürlichen kardinalen kubischen B-Splines zum Index** n können nun zur Erzeugung von glatten Funktionen (und Kurven und Flächen) in exakt derselben Weise eingesetzt werden wie die **Bernstein-Grundpolynome vom Grad** n. Der entscheidende Vorteil der B-Splines besteht dabei aus Sicht der Informatik darin, **dass sie lokal stets vom Höchstgrad** 3 **sind, während der Grad der Bernstein-Grundpolynome mit der Anzahl** n **der Punkte wächst**. Da sich Polynome niedrigen Grades aber z. B. wesentlich schneller und exakter auswerten lassen und darüber hinaus weniger oszillieren als Polynome hohen Grades, liegen bereits zwei Gründe für den intensiven Einsatz kubischer B-Splines im Grafik-Kontext auf der Hand. Eine genauere Analyse dieser Problematik sowie ein detaillierter **Vergleich der Bézier- und der B-Spline-Technik** sei einem Buch über Computer-Grafik vorbehalten. Es sollen zum Abschluss dieses Abschnitts lediglich noch ohne Beweis die wichtigsten interessanten Eigenschaften der natürlichen kubischen B-Splines festgehalten werden. Dabei sollte auffallen, dass ihr Verhalten exakt mit dem der Bernstein-Grundpolynome übereinstimmt.

▶ **Satz 9.1.4 Eigenschaften natürlicher kubischer B-Splines** Es seien $k, n \in \mathbb{N}, n \geq 3, 0 \leq k \leq n$, und $x \in [0, 1]$ beliebig gegeben. Dann gilt:

- $b_{k,n}^3(x) \geq 0$ (**Nicht-Negativität**)
- $b_{k,n}^3(\frac{k}{n}) \geq b_{k,n}^3(x)$ (**Extremaleigenschaft**)
- $\left(b_{k,n}^3\right)''(0) = 0$ (**Natürliche Randbedingung links**)
- $\left(b_{k,n}^3\right)''(1) = 0$ (**Natürliche Randbedingung rechts**)
- $\displaystyle\sum_{k=0}^{n} b_{k,n}^3(x) = 1$ (**Zerlegung der Eins**)
- $\displaystyle\sum_{k=0}^{n} \frac{k}{n}\, b_{k,n}^3(x) = x$ (**Zerlegung der Identität**)

Beweis Auf den einfachen Nachweis wird verzichtet. Er wird allerdings als kleine Übung empfohlen, um sich mit diesen, aufgrund ihrer stückweisen Definition etwas ungewohnten Funktionen anzufreunden. $\qquad\Box$

9.2 Kardinale kubische B-Spline-Approximation

Die im vorausgegangenen Abschnitt bewiesene **Zerlegung der Eins** durch die natürlichen kubischen B-Splines lässt sich nun wieder, wenn man möchte, wie folgt interpretieren: Man tastet die Einsfunktion oder das 0-te Monom $m_0(x) = 1$ auf dem Intervall $[0, 1]$ an den Stellen $\frac{k}{n}$ ab und erhält so den Datensatz

$$(0, 1), \ \left(\frac{1}{n}, 1\right), \ \left(\frac{2}{n}, 1\right), \ \ldots, (1, 1).$$

Nimmt man nun die abgetasteten y-Werte als Koeffizienten vor die natürlichen kubischen B-Splines, so erhält man genau die abgetastete Funktion zurück:

$$\sum_{k=0}^{n} 1 \cdot b_{k,n}^3(x) = 1.$$

Entsprechend lässt sich die **Zerlegung der Identität** deuten: Man tastet die Identität oder das 1-te Monom $m_1(x) = x$ auf dem Intervall $[0, 1]$ an den Stellen $\frac{k}{n}$ ab und erhält so den Datensatz

$$(0, \mathbf{0}), \ \left(\frac{1}{n}, \frac{\mathbf{1}}{\mathbf{n}}\right), \ \left(\frac{2}{n}, \frac{\mathbf{2}}{\mathbf{n}}\right), \ \ldots, (1, \mathbf{1}).$$

Nimmt man nun die abgetasteten y-Werte wieder als Koeffizienten vor die natürlichen kubischen B-Splines, so erhält man genau die abgetastete Funktion zurück:

$$\sum_{k=0}^{n} \frac{\mathbf{k}}{\mathbf{n}} \cdot b_{k,n}^{3}(x) = x \; .$$

Nun kann man natürlich wieder kühn werden und ein völlig allgemeines **Abtastproblem** über $[0, 1]$ betrachten: Hat man auf dem Intervall $[0, 1]$ an den Stellen $\frac{k}{n}$ eine beliebige Kontur abgetastet und so den Datensatz

$$(0, \mathbf{y_0}) \, , \; \left(\frac{1}{n}, \mathbf{y_1} \right) , \; \left(\frac{2}{n}, \mathbf{y_2} \right) , \; \dots \, , (1, \mathbf{y_n})$$

erhalten, dann nimmt man nun die abgetasteten y-Werte einfach als Koeffizienten vor die natürlichen kubischen B-Splines und hofft so mit

$$\sum_{k=0}^{n} \mathbf{y_k} \cdot b_{k,n}^{3}(x)$$

eine Spline-Funktion zu erhalten, welche den Datensatz **näherungsweise visualisiert**. Dies ist, wie man zeigen kann, in der Tat der Fall und stellt eine der fundamentalen Ideen der Computer-Grafik dar. Wir halten das genaue Vorgehen in folgender Definition fest und führen die **(approximierenden) kubischen B-Splines** ein, die zuerst von Schoenberg betrachtet wurden.

Definition 9.2.1 (Approximierender) kubischer B-Spline

Es sei $n \in \mathbb{N}$, $n \geq 3$, beliebig gegeben und es seien ferner $(\frac{k}{n}, y_k)^T \in [0, 1] \times \mathbb{R}$, $0 \leq k \leq n$, vorgegebene Punkte über dem Intervall $[0, 1]$. Dann nennt man die Funktion

$$ABS^3 \colon [0, 1] \to \mathbb{R} \, , \qquad x \mapsto y_0 b_{0,n}^{3}(x) + y_1 b_{1,n}^{3}(x) + \cdots + y_n b_{n,n}^{3}(x) \, ,$$

(approximierenden) kubischen B-Spline bezüglich der gegebenen Punkte. Dabei bezeichnen $b_{k,n}^{3}$, $0 \leq k \leq n$, $n \geq 3$, natürlich genau die kardinalen kubischen B-Splines zum Index n. ◄

Beispiel 9.2.2

Gibt man z. B. als abgetasteten Datensatz

$$(0, \mathbf{1}) \, , \; \left(\frac{1}{5}, \mathbf{0} \right) , \; \left(\frac{2}{5}, \mathbf{0} \right) , \; \left(\frac{3}{5}, \mathbf{1} \right) , \; \left(\frac{4}{5}, \mathbf{2} \right) , \; (1, \mathbf{3}) \, ,$$

Abb. 9.3 Approximierender kubischer B-Spline

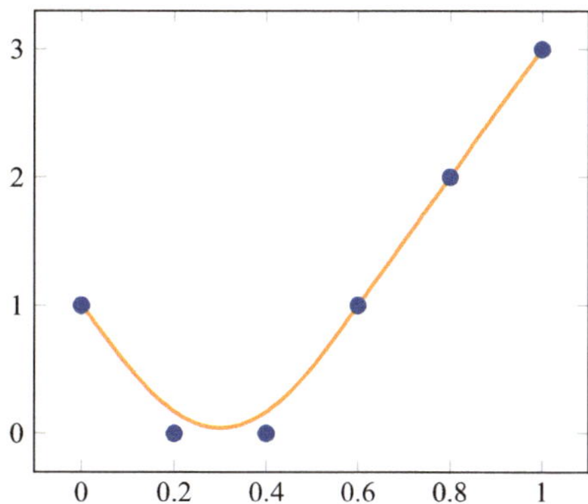

vor, dann ist $n := 5$ zu setzen und die zugehörige approximierende B-Spline-Funktion lautet

$$ABS^3(x) = \mathbf{1} \cdot b_{0,5}^3(x) + \mathbf{0} \cdot b_{1,5}^3(x) + \mathbf{0} \cdot b_{2,5}^3(x) + \mathbf{1} \cdot b_{3,5}^3(x) + \mathbf{2} \cdot b_{4,5}^3(x)$$
$$+ \mathbf{3} \cdot b_{5,5}^3(x) \,.$$

Dabei bezeichnen natürlich $b_{0,5}^3$ bis $b_{5,5}^3$ genau die natürlichen kubischen B-Splines zum Index 5, und x durchläuft das Intervall $[0, 1]$. Das qualitative Aussehen der approximierenden B-Spline-Funktion entnehme man Abb. 9.3.

Eine einfache Implementierung der obigen Strategie könnte z. B. wie folgt aussehen:

```
class AppBSpline extends BSplinesnat
{
    public double outAppBSpline(double[] y, double x)
        {
        int n=y.length-1;
        double help=0.0;
        for(int k=0;k<=n;k++)
            {
            help=help+y[k]*outBSplinesnat(k,n,x);
            }
        return help;
        }
```

Für das exemplarisch betrachtete Problem der Visualisierung des Querschnitts einer Auto-Karosserie ergäbe sich jetzt die in Abb. 9.4 skizzierte Kontur. Dieses Ergebnis ist schon recht überzeugend und extrem schnell realisierbar!

Abb. 9.4 Approximierender kubischer B-Spline eines
Karosserie-Querschnitts

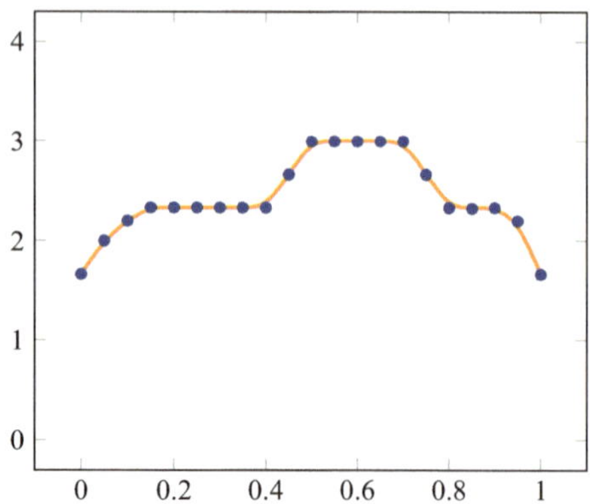

Das obige Vorgehen wirft wieder eine Fülle von Fragen auf, von denen wir einige
explizit formulieren:

- Kann man die entstehende Spline-Funktion schnell auswerten?
- Welche speziellen Eigenschaften haben die approximierenden Spline-Funktionen?
- Kann man das Approximationsverhalten für die inneren Punkte verbessern?
- Ist man an das Intervall $[0, 1]$ und die $\frac{k}{n}$-Abszissen gebunden oder lässt sich das Konzept
  auf allgemeinere Lagen von Abtastpunkten verallgemeinern?
- Gibt es, wie im polynomialen Fall, auch interpolierende Spline-Funktionen?

Lediglich der letzten Frage gehen wir jetzt direkt nach, in Hinblick auf die übrigen Fragen
sei z. B. verwiesen auf [4, 5].

9.3 Kardinale kubische B-Spline-Interpolation

Gegeben sei $n \in \mathbb{N}$, $n \geq 3$, sowie $n + 1$ Punkte gemäß

$$(0, y_0), (\frac{1}{n}, y_1), \ldots, (1, y_n) \in [0, 1] \times \mathbb{R} \ .$$

Gesucht wird ein **interpolierender kubischer B-Spline** IBS^3 der Daten über $[0, 1]$, d. h.
Koeffizienten $\delta_k \in \mathbb{R}$, $0 \leq k \leq n$, so dass die B-Spline-Funktion

$$IBS^3 \colon [0, 1] \to \mathbb{R} \ ,$$
$$x \mapsto \delta_0 b_{0,n}^3(x) + \delta_1 b_{1,n}^3(x) + \cdots + \delta_n b_{n,n}^3(x) \ ,$$

die Interpolationsbedingungen

$$IBS^3 \left(\frac{i}{n} \right) = y_i \qquad \text{für} \quad 0 \leq i \leq n$$

erfüllt. Da die natürlichen kubischen B-Splines zum Index n jeweils maximal an drei Stützstellen von Null verschiedene Funktionswerte haben, ergibt sich das zu lösende Gleichungssystem wie folgt:

$$
\begin{aligned}
IBS^3(0) = y_0 &\Longrightarrow 1\delta_0 && = y_0 \\
IBS^3\left(\tfrac{1}{n}\right) = y_1 &\Longrightarrow \tfrac{1}{6}\delta_0 + \tfrac{2}{3}\delta_1 + \tfrac{1}{6}\delta_2 && = y_1 \\
IBS^3\left(\tfrac{2}{n}\right) = y_2 &\Longrightarrow \tfrac{1}{6}\delta_1 + \tfrac{2}{3}\delta_2 + \tfrac{1}{6}\delta_3 && = y_2 \\
IBS^3\left(\tfrac{3}{n}\right) = y_3 &\Longrightarrow \tfrac{1}{6}\delta_2 + \tfrac{2}{3}\delta_3 + \tfrac{1}{6}\delta_4 && = y_3 \\
&\ \ \vdots && \ \ \vdots \\
IBS^3(1) = y_n &\Longrightarrow 1\delta_n = y_n
\end{aligned}
$$

Es ergibt sich also ein sogenanntes tridiagonales lineares $(n+1)\times(n+1)$-Gleichungssystem, welches relativ einfach durch Gauß-Typ-Elimination gelöst werden kann:

- Von oben beginnend eliminieren wir die untere Diagonale mit den Werten $\tfrac{1}{6}$ durch Addition geeigneter Vielfache der k-ten Zeile auf die $(k+1)$-te Zeile ($0 \le k \le n-1$).
- Wir setzen dann $\delta_0 := y_0$ und $\delta_n := y_n$.
- Beginnend von unten bestimmen wir nun durch Rücksubstitution (Aufrollen von unten) Schritt für Schritt $\delta_{n-1}, \delta_{n-2}$ bis δ_1.

Wir veranschaulichen uns das konkrete Vorgehen anhand eines Beispiels.

Beispiel 9.3.1

Gegeben seien die Punkte $(0, 2)^T$, $\left(\tfrac{1}{3}, 1\right)^T$ $\left(\tfrac{2}{3}, 4\right)^T$ und $(1, 3)^T$. Gesucht wird die interpolierende kubische B-Spline-Funktion

$$
IBS^3 \colon [0, 1] \to \mathbb{R}, \qquad x \mapsto \delta_0 b_{0,3}^3(x) + \delta_1 b_{1,3}^3(x) + \delta_2 b_{2,3}^3(x) + \delta_2 b_{3,3}^3(x),
$$

mit

$$
IBS^3(0) = 2, \quad IBS^3\left(\frac{1}{3}\right) = 1, \quad IBS^3\left(\frac{2}{3}\right) = 4 \quad \text{und} \quad IBS^3(1) = 3.
$$

Das entstehende lineare Gleichungssystem lässt sich nun wie folgt lösen:

$$
\begin{aligned}
1\delta_0 && = 2 \qquad &\cdot\left(-\tfrac{1}{6}\right) \\
\tfrac{1}{6}\delta_0 + \tfrac{2}{3}\delta_1 + \tfrac{1}{6}\delta_2 && = 1 \qquad &\longleftarrow + \\
\tfrac{1}{6}\delta_1 + \tfrac{2}{3}\delta_2 + \tfrac{1}{6}\delta_3 && = 4 \\
1\delta_3 && = 3 &
\end{aligned}
$$

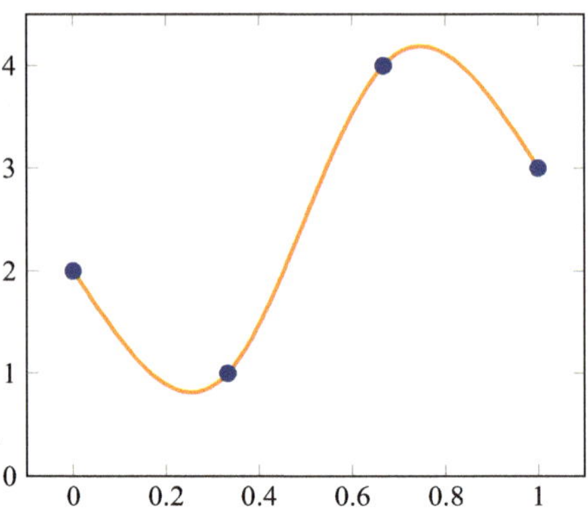

Abb. 9.5 Interpolierender kubischer B-Spline

$$
\begin{aligned}
1\delta_0 &= 2 \\
\tfrac{2}{3}\delta_1 + \tfrac{1}{6}\delta_2 &= \tfrac{2}{3} \qquad \cdot\left(-\tfrac{1}{4}\right) \\
\tfrac{1}{6}\delta_1 + \tfrac{2}{3}\delta_2 + \tfrac{1}{6}\delta_3 &= 4 \qquad \leftarrow + \\
1\delta_3 &= 3
\end{aligned}
$$

$$
\begin{aligned}
1\delta_0 &= 2 \\
\tfrac{2}{3}\delta_1 + \tfrac{1}{6}\delta_2 &= \tfrac{2}{3} \\
\tfrac{5}{8}\delta_2 + \tfrac{1}{6}\delta_3 &= \tfrac{23}{6} \\
1\delta_3 &= 3
\end{aligned}
$$

$$
\begin{aligned}
\delta_3 &= 3, \\
\delta_2 &= \tfrac{8}{5}\left(\tfrac{23}{6} - \tfrac{3}{6}\right) = \tfrac{16}{3}, \\
\delta_1 &= \tfrac{3}{2}\left(\tfrac{2}{3} - \tfrac{1}{6}\cdot\tfrac{16}{3}\right) = -\tfrac{1}{3}, \\
\delta_0 &= 2
\end{aligned}
$$

Also ergibt sich

$$
IBS^3(x) = 2b_{0,3}^3(x) - \frac{1}{3}b_{1,3}^3(x) + \frac{16}{3}b_{2,3}^3(x) + 3b_{3,3}^3(x)
$$

und diese interpolierende B-Spline-Funktion ist in Abb. 9.5 skizziert.

Schaut man sich den durchzuführenden Gauß-Typ-Algorithmus etwas genauer an, so stellt man fest, dass man beginnend mit dem zweiten Eliminationsschritt $k \geq 2$ stets die $(k-1)$-te Zeile durch ihr Hauptdiagonalelement $md(k-1)$ zu teilen hat und dann multipliziert mit $-\tfrac{1}{6}$ auf die k-te Zeile addieren muss. Da die oberen Diagonalelemente auf $\tfrac{1}{6}$ fixiert bleiben, erhält man die neuen Diagonalelemente $md(k)$ und die entsprechend zu verändernden rechten Seiten $right(k) := y_k$ durch Überspeichern gemäß

$$md(k) := md(k) - \frac{1}{6\,md(k-1)}\frac{1}{6}$$

sowie

$$right(k) := right(k) - \frac{1}{6\,md(k-1)}\,right(k-1)\,.$$

Zusammenfassend ergibt sich also der folgende Gauß-Typ-Algorithmus:

$\text{FOR } k = 1 \text{ TO } n - 1 \text{ DO } md(k) := \dfrac{2}{3}$ (Setzen der Hauptdiagonale)

$\text{FOR } k = 0 \text{ TO } n \text{ DO } right(k) := y_k$ (Setzen der rechten Seite)

$right(1) := right(1) - \tfrac{1}{6}\,right(0)$ (erster Eliminationsschritt)

$\text{FOR } k = 2 \text{ TO } n - 1 \text{ DO}$

    BEGIN

$$md(k) := md(k) - \frac{1}{36\,md(k-1)} \qquad \text{(Elimination der}$$

$$right(k) := right(k) - \frac{right(k-1)}{6\,md(k-1)} \qquad \text{unteren Diagonale)}$$

    END

$\delta_0 := right(0)$

$\delta_n := right(n)$

$$\text{FOR } k = 1 \text{ TO } n - 1 \text{ DO } \delta_{n-k} := \frac{1}{md(n-k)}\left(right(n-k) - \frac{1}{6}\delta_{n-k+1}\right)$$

$$\text{(Rücksubstitution)}$$

Eine einfache Java-Implementierung könnte wie folgt aussehen.

```java
class SysSolv
{
  public double[] outSolution(double[] y)
    {
    int n=y.length-1;
    double[] right = new double[n+1];
    double[] md = new double[n+1];
    double[] Solution = new double[n+1];
      /* Initialization */
      for(int k=0;k<=n;k++)
        {
        right[k]=y[k];
        if ((k==0)||(k==n)) md[k]=1.0;
        else md[k]=2.0/3.0;
```

```
        }
    /* Elimination of lower diagonal */
    right[1]=right[1]-(right[0]/6.0);
    for(int k=2;k<=n-1;k++)
        {
        md[k]=md[k]-(1.0/(36.0*md[k-1]));
        right[k]=right[k]-(right[k-1]/(6.0*md[k-1]));
        }
    /* Solving the system from below */
    Solution[0]=right[0];
    Solution[n]=right[n];
    for(int k=1;k<=n-1;k++)
        {
        Solution[n-k]=(right[n-k]-(Solution[n-k+1]/6.0))/md[n-k];
        }
    return Solution;
    }
}
```

Unter Zugriff auf die nun zur Verfügung stehenden Koeffizienten ergibt sich damit die interpolierende B-Spline-Funktion z. B. gemäß folgendem Java-Code.

```
class IntBSpline extends BSplinesnat
{
    public double outIntBSpline(double[] y, double x)
        {
        int n=y.length-1;
        double help=0.0;
        double[] delta = new double[n+1];
        SysSolv Solv = new SysSolv();
        delta = Solv.outSolution(y);
        for(int k=0;k<=n;k++)
```

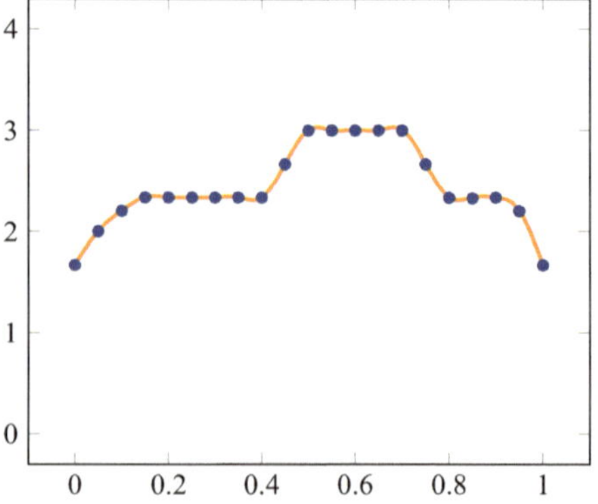

Abb. 9.6 Interpolierender kubischer B-Spline eines Karosserie-Querschnitts

```
        {
        help=help+delta[k]*outBSplinesnat(k,n,x);
        }
    return help;
    }
}
```

Die Anwendung der B-Spline-Interpolation auf das Beispiel unseres Auto-Karosserie-Querschnitts ist abschließend in Abb. 9.6 wiedergegeben.

9.4 Ganzrationale kardinale kubische B-Spline-Kurven

Mit Hilfe der natürlichen kardinalen kubischen B-Splines können nicht nur approximierende und interpolierende Funktionen, sondern auch Kurven konstruiert werden. Wir beschränken uns dabei auf den approximierenden Fall und beginnen mit den sogenannten **ganzrationalen B-Spline-Kurven**, die sich im Bereich der Computer-Grafik außerordentlich bewährt haben.

Definition 9.4.1 Ganzrationale kubische B-Spline-Kurve

Es sei $n \in \mathbb{N}$, $n \geq 3$, beliebig gegeben und es seien $(x_0, y_0)^T, (x_1, y_1)^T, \ldots,$ $(x_n, y_n)^T \in \mathbb{R}^2$ vorgegebene Punkte in der Ebene. Dann nennt man die parametrisierte ebene Kurve

$$BSK^3 \colon [0,1] \to \mathbb{R}^2 , \qquad t \mapsto \begin{pmatrix} x_0 \\ y_0 \end{pmatrix} b_{0,n}^3(t) + \cdots + \begin{pmatrix} x_n \\ y_n \end{pmatrix} b_{n,n}^3(t)$$

(approximierende) ganzrationale kubische B-Spline-Kurve bezüglich der gegebenen Punkte. Dabei bezeichnen $b_{k,n}^3$, $0 \leq k \leq n$, genau die natürlichen kardinalen kubischen B-Splines zum Index n. ◄

Beispiel 9.4.2
Gibt man vier beliebige Punkte in $\mathbb{R}^2$ vor gemäß

$$\begin{pmatrix} x_0 \\ y_0 \end{pmatrix} := \begin{pmatrix} 0 \\ 2 \end{pmatrix}, \begin{pmatrix} x_1 \\ y_1 \end{pmatrix} := \begin{pmatrix} 2 \\ 4 \end{pmatrix}, \begin{pmatrix} x_2 \\ y_2 \end{pmatrix} := \begin{pmatrix} 4 \\ 2 \end{pmatrix}, \begin{pmatrix} x_3 \\ y_3 \end{pmatrix} := \begin{pmatrix} 1 \\ 1 \end{pmatrix},$$

dann ist $n := 3$ zu setzen und die zugehörige ganzrationale kubische B-Spline-Kurve lautet

$$BSK^3(t) = \begin{pmatrix} 0 \\ 2 \end{pmatrix} b_{0,3}^3(t) + \begin{pmatrix} 2 \\ 4 \end{pmatrix} b_{1,3}^3(t) + \begin{pmatrix} 4 \\ 2 \end{pmatrix} b_{2,3}^3(t) + \begin{pmatrix} 1 \\ 1 \end{pmatrix} b_{3,3}^3(t) .$$

Abb. 9.7 Ganzrationale kubische B-Spline-Kurve

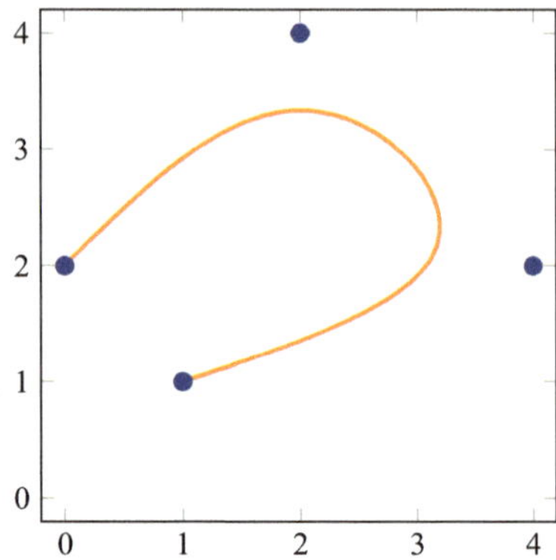

Dabei bezeichnen $b_{0,3}^3$, $b_{1,3}^3$, $b_{2,3}^3$ und $b_{3,3}^3$ genau die natürlichen kardinalen kubischen B-Splines zum Index 3, und t durchläuft das Parameterintervall $[0, 1]$. Das qualitative Aussehen von BSK^3 entnehme man Abb. 9.7.

Wie das obige Beispiel erkennen lässt, geht die Kurve i. Allg. auch hier nur durch die beiden vorgegebenen Randpunkte und hat von den übrigen einen deutlichen Abstand. Wie man dieses unbefriedigende Verhalten für die inneren Punkte wieder verbessern kann, wird im Folgenden genauer beschrieben. Zuvor wird jedoch noch der einfache Java-Code zur Implementierung kubischer B-Spline-Kurven angegeben.

```java
class BSplinecurve extends BSplinesnat
{
    public double[] outBSplinecurve(double[] x, double[] y, double t)
    {
        int n=x.length-1;
        double[] help = new double[2];
        help[0]=0.0; help[1]=0.0;
        for(int k=0; k<=n; k++)
        {
            help[0]=help[0]+x[k]*BSplinesnat(k,n,t);
            help[1]=help[1]+y[k]*BSplinesnat(k,n,t);
        }
        return help;
    }
}
```

9.5 Gebrochenrationale kardinale kubische B-Spline-Kurven

Um die Defizite der approximierenden ganzrationalen kubischen B-Spline-Kurven bei der Annäherung an die inneren vorgegebenen Punkte zu verbessern, werden die sogenannten **gebrochenrationalen B-Spline-Kurven** eingeführt. Um diese zu definieren, benötigt man zunächst die **gebrochenrationalen natürlichen kardinalen kubischen B-Splines.**

Definition 9.5.1 Gebrochenrationale natürliche kubische B-Splines

Es sei $n \in \mathbb{N}$, $n \geq 3$, beliebig gegeben und es seien darüber hinaus $w_i > 0$, $0 \leq i \leq n$, fest vorgegebene sogenannte **Gewichte**. Die stückweise gebrochenrationalen Funktionen $rb_{k,n}^3$, $0 \leq k \leq n$,

$$rb_{k,n}^3 : [0,1] \to \mathbb{R}, \qquad x \mapsto \frac{w_k b_{k,n}^3(x)}{\sum_{i=0}^n w_i b_{i,n}^3(x)},$$

werden **gebrochenrationale natürliche kardinale kubische B-Splines** oder auch kurz **gebrochenrationale natürliche kubische B-Splines** zum Index n und den gegebenen Gewichten genannt. Dabei bezeichnen $b_{i,n}^3$, $0 \leq i \leq n$, genau die natürlichen kardinalen kubischen B-Splines zum Index n. ◄

Beispiel 9.5.2

Für $n := 3$ sowie $w_0 := 1$, $w_1 := 10$, $w_2 := 10$ und $w_3 := 1$ lauten die vier gebrochenrationalen natürlichen kardinalen kubischen B-Splines

$$rb_{0,3}^3(x) = \frac{b_{0,3}^3(x)}{b_{0,3}^3(x) + 10b_{1,3}^3(x) + 10b_{2,3}^3(x) + b_{3,3}^3(x)},$$

$$rb_{1,3}^3(x) = \frac{10b_{1,3}^3(x)}{b_{0,3}^3(x) + 10b_{1,3}^3(x) + 10b_{2,3}^3(x) + b_{3,3}^3(x)},$$

$$rb_{2,3}^3(x) = \frac{10b_{2,3}^3(x)}{b_{0,3}^3(x) + 10b_{1,3}^3(x) + 10b_{2,3}^3(x) + b_{3,3}^3(x)},$$

$$rb_{3,3}^3(x) = \frac{b_{3,3}^3(x)}{b_{0,3}^3(x) + 10b_{1,3}^3(x) + 10b_{2,3}^3(x) + b_{3,3}^3(x)},$$

wobei $b_{0,3}^3$, $b_{1,3}^3$, $b_{2,3}^3$ und $b_{3,3}^3$ genau die natürlichen kardinalen kubischen B-Splines zum Index 3 bezeichnen. Das qualitative Aussehen dieser gebrochenrationalen natürlichen kardinalen kubischen B-Splines entnehme man Abb. 9.8.

Abb. 9.8 Gebrochenrationale
natürliche kubische B-Splines
$rb_{k,3}^3$ für $k = 0, 1, 2, 3$

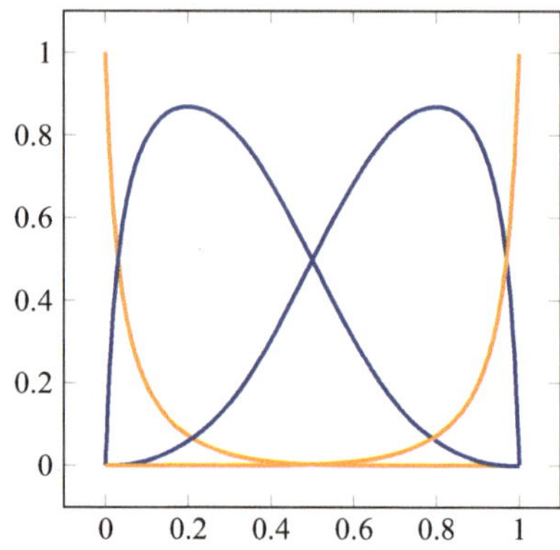

In Hinblick auf ihre Eigenschaften verhalten sich die **gebrochenrationalen natürlichen kubischen B-Splines** exakt genauso wie die gebrochenrationalen **Bernstein-
Grundfunktionen**.

> **Satz 9.5.3 Eigenschaften gebrochenrationaler B-Splines** Es seien $k, n \in$
> $\mathbb{N}$, $n \geq 3$, $0 \leq k \leq n$, und $x \in [0, 1]$ beliebig gegeben sowie $w_i > 0$,
> $0 \leq i \leq n$, beliebige Gewichte. Dann gilt:
>
> - $rb_{k,n}^3(x) \geq 0$ **(Nicht-Negativität)**
>
> - $\displaystyle\sum_{k=0}^{n} rb_{k,n}^3(x) = 1$ **(Zerlegung der Eins)**

Mit Hilfe der gebrochenrationalen natürlichen kardinalen kubischen B-Splines lassen sich
nun wieder Kurven generieren, die auch für die inneren Punkte eines gegebenen Datensatzes zu besseren Ergebnissen führen. Die entstehenden Kurven bezeichnet man als
gebrochenrationale kubische B-Spline-Kurven.

Definition 9.5.4 Gebrochenrationale kubische B-Spline-Kurve

Es sei $n \in \mathbb{N}$, $n \geq 3$, beliebig gegeben und es seien darüber hinaus $w_i > 0$, $0 \leq i \leq n$,
fest vorgegebene Gewichte sowie $(x_0, y_0)^T, (x_1, y_1)^T, \ldots, (x_n, y_n)^T \in \mathbb{R}^2$ vorgegebene Punkte in der Ebene. Dann nennt man die parametrisierte ebene Kurve

$$RBSK^3\colon [0, 1] \to \mathbb{R}^2, \qquad t \mapsto \begin{pmatrix} x_0 \\ y_0 \end{pmatrix} rb_{0,n}^3(t) + \cdots + \begin{pmatrix} x_n \\ y_n \end{pmatrix} rb_{n,n}^3(t)$$

(approximierende) gebrochenrationale kubische B-Spline-Kurve bezüglich der gegebenen Gewichte und Punkte. Dabei bezeichnen $rb_{k,n}^3$, $0 \leq k \leq n$, genau die gebrochenrationalen natürlichen kardinalen kubischen B-Splines zum Index n und den
gegebenen Gewichten. ◄

Abb. 9.9 Gebrochenrationale
kubische B-Spline-Kurve

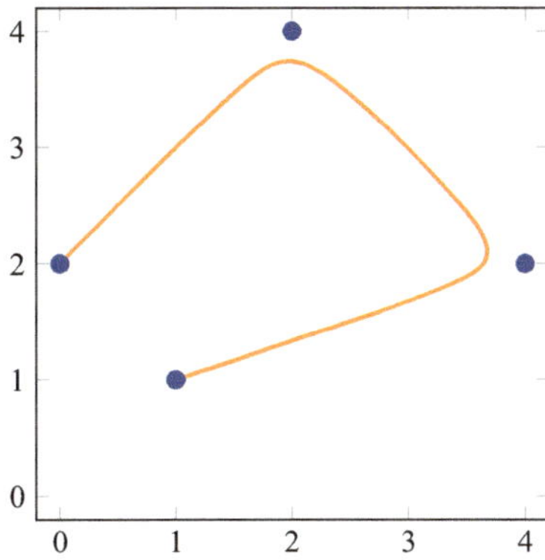

Man kann zeigen, dass die entstehende gebrochenrationale kubische B-Spline-Kurve genau den inneren Punkten besonders nahe kommt, zu denen ein entsprechend großes Gewicht gewählt wurde. Die Gewichte w_0 und w_n zu den Randpunkten werden im Allgemeinen fest auf 1 gesetzt, da diese Punkte durch die Kurve stets exakt reproduziert werden und dort keine Verbesserung erforderlich ist.

Beispiel 9.5.5

Gibt man wieder vier beliebige Punkte in $\mathbb{R}^2$ vor gemäß

$$\begin{pmatrix} x_0 \\ y_0 \end{pmatrix} := \begin{pmatrix} 0 \\ 2 \end{pmatrix}, \ \begin{pmatrix} x_1 \\ y_1 \end{pmatrix} := \begin{pmatrix} 2 \\ 4 \end{pmatrix}, \ \begin{pmatrix} x_2 \\ y_2 \end{pmatrix} := \begin{pmatrix} 4 \\ 2 \end{pmatrix}, \ \begin{pmatrix} x_3 \\ y_3 \end{pmatrix} := \begin{pmatrix} 1 \\ 1 \end{pmatrix},$$

sowie vier Gewichte $w_0 := 1$, $w_1 := 10$, $w_2 := 10$ und $w_3 := 1$, dann ist $n := 3$ zu setzen und die zugehörige gebrochenrationale kubische B-Spline-Kurve lautet

$$RBSK^3(t) = \begin{pmatrix} 0 \\ 2 \end{pmatrix} rb_{0,3}^3(t) + \begin{pmatrix} 2 \\ 4 \end{pmatrix} rb_{1,3}^3(t) + \begin{pmatrix} 4 \\ 2 \end{pmatrix} rb_{2,3}^3(t) + \begin{pmatrix} 1 \\ 1 \end{pmatrix} rb_{3,3}^3(t) \ .$$

Dabei bezeichnen $rb_{0,3}^3$, $rb_{1,3}^3$, $rb_{2,3}^3$ und $rb_{3,3}^3$ genau die gebrochenrationalen natürlichen kardinalen kubischen B-Splines zum Index 3 zu den gegebenen Gewichten, und t durchläuft das Parameterintervall $[0, 1]$. Das qualitative Aussehen von $RBSK^3$ entnehme man Abb. 9.9. Man erkennt die schon recht überzeugende Annäherung der Kurve auch an die vorgegebenen inneren Punkte.

Warum die Gewichte den skizzierten Einfluss auf das qualitative Verhalten der entstehenden Kurven haben und wie man ihr Verhalten noch weiter optimieren kann, bleibt einem entsprechenden Buch über **Computer-Grafik** vorbehalten. Dort wird dann auch das oben skizzierte prinzipielle Vorgehen dahingehend verallgemeinert, dass man von den gebrochenrationalen B-Splines mit **äquidistanten** kardinalen Nahtstellen zu den sogenannten **NURBS** mit im Allgemeinen **nicht äquidistant** verteilten Nahtstellen übergeht. Dabei steht der Begriff **NURBS** für **N**on-**U**niform-**R**ational-**B**-**S**plines und das sich unter diesem Namen verbergende Konzept kann als gegenwärtiger Quasi-Standard im Bereich der anspruchsvollen computerbasierten Visualisierung angesehen werden.

9.6 Aufgaben mit Lösungen

Aufgabe 9.6.1 *Gegeben sei der Datensatz*

$$(0,1),\ \left(\frac{1}{5},2\right),\ \left(\frac{2}{5},4\right),\ \left(\frac{3}{5},0\right),\ \left(\frac{4}{5},2\right),\ (1,3).$$

Bestimmen Sie die zugehörige interpolierende Spline-Funktion

$$S(x) := \delta_0 b_{0,5}^3(x) + \delta_1 b_{1,5}^3(x) + \delta_2 b_{2,5}^3(x) + \delta_3 b_{3,5}^3(x) + \delta_4 b_{4,5}^3(x) + \delta_0 b_{5,5}^3(x)\,.$$

Dabei bezeichnen natürlich $b_{0,5}^3$ bis $b_{5,5}^3$ genau die natürlichen kubischen B-Splines zum Index 5.

Lösung der Aufgabe Aufgrund der gegebenen Daten ergibt sich das zu lösende Gleichungssystem zu

$$
\begin{aligned}
1\delta_0 &{}&{}&{}&{}&{}&= 1 \\
\tfrac{1}{6}\delta_0 + \tfrac{2}{3}\delta_1 + \tfrac{1}{6}\delta_2 &{}&{}&{}&{}&= 2 \\
\tfrac{1}{6}\delta_1 + \tfrac{2}{3}\delta_2 + \tfrac{1}{6}\delta_3 &{}&{}&{}&= 4 \\
\tfrac{1}{6}\delta_2 + \tfrac{2}{3}\delta_3 + \tfrac{1}{6}\delta_4 &{}&{}&= 0 \\
\tfrac{1}{6}\delta_3 + \tfrac{2}{3}\delta_4 + \tfrac{1}{6}\delta_5 &= 2 \\
1\delta_5 &= 3
\end{aligned}
$$

Mit dem entwickelten Gauß-Typ-Algorithmus berechnet sich die Lösung des Gleichungssystems zu $\delta_0 = 1$, $\delta_1 = \frac{13}{11}$, $\delta_2 = \frac{69}{11}$, $\delta_3 = -\frac{25}{11}$, $\delta_4 = \frac{31}{11}$ und $\delta_5 = 3$. Die gesuchte interpolierende kubische Spline-Funktion lautet also

$$S(x) = b_{0,5}^3(x) + \frac{13}{11}b_{1,5}^3(x) + \frac{69}{11}b_{2,5}^3(x) - \frac{25}{11}b_{3,5}^3(x) + \frac{31}{11}b_{4,5}^3(x) + 3b_{5,5}^3(x)$$

und ihr qualitatives Aussehen ist in Abb. 9.10 skizziert.

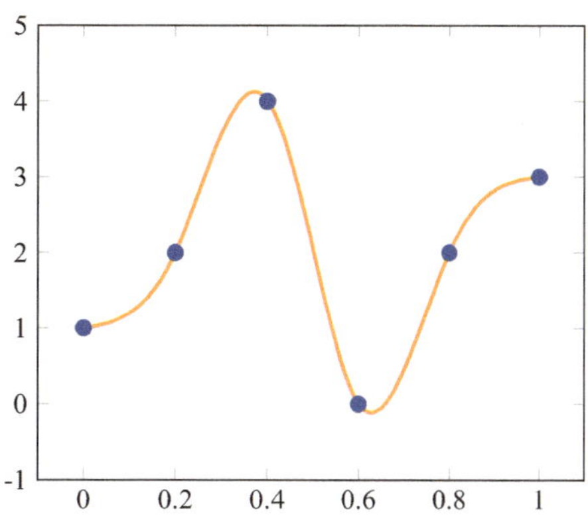

Abb. 9.10 Interpolierender kubischer B-Spline

Selbsttest 9.6.2 Welche Aussagen über natürliche kardinale kubische B-Splines sind wahr?

?+? Es gibt genau einen kardinalen kubischen B-Spline.

?+? Aufsummiert ergeben die natürlichen kardinalen kubischen B-Splines zum Index n exakt 1 in $[0, 1]$.

?−? Die natürlichen kardinalen kubische B-Splines sind algebraische Polynome vom Grad 3.

?+? Die natürlichen kardinalen kubischen B-Splines zum Index n sind nicht negativ auf $[0, 1]$.

?+? Die natürlichen kardinalen kubischen B-Splines können zur Approximation von Daten dienen.

Selbsttest 9.6.3 Welche Aussagen über ganzrationale B-Spline-Kurven sind wahr?

?+? Ganzrationale kubische B-Spline-Kurven basieren auf natürlichen kardinalen kubischen B-Splines.

?−? Ganzrationale kubische B-Spline-Kurven zum Index n hängen von n vorgegebenen Punkten ab.

?+? Ganzrationale kubische B-Spline-Kurven gehen durch den ersten und den letzten gegebenen Punkt.

?+? Wenn 7 Punkte gegeben sind, arbeitet man mit B-Splines zum Index 6.

Selbsttest 9.6.4 Welche Aussagen über gebrochenrationale B-Spline-Kurven sind wahr?

?+? Gebrochenrationale kubische B-Spline-Kurven basieren auf kardinalen kubischen B-Splines.

?+? Gebrochenrationale kubische B-Spline-Kurven zum Index n hängen von $n + 1$ Punkten ab.

?+? Gebrochenrationale kubische B-Spline-Kurven gehen durch den ersten und letzten gegebenen Punkt.

Literatur

1. Schoenberg, I.J.: Contributions to the problem of approximation of equidistant data by analytic functions. Part A. Provid. Q. Appl. Math. **4**, 45–99 (1946)
2. Schoenberg, I.J.: Contributions to the problem of approximation of equidistant data by analytic functions. Part B. Provid. Q. Appl. Math. **4**, 112–141 (1946)
3. Schoenberg, I.J.: Cardinal spline interpolation. In: Philadelphia: SIAM Regional Conf. Ser. in Appl. Math, Bd. 12. (1973)
4. de Boor, C.: A Practical Guide to Splines. Springer, Berlin, Heidelberg, New York (2001)
5. Prautzsch, H., Boehm, W., Paluszny, M.: Bézier and B-Spline Techniques. Springer, Berlin, Heidelberg, New York (2010)
6. Preparata, F.P., Shamos, M.I.: Computational Geometry. Springer, Berlin, Heidelberg, New York (1993)

Um einen Einstieg in die Idee des **Integrierens** zu erhalten, wird zur Motivation erneut ein Auto betrachtet, das hier wieder mit einem Fahrtenschreiber zur Aufnahme der jeweils aktuellen Geschwindigkeit ausgestattet sein soll. Man erhält also für jeden Zeitpunkt t eines Tages die gemessene momentane Geschwindigkeit $V(t)$. Ein tabellarischer Ausschnitt dieser Aufzeichnung könnte wie folgt aussehen, wobei die angegebenen Minuten ab einem festgelegten Startzeitpunkt gemessen sein mögen:

t [min]	126	127	128	129
V [km/min]	1.0	1.2	0.9	0.7

Möchte man nun näherungsweise die zurückgelegte Wegstrecke zwischen 126 Minuten und 129 Minuten Fahrtzeit ermitteln, muss man sich lediglich an die Formel **Weg ist gleich Geschwindigkeit mal Zeit** erinnern und erhält so entweder

$$s(129) - s(126) \approx 1.0(127 - 126) + 1.2(128 - 127) + 0.9(129 - 128) = 3.1$$

oder

$$s(129) - s(126) \approx 1.2(127 - 126) + 0.9(128 - 127) + 0.7(129 - 128) = 2.8,$$

wobei auf die Angabe der Einheiten, hier km, verzichtet wurde. Diese beiden Resultate sind natürlich noch ziemlich ungenau und insbesondere verschieden voneinander. Möchte man genauere Ergebnisse, müsste man die jeweils aktuelle Geschwindigkeit in kürzeren Zeitabständen messen. Hätte man also die Tabelle

t [min]	126	126.5	127	127.5	128	128.5	129
V [km/min]	1.0	1.1	1.2	1.1	0.9	0.8	0.7

Elektronisches Zusatzmaterial Die elektronische Version dieses Kapitels enthält Zusatzmaterial, das berechtigten Benutzern zur Verfügung steht https://doi.org/10.1007/978-3-658-29922-4_10.

B. Lenze, *Basiswissen Analysis*, https://doi.org/10.1007/978-3-658-29922-4_10

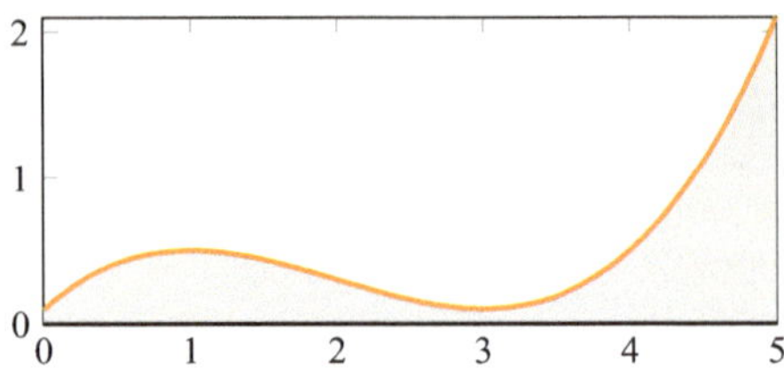

Abb. 10.1 Funktion mit eingeschlossener Fläche

zur Verfügung, so ergäbe sich entweder

$$s(129) - s(126) \approx 1.0(126.5 - 126) + 1.1(127 - 126.5)$$
$$+ 1.2(127.5 - 127) + 1.1(128 - 127.5)$$
$$+ 0.9(128.5 - 128) + 0.8(129 - 128.5) = 3.05$$

oder

$$s(129) - s(126) \approx 1.1(126.5 - 126) + 1.2(127 - 126.5)$$
$$+ 1.1(127.5 - 127) + 0.9(128 - 127.5)$$
$$+ 0.8(128.5 - 128) + 0.7(129 - 128.5) = 2.9.$$

Setzt man diesen Prozess in Gedanken für immer kleiner werdende Zeitabstände fort, so sollte klar sein, was passiert: Die berechneten zurückgelegten Wegstreckennäherungen werden sich immer mehr einem gemeinsamen Wert nähern, der dann tatsächlich dem gesuchten zurückgelegten Weg entsprechen wird. Genau das ist das prinzipielle Vorgehen beim sogenannten **Integrieren**.

Kehrt man nach dieser kleinen Motivation wieder zur Mathematik im engeren Sinne zurück und abstrahiert das obige Vorgehen von diskreten Messwerten auf allgemeine Funktionen, so stellt man fest, dass es bei der sogenannten **Integration** primär um die Frage geht, wie man den **Flächeninhalt** zwischen der x-Achse und dem Graph einer zunächst positiven Funktion f bestimmen kann. Während in der Schule also Flächeninhalte elementarer geometrischer Objekte (Rechtecke, Dreiecke, Kreise etc.) untersucht wurden, sollen nun die Inhalte einseitig beliebig begrenzter Objekte berechnet werden (vgl. Abb. 10.1) (hinsichtlich weiterführender Informationen siehe [1–6]).

Dazu geht man prinzipiell wie folgt vor: Man **nähert** die zu bestimmende Fläche mit geometrischen Objekten an, deren Flächen man bereits kennt, konkret mit**Rechtecken** (vgl. Abb. 10.2).

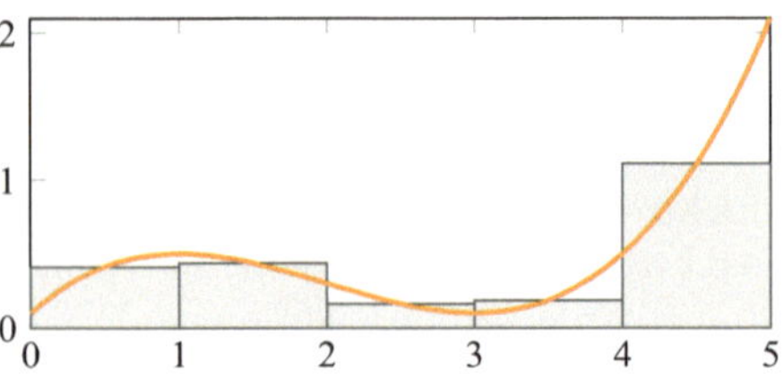

Abb. 10.2 Funktion mit grob genäherter Fläche

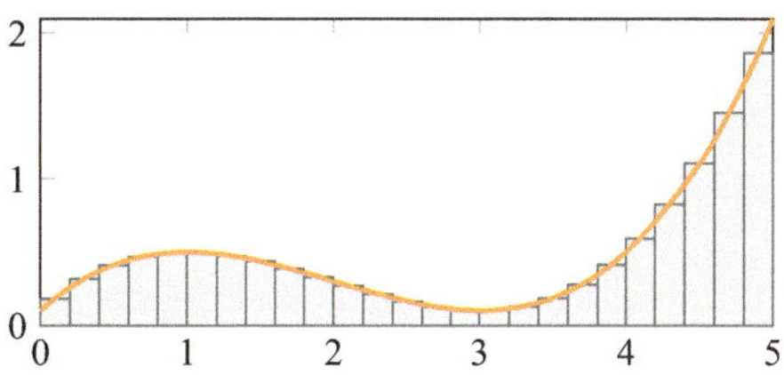

Abb. 10.3 Funktion mit fein genäherter Fläche

Dann **verfeinert** man diese Näherungen Schritt für Schritt, bis **im Grenzwert** die **exakte Fläche** realisiert wird (vgl. Abb. 10.3).

10.1 Grundlegendes zu integrierbaren Funktionen

Im Folgenden sei f stets eine beschränkte, auf einem nicht leeren Intervall $[a, b] \subseteq \mathbb{R}$, $a < b$, erklärte Funktion. Dabei versteht man unter einer **beschränkten Funktion** $f : [a, b] \to \mathbb{R}$ eine Funktion, deren zugehörige Bildmenge

$$B_f := \{f(x) \mid x \in [a, b]\}$$

im üblichen mengentheoretischen Sinne beschränkt ist. Um nun für derartige Funktionen der **Fläche** zwischen dem Graph von f und der x-Achse des Koordinatensystems einen sinnvollen Wert zuordnen zu können, bedarf es zunächst einiger Vorbereitungen. Zunächst lässt man im allgemeinen Fall die Forderung, dass f nur positive Funktionswerte haben darf, fallen, und interpretiert Flächen unterhalb der x-Achse als negativ: Das im Folgenden eingeführte **Integral** bestimmt also gewissermaßen den Wert der Nettofläche, was z. B. zur Konsequenz hat, dass das Integral Null wird, wenn oberhalb und unterhalb der x-Achse identische Flächenbereiche liegen. Möchte man diese Kompensation nicht, muss man einfach $|f|$ statt f betrachten. Ferner müssen wir, um auf systematische Art und Weise zu den kleinen Rechteckflächen der Näherungen zu kommen, die Intervalle, über die wir integrieren möchten, geschickt zerlegen. Wir starten also mit einer Definition, die die **Zerlegung eines Intervalls** $[a, b]$ in kleine Teilintervalle formalisiert.

Definition 10.1.1 Zerlegung eines Intervalls

Es sei $[a, b] \subseteq \mathbb{R}$, $a < b$, beliebig gegeben und $n \in \mathbb{N}^*$ eine natürliche Zahl. Ferner sei $\{x_0^{(n)}, x_1^{(n)}, \ldots, x_n^{(n)}\} \subseteq [a, b]$ eine Menge von $(n + 1)$ Punkten in $[a, b]$ mit der Eigenschaft

$$a = x_0^{(n)} < x_1^{(n)} < \cdots\cdots < x_n^{(n)} = b\,.$$

Dann nennt man

$$Z_n[a, b] := \left\{x_0^{(n)}, x_1^{(n)}, \ldots, x_n^{(n)}\right\}$$

eine n-**Zerlegung** von $[a, b]$. Ferner bezeichnet man

$$\mathcal{F}(Z_n[a,b]) := \max\left\{\left(x_{k+1}^{(n)} - x_k^{(n)}\right)\,\middle|\, 0 \leq k \leq n-1\right\}$$

als die **Feinheit** der n-Zerlegung $Z_n[a,b]$. ◀

Beispiel 10.1.2

Es seien $[a, b] := [0, 5]$ und $n := 5$ gegeben. Setzt man nun

$$x_k^{(5)} := k\,, \quad 0 \leq k \leq 5\,,$$

dann ist

$$Z_5[0, 5] := \{0, 1, 2, 3, 4, 5\}$$

eine 5-**Zerlegung** von $[0, 5]$ mit **Feinheit** $\mathcal{F}(Z_5[0, 5]) = 1$. Eine derartige Zerlegung nennt man eine **äquidistante Zerlegung**, da die Abstände benachbarter Zerlegungspunkte alle gleich sind. Auch die 8-**Zerlegung** von $[0, 5]$,

$$Z_8[0, 5] := \{0, 0.2, 0.4, 1, 2, 3, 4, 4.5, 5\}\,,$$

wäre eine Zerlegung mit **Feinheit** $\mathcal{F}(Z_8[0, 5]) = 1$, aber keine äquidistante Zerlegung.

Setzt man $n := 25$ und

$$x_k^{(25)} := \frac{k}{5}\,, \quad 0 \leq k \leq 25\,,$$

dann ist

$$Z_{25}[0, 5] := \left\{0, \frac{1}{5}, \frac{2}{5}, \ldots, \frac{24}{5}, 5\right\}$$

eine 25-**Zerlegung** von $[0, 5]$ mit **Feinheit** $\mathcal{F}(Z_{25}[0, 5]) = \frac{1}{5}$. Insbesondere ist $Z_{25}[0, 5]$ hier wieder eine äquidistante Zerlegung.

Basierend auf dem Zerlegungskonzept lässt sich nun der Integralbegriff präzise einführen, wobei die sogenannten **Untersummen** und **Obersummen** von f bezüglich eines Intervalls $[a, b]$ eine entscheidende Rolle spielen.

Definition 10.1.3   Untersumme und Obersumme

Es sei $[a, b] \subseteq \mathbb{R}$, $a < b$, beliebig gegeben und $n \in \mathbb{N}^*$ eine natürliche Zahl. Ferner sei $f \colon [a, b] \to \mathbb{R}$ eine beschränkte Funktion und $Z_n[a, b]$ eine beliebige n-Zerlegung von $[a, b]$. Dann nennt man

$$U(f, Z_n[a, b]) := \sum_{k=0}^{n-1} \inf \left\{ f(t) \Big| t \in \left[x_k^{(n)}, x_{k+1}^{(n)} \right] \right\} (x_{k+1}^{(n)} - x_k^{(n)})$$

Untersumme von f bezüglich $Z_n[a, b]$ und entsprechend

$$O(f, Z_n[a, b]) := \sum_{k=0}^{n-1} \sup \left\{ f(t) \Big| t \in \left[x_k^{(n)}, x_{k+1}^{(n)} \right] \right\} \left(x_{k+1}^{(n)} - x_k^{(n)} \right)$$

Obersumme von f bezüglich $Z_n[a, b]$. ◄

Beispiel 10.1.4

Es sei $f \colon [0, 5] \to \mathbb{R}$ mit $f(x) := \frac{1}{10}x^2$ gegeben sowie $n \in \mathbb{N}^*$. Definiert man nun durch

$$Z_n[0, 5] := \left\{ x_0^{(n)}, x_1^{(n)}, x_2^{(n)}, \ldots, x_n^{(n)} \right\} := \left\{ 0, \frac{5}{n}, \frac{10}{n}, \ldots, \frac{5(n-1)}{n}, 5 \right\}$$

eine spezielle n-**Zerlegung** des gegebenen Intervalls $[0, 5]$ mit **Feinheit** $\mathcal{F}(Z_n[0, 5]) = \frac{5}{n}$, so ergibt sich aufgrund der Monotonie von f für die **Unter-summe** von f bezüglich $Z_n[0, 5]$ (vgl. auch Abb. 10.4) die Identität

$$U(f, Z_n[0, 5]) = \sum_{k=0}^{n-1} \inf \left\{ \frac{1}{10} t^2 \Big| t \in \left[x_k^{(n)}, x_{k+1}^{(n)} \right] \right\} \left(x_{k+1}^{(n)} - x_k^{(n)} \right)$$

$$= \sum_{k=0}^{n-1} \frac{1}{10} \left(x_k^{(n)} \right)^2 \left(x_{k+1}^{(n)} - x_k^{(n)} \right)$$

$$= \sum_{k=0}^{n-1} \frac{1}{10} \left(\frac{5k}{n} \right)^2 \frac{5}{n} = \frac{125}{10n^3} \sum_{k=0}^{n-1} k^2 = \frac{25}{2n^3} \frac{(n-1)n(2n-1)}{6}$$

$$= \frac{25(n-1)n(2n-1)}{12n^3}$$

Abb. 10.4 Funktion $f : x \mapsto \frac{1}{10}x^2$ mit Untersumme und Integral

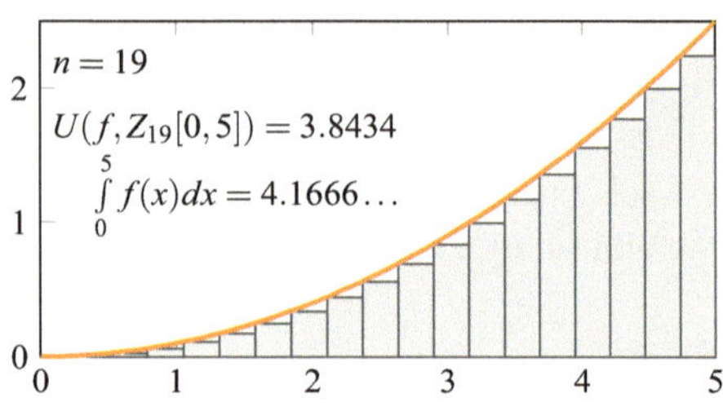

Abb. 10.5 Funktion $f : x \mapsto \frac{1}{10}x^2$ mit Obersumme und Integral

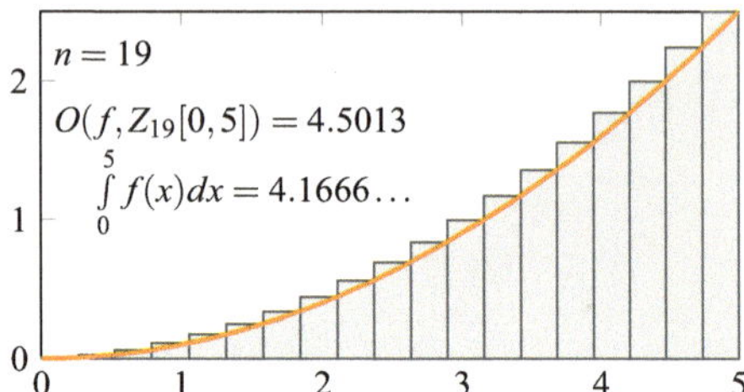

und entsprechend für die **Obersumme** von f bezüglich $Z_n[0,5]$ (vgl. auch Abb. 10.5) die Identität

$$
\begin{aligned}
O(f, Z_n[0,5]) &= \sum_{k=0}^{n-1} \sup\left\{\frac{1}{10}t^2 \mid t \in [x_k^{(n)}, x_{k+1}^{(n)}]\right\}(x_{k+1}^{(n)} - x_k^{(n)}) \\
&= \sum_{k=0}^{n-1} \frac{1}{10}(x_{k+1}^{(n)})^2(x_{k+1}^{(n)} - x_k^{(n)}) \\
&= \sum_{k=0}^{n-1} \frac{1}{10}\left(\frac{5(k+1)}{n}\right)^2 \frac{5}{n} = \frac{125}{10n^3}\sum_{k=0}^{n} k^2 \\
&= \frac{25}{2n^3}\frac{n(n+1)(2n+1)}{6} \\
&= \frac{25n(n+1)(2n+1)}{12n^3}.
\end{aligned}
$$

Man erkennt, dass sowohl die Folge der Unter- als auch die der Obersummen für $n \to \infty$ (d.h. Feinheit der Zerlegungen gegen Null) gegen $\frac{25}{6}$ konvergieren. Damit scheint dieser Wert ein plausibles Maß für die von f im Intervall $[0,5]$ mit der x-Achse **eingeschlossene Fläche** zu sein.

Der bereits im obigen Beispiel vollzogene Grenzübergang zu Unter- und Obersummen mit **Feinheit Null** wird in der folgenden Definition präzisiert und führt zu den **integrierbaren Funktionen**.

Definition 10.1.5 Integrierbare Funktionen

Es sei $[a,b] \subseteq \mathbb{R}$, $a < b$, beliebig gegeben und $f\colon [a,b] \to \mathbb{R}$ eine beschränkte Funktion. Man nennt f **Riemann-integrierbar** (Bernhard Riemann, 1826–1866) oder schlicht **integrierbar** (auf oder über $[a,b]$), wenn es eine Zahl $I_f[a,b] \in \mathbb{R}$ gibt, so dass für jede Folge von Zerlegungen $(Z_n[a,b])_{n \in \mathbb{N}^*}$ von $[a,b]$, deren Feinheit gegen Null konvergiert, also $\lim_{n \to \infty} \mathcal{F}(Z_n[a,b]) = 0$ erfüllt, die Folgen ihrer entsprechenden Unter- und Obersummen gegen $I_f[a,b]$ konvergieren:

$$\lim_{n \to \infty} U(f, Z_n[a,b]) = I_f[a,b] = \lim_{n \to \infty} O(f, Z_n[a,b]) \,.$$

Man schreibt dann

$$I_f[a,b] =: \int_a^b f(x)dx$$

und bezeichnet diese Größe als das **Integral von f über** $[a,b]$. ◄

Die obige Definition besagt insbesondere, dass zum Nachweis der Integrierbarkeit einer Funktion zunächst **alle Unter- und Obersummen** mit gegen Null konvergierenden Feinheiten in Hinblick auf ihre Grenzwerte überprüft werden müssen, ehe man auf Integrierbarkeit schließen kann. Dies ist natürlich für die Praxis ein unzumutbarer Aufwand. Aus diesem Grunde ist es sehr hilfreich zu wissen, dass eine große Menge bekannter Funktionen auf jeden Fall integrierbar ist und, wenn man dies weiß, natürlich nur noch **ein Grenzwertprozess** für irgendeine mit Feinheit gegen Null konvergierende Unter- oder Obersumme durchführt werden muss, um das jeweilige Integral zu bestimmen. Im Folgenden ist dieser für die Anwendung wichtige Satz über **hinreichende Integrierbarkeitsbedingungen** ohne Beweis formuliert.

▶ **Satz 10.1.6 Hinreichende Integrierbarkeitsbedingungen** Es sei $[a,b] \subseteq \mathbb{R}$, $a < b$, beliebig gegeben und $f\colon [a,b] \to \mathbb{R}$ eine beschränkte Funktion. Dann ist f auf $[a,b]$ integrierbar, wenn mindestens eine der folgenden Voraussetzungen erfüllt ist:

- f ist **stetig** auf $[a,b]$,
- f ist **monoton fallend** auf $[a,b]$,
- f ist **monoton wachsend** auf $[a,b]$.

Ist $Z_n[a,b]$, $n \in \mathbb{N}^*$, irgendeine feste Zerlegung von $[a,b]$ und erfüllt f auf jedem Teilintervall der Zerlegung mindestens eine der obigen drei Bedingungen, dann ist f ebenfalls auf $[a,b]$ integrierbar.

Beispiel 10.1.7

Die Funktion $f\colon [0,5] \to \mathbb{R}$ mit $f(x) := \frac{1}{10}x^2$ ist sowohl **stetig** als auch **monoton wachsend** auf $[0,5]$, also integrierbar über $[0,5]$. Da das Integral nun mit irgendeiner mit Feinheit gegen Null konvergierenden Folge von Unter- oder Obersummen ausgerechnet werden kann, folgt aus den im vorausgegangenen Beispiel vollzogenen Rechnungen:

$$\int_0^5 \frac{1}{10}x^2\,dx = \frac{25}{6}\,.$$

▶ **Bemerkung 10.1.8 Integrierbarkeit rationaler Funktionen** Da alle ganz- und gebrochenrationalen Funktionen auf jedem abgeschlossenen Teilintervall $[a,b]$ ihres Definitionsbereichs beschränkt und stetig sind, folgt mit dem obigen Satz z. B. sofort ihre Integrierbarkeit auf dem jeweiligen Intervall $[a,b]$.

▶ **Bemerkung 10.1.9 Nicht integrierbare Funktionen** Der Vollständigkeit halber sei erwähnt, dass es natürlich auch **nicht integrierbare Funktionen** gibt. Die bekannteste nicht Riemann-integrierbare Funktion ist wahrscheinlich die sogenannte **Dirichletsche Sprungfunktion** (Johann Dirichlet, 1805–1859), $d\colon \mathbb{R} \to \{0,1\}$,

$$d(x) := \left\{ \begin{array}{l} 0 \text{ falls } x \in \mathbb{R} \setminus \mathbb{Q} \\ 1 \text{ falls } x \in \mathbb{Q} \end{array} \right\}.$$

Sie ist, wie man zeigen kann, auf **keinem** Teilintervall von $\mathbb{R}$ Riemann-integrierbar, denn ihre Untersummen liefern stets 0 und ihre Obersummen stets die gesamte Länge des Intervalls. Nicht integrierbare Funktionen sind meistens etwas pathologisch und spielen in der Praxis i. Allg. keine Rolle.

▶ **Bemerkung 10.1.10 Beliebige Bezeichnung der Variablen** Wie im Fall von Funktionen kommt es auch im Fall der Integrale **nicht** auf die Bezeichnung der Variablen an. So sind z. B. die Funktionen $f\colon [0,4] \to \mathbb{R}$, $x \mapsto x^2$, und $g\colon [0,4] \to \mathbb{R}$, $t \mapsto t^2$, identisch und entsprechend gilt

$$\int_0^4 x^2\,dx = \int_0^4 t^2\,dt\,.$$

Von dieser Freiheit bei der Notation von Integralen wird im Folgenden vielfach ohne weiteren Hinweis Gebrauch gemacht.

10.2 Aufgaben mit Lösungen

Aufgabe 10.2.1 *Es sei $f\colon [0,4] \to \mathbb{R}$ mit $f(x) := x^3$ gegeben. Begründen Sie zunächst, warum f über $[0,4]$ integrierbar ist, und berechnen Sie anschließend das entsprechende Integral als Grenzwert einer Folge einfacher Untersummen. Sie dürfen dabei ausnutzen, dass*

$$\sum_{k=0}^{n} k^3 = \frac{n^2(n+1)^2}{4} \,, \quad n \in \mathbb{N}\,,$$

gilt.

Lösung der Aufgabe Zunächst ist f stetig (und auch noch monoton wachsend) auf $[0,4]$, also insbesondere integrierbar über $[0,4]$. Es sei nun $n \in \mathbb{N}^*$ beliebig gegeben. Definiert man durch

$$Z_n[0,4] := \left\{ x_0^{(n)}, x_1^{(n)}, x_2^{(n)}, \ldots, x_n^{(n)} \right\} := \left\{ 0, \frac{4}{n}, \frac{8}{n}, \ldots, \frac{4(n-1)}{n}, 4 \right\}$$

eine spezielle n-Zerlegung von $[0,4]$ mit Feinheit $\mathcal{F}(Z_n[0,4]) = \frac{4}{n}$, so ergibt sich aufgrund der Monotonie von f für die Untersumme von f bezüglich $Z_n[0,4]$ die Identität

$$\begin{aligned}
U(f, Z_n[0,4]) &= \sum_{k=0}^{n-1} \inf\left\{ t^3 \mid t \in [x_k^{(n)}, x_{k+1}^{(n)}] \right\} \left(x_{k+1}^{(n)} - x_k^{(n)} \right) \\
&= \sum_{k=0}^{n-1} \left(x_k^{(n)} \right)^3 \left(x_{k+1}^{(n)} - x_k^{(n)} \right) \\
&= \sum_{k=0}^{n-1} \left(\frac{4k}{n} \right)^3 \frac{4}{n} = \frac{256}{n^4} \sum_{k=0}^{n-1} k^3 = \frac{256}{n^4} \frac{(n-1)^2 n^2}{4} = \frac{64(n-1)^2 n^2}{n^4}\,.
\end{aligned}$$

Damit folgt für das gesuchte Integral

$$\int_0^4 x^3 \, dx = \lim_{n \to \infty} \frac{64(n-1)^2 n^2}{n^4} = 64\,.$$

Selbsttest 10.2.2 Welche Mengen sind n-Zerlegungen des Intervalls $[-1,1]$ der Feinheit $\frac{1}{3}$?

?−? Die Menge $\{-1, -\frac{2}{3}, 0, \frac{1}{3}, 1\}$.
?−? Die Menge $\{-1, -\frac{2}{3}, -\frac{1}{3}, 0, \frac{1}{2}, 1\}$.
?+? Die Menge $\{-1, -\frac{2}{3}, -\frac{1}{3}, 0, \frac{1}{3}, \frac{2}{3}, 1\}$.
?−? Die Menge $\{-\frac{2}{3}, -\frac{1}{3}, 0, \frac{1}{3}, \frac{2}{3}, 1\}$.
?+? Die Menge $\{-1, -\frac{5}{6}, -\frac{2}{3}, -\frac{1}{3}, -\frac{1}{6}, 0, \frac{1}{17}, \frac{1}{3}, \frac{2}{3}, 1\}$.

10.3   Hauptsatz der Differential- und Integralrechnung

Da es beim **Differenzieren** um die Bestimmung der **Steilheit einer Funktion** ging und beim **Integrieren** die Aufgabe in der **Berechnung eingeschlossener Flächen** bestand, hat man zunächst den Eindruck, dass diese beiden Konzepte nicht miteinander in Verbindung stehen. Deshalb ist es um so erstaunlicher, dass mit Hilfe des **Hauptsatzes der Differential- und Integralrechnung** ein sehr enger Zusammenhang zwischen diesen beiden Teildisziplinen der Analysis aufgedeckt werden kann. Bevor dieser ausgesprochen wichtige Satz formuliert und bewiesen wird, bedarf es jedoch zunächst einiger Vorbereitungen. Dazu sei f im Folgenden stets eine integrierbare, auf einem nicht leeren Intervall $[a, b] \subseteq \mathbb{R}$, $a < b$, erklärte Funktion. Für eine derartige Funktion lassen sich in einem ersten Schritt einige sehr **einfache Integrationsregeln** formulieren, die unmittelbar über die Unter- und Obersummendefinition bewiesen werden können.

▶ **Satz 10.3.1 Einfache Integrationsregeln** Es sei $[a, b] \subseteq \mathbb{R}$, $a < b$, beliebig gegeben und $f: [a, b] \to \mathbb{R}$ eine integrierbare Funktion. Dann gelten folgende Aussagen:

- Aus $a \leq u < v < w \leq b$ folgt, dass f auch auf $[u, v]$ und $[v, w]$ integrierbar ist und dass gilt

$$\int_u^w f(x)dx = \int_u^v f(x)dx + \int_v^w f(x)dx\,.$$

- Aus $\underline{m} \leq f(x) \leq \overline{m}$ für alle $x \in [a, b]$ folgt

$$\underline{m}(b - a) \leq \int_a^b f(x)dx \leq \overline{m}(b - a)\,.$$

Beweis Im Folgenden wird lediglich eine kleine geometrische Motivation für die Korrektheit der Aussagen gegeben und kein formaler Beweis unter Zugriff auf die Unter- und Obersummendefinition geführt. Für positive Funktionen kann man sich nämlich den ersten Teil des Satzes leicht anhand der Addition zweier Teilflächen zu einer Gesamtfläche klar machen, während der zweite Teil als Abschätzung der Integralfläche durch ein in ihr liegendes bzw. durch ein sie umfassendes Rechteck mit Seitenlängen $b - a$ und $\underline{m}$ bzw. $\overline{m}$ gedeutet werden kann. $\qquad\qquad\square$

Führt man nun noch für $a \leq u < v \leq b$ die **Vereinbarungen**

$$\int_v^u f(x)dx := -\int_u^v f(x)dx \quad \text{und} \quad \int_u^u f(x)dx := 0$$

ein, dann lässt sich speziell für stetige Funktionen f unter Ausnutzung des **Zwischen-wertsatzes** und des **Extremwertsatzes** für stetige Funktionen sofort der **Mittelwertsatz der Integralrechnung** beweisen.

▶ **Satz 10.3.2 Mittelwertsatz der Integralrechnung** Es sei $[a, b] \subseteq \mathbb{R}, a < b$, beliebig gegeben und $f : [a, b] \to \mathbb{R}$ eine stetige Funktion. Dann gibt es eine Stelle $z \in [a, b]$ mit

$$\frac{1}{b-a} \int_a^b f(x)dx = f(z) \, .$$

Beweis Zum Beweis setzt man

$$\underline{m} := \min\{f(t) \mid t \in [a, b]\} \quad \text{und} \quad \overline{m} := \max\{f(t) \mid t \in [a, b]\} \, .$$

Nach dem **Extremwertsatz für stetige Funktionen** existieren diese Größen, und es gibt ein $\underline{z} \in [a, b]$ und ein $\overline{z} \in [a, b]$ mit

$$f(\underline{z}) = \underline{m} \quad \text{und} \quad f(\overline{z}) = \overline{m} \, .$$

Aufgrund des vorausgegangenen Satzes ergibt sich damit sofort die Ungleichung

$$\underline{m} \leq \frac{1}{b-a} \int_a^b f(x)dx \leq \overline{m} \, .$$

Gilt nun zufälligerweise

$$\underline{m} = f(\underline{z}) = \frac{1}{b-a} \int_a^b f(x)dx \quad \text{oder} \quad \overline{m} = f(\overline{z}) = \frac{1}{b-a} \int_a^b f(x)dx \, ,$$

dann ist nichts mehr zu zeigen. Gilt jedoch keine der beiden Identitäten, dann hat die stetige Funktion $g : [a, b] \to \mathbb{R}$,

$$g(t) := f(t) - \frac{1}{b-a} \int_a^b f(x)dx \, , \quad t \in [a, b] \, ,$$

die Eigenschaft $g(\underline{z}) < 0$ und $g(\overline{z}) > 0$. Mit dem **Zwischenwertsatz für stetige Funk-tionen** folgt daraus die Existenz einer Stelle

$$z \in [\min\{\underline{z}, \overline{z}\}, \max\{\underline{z}, \overline{z}\}] \subseteq [a, b]$$

mit $g(z) = 0$. Daraus folgt die Behauptung. $\square$

Mit den obigen Vorbereitungen kann nun der **Hauptsatz der Differential- und Integralrechnung** formuliert und bewiesen werden.

▶ **Satz 10.3.3 Hauptsatz der Differential- und Integralrechnung** Es sei $[a,b] \subseteq \mathbb{R}$, $a < b$, beliebig gegeben und $f \colon [a,b] \to \mathbb{R}$ eine stetige Funktion. Dann ist die für alle $x \in [a,b]$ definierte Funktion $F \colon [a,b] \to \mathbb{R}$,

$$F(x) := \int_a^x f(t)\,dt$$

differenzierbar auf $[a,b]$ und ihre Ableitung ist gleich f, d. h.

$$F'(x) = f(x) \qquad \text{für alle} \quad x \in [a,b] \,.$$

Man nennt F dann auch eine **Stammfunktion** von f und für diese gilt insbesondere

$$\int_a^b f(x)\,dx = \int_a^b F'(x)\,dx = F(b) - \underbrace{F(a)}_{=0} =: [F(x)]_a^b \,,$$

wobei die Schreibweise $[F(x)]_a^b$ hier und im Folgenden stets eine Abkürzung für die Differenz $F(b) - F(a)$ sein soll.

Beweis Zunächst wird gezeigt, dass die Funktion F auf $[a,b]$ differenzierbar ist. Dazu sei $x \in [a,b]$ beliebig gegeben und $(x_n)_{n \in \mathbb{N}}$ eine beliebige gegen x konvergierende Folge mit $x \neq x_n \in [a,b]$, $n \in \mathbb{N}$. Wegen der Rechenregeln für das Integral sowie dem **Mittelwertsatz der Integralrechnung** existiert für jedes $n \in \mathbb{N}$ eine Stelle $z_n \in [\min\{x, x_n\}, \max\{x, x_n\}]$ mit

$$\frac{F(x) - F(x_n)}{x - x_n} = \frac{1}{x - x_n}\left(\int_a^x f(t)\,dt - \int_a^{x_n} f(t)\,dt\right) = \frac{1}{x - x_n}\int_{x_n}^x f(t)\,dt = f(z_n)\,.$$

Da wegen $\lim_{n \to \infty} x_n = x$ und $z_n \in [\min\{x, x_n\}, \max\{x, x_n\}]$, $n \in \mathbb{N}$, auch sofort $\lim_{n \to \infty} z_n = x$ folgt, ergibt sich aufgrund der **Stetigkeit von** f die Identität

$$\lim_{n \to \infty} \frac{F(x) - F(x_n)}{x - x_n} = \lim_{n \to \infty} f(z_n) = f(\lim_{n \to \infty} z_n) = f(x)\,.$$

Also ist F differenzierbar in x mit Ableitung $f(x)$. Der Rest des Satzes ist klar. $\qquad \square$

Mit dem obigen Hauptsatz hat man bereits eine sogenannte **Stammfunktion** für die jeweils gegebene stetige Funktion gefunden. Allgemein ist der Begriff der Stammfunktion wie folgt definiert.

Definition 10.3.4 Stammfunktionen

Es sei $[a,b] \subseteq \mathbb{R}$, $a < b$, beliebig gegeben und $f : [a,b] \to \mathbb{R}$ eine stetige Funktion. Dann nennt man eine Funktion $F : [a,b] \to \mathbb{R}$ **Stammfunktion** von f auf $[a,b]$, falls F differenzierbar auf $[a,b]$ ist und für alle $x \in [a,b]$ die Identität $F'(x) = f(x)$ gilt. ◄

Hat man für f eine **Stammfunktion** F gefunden, dann kann man aufgrund des Hauptsatzes der Differential- und Integralrechnung leicht integrieren. Da diese Aussage von zentraler Bedeutung für die **Technik des Integrierens** ist, wird sie präzise im folgenden **Satz über die Stammfunktionen** festgehalten, der bisweilen auch als **zweiter Hauptsatz der Differential- und Integralrechnung** bezeichnet wird.

> **Satz 10.3.5 Satz über die Stammfunktionen** Es sei $[a,b] \subseteq \mathbb{R}$, $a < b$, beliebig gegeben und $f : [a,b] \to \mathbb{R}$ eine stetige Funktion. Ferner seien $G : [a,b] \to \mathbb{R}$ und $H : [a,b] \to \mathbb{R}$ zwei Stammfunktionen von f. Dann gibt es eine Konstante $c \in \mathbb{R}$, so dass gilt
>
> $$G(x) = H(x) + c \, , \quad x \in [a,b] \, ,$$
>
> und
>
> $$\int_a^b f(x)dx = G(b) - G(a) = H(b) - H(a) = [G(x)]_a^b = [H(x)]_a^b \, .$$

Beweis Zum Beweis betrachte man die differenzierbare Differenzfunktion

$$D(x) := G(x) - H(x) \, , \quad x \in [a,b] \, .$$

Wegen

$$D'(x) = G'(x) - H'(x) = f(x) - f(x) = 0 \, , \quad x \in [a,b] \, ,$$

ist D' die Nullfunktion auf $[a,b]$. Mit dem **Mittelwertsatz der Differentialrechnung** folgt daraus aber sofort für alle $x \in (a,b]$ die Identität

$$\frac{D(x) - D(a)}{x - a} = 0 \, , \quad \text{also} \quad D(x) = D(a) \, .$$

Somit ist D konstant auf $[a,b]$ und $c = D(a)$. Aufgrund des **Hauptsatzes der Differential- und Integralrechnung** ist schließlich auch die Funktion $F : [a,b] \to \mathbb{R}$,

$$F(x) := \int_a^x f(t)dt \, , \quad x \in [a,b] \, ,$$

eine Stammfunktion von f. Deshalb gibt es z. B. eine Konstante $d \in \mathbb{R}$ mit $F(x) = G(x) + d$ für alle $x \in [a, b]$. Daraus ergibt sich mit dem Hauptsatz die Identität

$$\int_a^b f(x)dx = F(b) - F(a) = (G(b) + d) - (G(a) + d) = G(b) - G(a) = [G(x)]_a^b \ .$$

Der Nachweis für H geschieht entsprechend. $\qquad\qquad\qquad\qquad\qquad\qquad\qquad\square$

▶ **Bemerkung 10.3.6 Aufleiten** Implizit enthält der obige Satz die wichtige Aussage, dass Stammfunktionen nur **bis auf eine beliebige additive Konstante eindeutig bestimmt** sind. Beim Versuch, eine Stammfunktion zu erraten, um ein Integral zu berechnen, lässt man sich von dem Gedanken leiten, eine Funktion zu finden, deren Ableitung gerade gleich der zu integrierenden Funktion ist. Man spricht aus diesem Grunde manchmal auch etwas umgangssprachlich vom **Aufleiten** statt vom Integrieren.

Beispiel 10.3.7
Die Funktion $f : [-1, 1] \to \mathbb{R}, \ x \mapsto 3x^2 + 4$, ist stetig und damit integrierbar über $[-1, 1]$ mit

$$\int_{-1}^{1} (3x^2 + 4)dx = \left[x^3 + 4x\right]_{-1}^{1} = (1 + 4) - (-1 - 4) = 10 \ .$$

Beispiel 10.3.8
Die Funktion $f : [0, \pi] \to \mathbb{R}, \ x \mapsto \cos(x)$, ist stetig und damit integrierbar über $[0, \pi]$ mit

$$\int_{0}^{\pi} \cos(x)dx = [\sin(x)]_0^\pi = (\sin(\pi)) - (\sin(0)) = 0 \ .$$

Beispiel 10.3.9
Die Funktion $f : [0, 1] \to \mathbb{R}, \ x \mapsto \exp(4x)$, ist stetig und damit integrierbar über $[0, 1]$ mit

$$\int_{0}^{1} \exp(4x)dx = \left[\frac{1}{4}\exp(4x)\right]_0^1 = \left(\frac{1}{4}\exp(4)\right) - \left(\frac{1}{4}\exp(0)\right) = \frac{1}{4}(\exp(4) - 1) \ .$$

Bevor nun im folgenden Abschnitt eine Fülle von Integrationsregeln vorgestellt werden, wird hier zum Abschluss – wie beim entsprechenden Vorgehen bei differenzierbaren Funktionen – in tabellarischer Form ein Überblick über einige wichtige Funktionen mit jeweils **einer** ihrer Stammfunktionen und ihren zugehörigen Ableitungen gegeben. Dabei sind natürlich stets wieder nur Werte x aus der Schnittmenge des jeweiligen Definitionsbereichs der Funktion, ihrer Ableitungsfunktion **und** ihrer Stammfunktion als Argumente zugelassen.

Algebraische Funktionen:

$$F(x) = \frac{1}{n+1}x^{n+1} \qquad f(x) = x^n \qquad f'(x) = nx^{n-1}$$

$$F(x) = \ln(|x|) \qquad f(x) = \frac{1}{x} \qquad f'(x) = \frac{-1}{x^2}$$

$$F(x) = \frac{1}{(-n+1)x^{n-1}} \qquad f(x) = \frac{1}{x^n} \qquad f'(x) = \frac{-n}{x^{n+1}}$$

$$F(x) = \frac{2}{3}\sqrt{x^3} \qquad f(x) = \sqrt{x} \qquad f'(x) = \frac{1}{2\sqrt{x}}$$

$$F(x) = \frac{n}{n+1}\sqrt[n]{x^{n+1}} \qquad f(x) = \sqrt[n]{x} \qquad f'(x) = \frac{1}{n\sqrt[n]{x^{n-1}}}$$

Potenz- und Logarithmusfunktionen:

$$F(x) = e^x \qquad f(x) = e^x \qquad f'(x) = e^x$$

$$F(x) = x\,\ln(x) - x \qquad f(x) = \ln(x) \qquad f'(x) = \frac{1}{x}$$

$$F(x) = \frac{1}{\ln(a)}a^x \qquad f(x) = a^x \qquad f'(x) = \ln(a)\,a^x$$

$$F(x) = \frac{(x\,\ln(x) - x)}{\ln(a)} \qquad f(x) = \log_a(x) \qquad f'(x) = \frac{1}{\ln(a)}\frac{1}{x}$$

Trigonometrische Funktionen:

$$F(x) = -\cos(x) \qquad f(x) = \sin(x) \qquad f'(x) = \cos(x)$$

$$F(x) = \sin(x) \qquad f(x) = \cos(x) \qquad f'(x) = -\sin(x)$$

$$F(x) = -\ln(|\cos(x)|) \qquad f(x) = \tan(x) \qquad f'(x) = \frac{1}{\cos^2(x)}$$

$$F(x) = \ln(|\sin(x)|) \qquad f(x) = \cot(x) \qquad f'(x) = \frac{-1}{\sin^2(x)}$$

Hyperbolische Funktionen:

$$F(x) = \cosh(x) \qquad f(x) = \sinh(x) \qquad f'(x) = \cosh(x)$$

$$F(x) = \sinh(x) \qquad f(x) = \cosh(x) \qquad f'(x) = \sinh(x)$$

$$F(x) = \ln(\cosh(x)) \qquad f(x) = \tanh(x) \qquad f'(x) = \frac{1}{\cosh^2(x)}$$

$$F(x) = \ln(|\sinh(x)|) \qquad f(x) = \coth(x) \qquad f'(x) = \frac{-1}{\sinh^2(x)}$$

Arcusfunktionen:

$$F(x) = x \arcsin(x) + \sqrt{1 - x^2} \qquad f(x) = \arcsin(x) \qquad f'(x) = \frac{1}{\sqrt{1 - x^2}}$$

$$F(x) = x \arccos(x) - \sqrt{1 - x^2} \qquad f(x) = \arccos(x) \qquad f'(x) = \frac{-1}{\sqrt{1 - x^2}}$$

$$F(x) = x \arctan(x) - \frac{1}{2} \ln\left(1 + x^2\right) \qquad f(x) = \arctan(x) \qquad f'(x) = \frac{1}{1 + x^2}$$

$$F(x) = x \operatorname{arccot}(x) + \frac{1}{2} \ln\left(1 + x^2\right) \qquad f(x) = \operatorname{arccot}(x) \qquad f'(x) = \frac{-1}{1 + x^2}$$

Areafunktionen:

$$F(x) = x \operatorname{arsinh}(x) - \sqrt{x^2 + 1} \qquad f(x) = \operatorname{arsinh}(x) \qquad f'(x) = \frac{1}{\sqrt{x^2 + 1}}$$

$$F(x) = x \operatorname{arcosh}(x) - \sqrt{x^2 - 1} \qquad f(x) = \operatorname{arcosh}(x) \qquad f'(x) = \frac{1}{\sqrt{x^2 - 1}}$$

$$F(x) = x \operatorname{artanh}(x) + \frac{1}{2} \ln\left(1 - x^2\right) \qquad f(x) = \operatorname{artanh}(x) \qquad f'(x) = \frac{1}{1 - x^2}$$

$$F(x) = x \operatorname{arcoth}(x) + \frac{1}{2} \ln\left(x^2 - 1\right) \qquad f(x) = \operatorname{arcoth}(x) \qquad f'(x) = \frac{1}{1 - x^2}$$

10.4   Aufgaben mit Lösungen

Aufgabe 10.4.1 *Überprüfen Sie, ob die folgenden Funktionen über ihrem jeweiligen Definitionsbereich integrierbar sind, und bestimmen Sie gegebenenfalls ihre Integrale:*

(a) $f : [0, 1] \to \mathbb{R}, \; x \mapsto 4x^3 + 4x$,
(b) $f : [0, \pi] \to \mathbb{R}, \; x \mapsto \sin(x)$,
(c) $f : [1, 2] \to \mathbb{R}, \; x \mapsto \frac{1}{x}$,
(d) $f : [-1, 1] \to \mathbb{R}, \; x \mapsto \min\{x, 0\}$.

Lösung der Aufgabe
(a) f ist stetig und damit integrierbar über $[0, 1]$ mit

$$\int_0^1 (4x^3 + 4x)\, dx = \left[x^4 + 2x^2\right]_0^1 = (1 + 2) - (0 + 0) = 3 \,.$$

(b) f ist stetig und damit integrierbar über $[0, \pi]$ mit

$$\int_0^\pi \sin(x)dx = [-\cos(x)]_0^\pi = (-\cos(\pi)) - (-\cos(0)) = 2 \,.$$

(c) f ist stetig und damit integrierbar über $[1, 2]$ mit

$$\int_1^2 \frac{1}{x}dx = [\ln(x)]_1^2 = \ln(2) - \ln(1) = \ln(2) \,.$$

(d) f ist stetig und damit integrierbar über $[-1, 1]$ mit

$$\int_{-1}^1 f(x)dx = \int_{-1}^0 x\,dx + \int_0^1 0\,dx = \left[\frac{1}{2}x^2\right]_{-1}^0 + \left[1\right]_0^1 = -\frac{1}{2} \,.$$

Selbsttest 10.4.2 Gegeben sei die Funktion $f : [-2, 2] \to \mathbb{R}, x \mapsto 2\sin(3x)$. Welche der folgenden Funktionen F sind Stammfunktionen von f?

?−? Die Funktion $F : [-2, 2] \to \mathbb{R}, x \mapsto 2\cos(3x)$.
?+? Die Funktion $F : [-2, 2] \to \mathbb{R}, x \mapsto \frac{-2}{3}\cos(3x)$.
?+? Die Funktion $F : [-2, 2] \to \mathbb{R}, x \mapsto \frac{-2}{3}\cos(3x) - \pi$.
?−? Die Funktion $F : [-2, 2] \to \mathbb{R}, x \mapsto -6\cos(3x)$.

10.5 Rechenregeln für integrierbare Funktionen

Grundsätzlich besteht das Ziel bei der Suche nach Rechenregeln für neue Objekte, hier die **Rechenregeln für integrierbare Funktionen**, wieder darin, sich mit Hilfe dieser Regeln den Umgang mit aus mehreren Objekten des bekannten Typs zusammengesetzten Objekten zu vereinfachen. Man erhält auf diese Weise Einblicke in die strukturellen Zusammenhänge der Objekte und kann so für einen im Allgemeinen effizienteren Umgang mit ihnen sorgen. Auch in diesem Abschnitt seien die Funktionen stets auf einem nicht leeren abgeschlossenen Intervall $[a, b] \subseteq \mathbb{R}, a < b$, erklärt. Der erste Satz ist elementar und wird ohne Beweis angegeben.

▶ **Satz 10.5.1 Linearitätsregel für integrierbare Funktionen** Es sei $[a, b] \subseteq \mathbb{R}, a < b$, beliebig gegeben sowie $f : [a, b] \to \mathbb{R}$ und $g : [a, b] \to \mathbb{R}$ zwei integrierbare Funktionen über $[a, b]$. Ferner seien $\alpha, \beta \in \mathbb{R}$ beliebige reelle Zahlen. Dann ist die Funktion $(\alpha f + \beta g)$ über $[a, b]$ integrierbar, und es gilt:

$$\textbf{(LR)} \qquad \int_a^b (\alpha f(t) + \beta g(t))dt = \alpha \int_a^b f(t)dt + \beta \int_a^b g(t)dt \,.$$

Beispiel 10.5.2

Für die integrierbaren Funktionen $f \colon [-1, 2] \to \mathbb{R}$, $t \mapsto t^2$, und $g \colon [-1, 2] \to \mathbb{R}$, $t \mapsto \exp(t)$, erhält man mit der **Linearitätsregel** sofort

$$\int_{-1}^{2} (t^2 + \exp(t))dt = \int_{-1}^{2} t^2 dt + \int_{-1}^{2} \exp(t)dt = \left[\frac{1}{3}t^3\right]_{-1}^{2} + [\exp(t)]_{-1}^{2}$$

$$= \left(\frac{1}{3}2^3 - \frac{1}{3}(-1)^3\right) + (\exp(2) - \exp(-1))$$

$$= 3 + \exp(2) - \exp(-1) .$$

Der nächste Satz nutzt die Produktregel der Differentiation aus und wird in der Literatur als **Satz über die partielle Integration** bezeichnet.

> **Satz 10.5.3 Partielle Integrationsregel** Es sei $[a, b] \subseteq \mathbb{R}$, $a < b$, beliebig gegeben sowie $f \colon [a, b] \to \mathbb{R}$ und $g \colon [a, b] \to \mathbb{R}$ zwei differenzierbare Funktionen über $[a, b]$ mit stetigen Ableitungen auf $[a, b]$. Dann sind die Funktionen $f' \cdot g$ und $f \cdot g'$ über $[a, b]$ integrierbar, und es gilt:
>
> $$\textbf{(PI)} \qquad \int_{a}^{b} f'(t)g(t)dt = [f(t)g(t)]_{a}^{b} - \int_{a}^{b} f(t)g'(t)dt .$$

Beweis Zum Beweis setzt man die Funktion $P \colon [a, b] \to \mathbb{R}$ an als

$$P(t) := f(t) \cdot g(t) , \quad t \in [a, b] .$$

Nach der **Produktregel für die Differentiation** gilt

$$P'(t) = f'(t) \cdot g(t) + f(t) \cdot g'(t) , \quad t \in [a, b] .$$

Damit ist aber P eine Stammfunktion von $f'g + fg'$ und der **zweite Hauptsatz der Differential- und Integralrechnung** liefert zusammen mit der **Linearitätsregel für Integrale**:

$$\int_{a}^{b} f'(t)g(t)dt + \int_{a}^{b} f(t)g'(t)dt = \int_{a}^{b} \Big(f'(t)g(t) + f(t)g'(t)\Big)dt = [P(t)]_{a}^{b}$$

$$= [f(t)g(t)]_{a}^{b} .$$

Daraus folgt die Behauptung. $\square$

Beispiel 10.5.4

Für die integrierbare Funktion $h\colon [0,\pi] \to \mathbb{R}$, $t \mapsto \sin(t)t$, erhält man mittels **partieller Integration** sofort

$$\int_0^\pi \underbrace{\sin(t)}_{f'(t)}\,\underbrace{t}_{g(t)}\,dt = \left[\underbrace{-\cos(t)}_{f(t)}\,\underbrace{t}_{g(t)}\right]_0^\pi - \int_0^\pi \underbrace{(-\cos(t))}_{f(t)}\,\underbrace{1}_{g'(t)}\,dt$$

$$= \pi + \left[\sin(t)\right]_0^\pi = \pi\,.$$

▶ **Bemerkung 10.5.5 Anwendung partieller Integration** Die Anwendung der partiellen Integration zur Berechnung eines Integrals bietet sich an, wenn die zu integrierende Funktion aus dem **Produkt zweier Funktionen** besteht, von denen die **eine leicht differenzierbar** und die **andere leicht integrierbar** ist. Es sollte natürlich dann nach eventueller mehrmaliger Anwendung dieser Regel ein Integral entstehen, welches **einfacher** ist als das Ausgangsintegral. Um das zu Beginn einer Rechnung absehen zu können, bedarf es einiger Übung und Erfahrung!

Beispiel 10.5.6

Für die integrierbare Funktion $h\colon [1,2] \to \mathbb{R}$, $t \mapsto \ln(t)$, erhält man mittels **partieller Integration** und Einbau des Faktors 1

$$\int_1^2 \ln(t)\,dt = \int_1^2 \underbrace{1}_{f'(t)}\,\underbrace{\ln(t)}_{g(t)}\,dt = \left[\underbrace{t}_{f(t)}\,\underbrace{\ln(t)}_{g(t)}\right]_1^2 - \int_1^2 \underbrace{t}_{f(t)}\,\underbrace{\frac{1}{t}}_{g'(t)}\,dt$$

$$= 2\ln(2) - \left[t\right]_1^2 = 2\ln(2) - 1\,.$$

Beispiel 10.5.7

Für die integrierbare Funktion $\arctan\colon \mathbb{R} \to (-\tfrac{\pi}{2}, \tfrac{\pi}{2})$ erhält man mittels **partieller Integration** und Einbau des Faktors 1 eine Stammfunktion gemäß

$$\int_0^x \arctan(t)\,dt = \int_0^x \underbrace{1}_{f'(t)}\,\underbrace{\arctan(t)}_{g(t)}\,dt = \left[\underbrace{t}_{f(t)}\,\underbrace{\arctan(t)}_{g(t)}\right]_0^x - \int_0^x \underbrace{t}_{f(t)}\,\underbrace{\frac{1}{1+t^2}}_{g'(t)}\,dt$$

$$= x\arctan(x) - \left[\frac{1}{2}\ln(1+t^2)\right]_0^x = x\arctan(x) - \frac{1}{2}\ln(1+x^2)\,,$$

wobei $x \in (-\frac{\pi}{2}, \frac{\pi}{2})$ beliebig ist. Bei der Bestimmung der Stammfunktion bezüglich des letzten Integrals wurde erstmals ausgenutzt, dass eine Stammfunktion von $\frac{g'(t)}{g(t)}$, wobei g eine positive differenzierbare Funktion ist, leicht durch $\ln(g(t))$ gefunden werden kann (Probe durch Anwendung der **Kettenregel** auf $\ln(g(t))$). Wann immer also ein zu integrierender Quotient auftaucht, sollte man sich an diese Regel erinnern und zunächst überprüfen, ob nicht vielleicht die **Ableitung des Nenners genau im Zähler** steht oder aber dies mit wenig Aufwand und einigen algebraischen Umformungen erreicht werden kann.

Der nächste Satz nutzt ebenfalls die Kettenregel der Differentiation aus und wird in der Literatur als **Satz über die Integration mittels Substitution** bezeichnet.

▶ **Satz 10.5.8 Substitutionsregel** Es seien $[a,b], [c,d] \subseteq \mathbb{R}$, $a < b$ und $c < d$, beliebig gegeben sowie $f: [c,d] \to \mathbb{R}$ eine stetige Funktion und $g: [a,b] \to W$, $W \subseteq \mathbb{R}$, eine differenzierbare Funktion mit stetiger Ableitung. Ferner gelte $W \subseteq [c,d]$. Dann ist die Funktion $(f \circ g) \cdot g'$ über $[a,b]$ integrierbar und die Funktion f über $[\min\{g(a), g(b)\}, \max\{g(a), g(b)\}]$ integrierbar, und es gilt:

$$\textbf{(SR)} \qquad \int_a^b f(g(t))g'(t)dt = \int_{g(a)}^{g(b)} f(x)dx \ .$$

Beweis Es sei $F: [c,d] \to \mathbb{R}$ eine Stammfunktion der stetigen Funktion $f: [c,d] \to \mathbb{R}$, die nach dem **Hauptsatz der Differential- und Integralrechnung** existiert. Setzt man nun die Funktion $V: [a,b] \to \mathbb{R}$ an als

$$V(t) := F(g(t)) \ , \quad t \in [a,b] \ ,$$

so ergibt sich mit der **Kettenregel der Differentiation**

$$V'(t) = F'(g(t)) \cdot g'(t) = f(g(t)) \cdot g'(t) \ , \quad t \in [a,b] \ .$$

Damit ist aber V eine Stammfunktion von $(f \circ g) \cdot g'$ und der **zweite Hauptsatz der Differential- und Integralrechnung** liefert:

$$\int_a^b f(g(t))g'(t)dt = [V(t)]_a^b = [F(g(t))]_a^b = [F(x)]_{g(a)}^{g(b)} = \int_{g(a)}^{g(b)} f(x)dx.$$

Daraus folgt die Behauptung. $\qquad\qquad\qquad\qquad\qquad\qquad\qquad\qquad\qquad\qquad\quad \square$

Beispiel 10.5.9

Für die integrierbare Funktion $h\colon [0, \sqrt{\pi}] \to \mathbb{R},\ t \mapsto \sin(t^2)t$, erhält man mit der **Substitution** $g(t) := t^2$, also $g'(t) = 2t$, sofort

$$\int_0^{\sqrt{\pi}} \sin(t^2)t\,dt = \frac{1}{2}\int_0^{\sqrt{\pi}} \underbrace{\sin}_{f}\ \underbrace{(t^2)}_{g(t)}\ \underbrace{(2t)}_{g'(t)}\,dt = \frac{1}{2}\int_0^{\pi} \underbrace{\sin(x)}_{f(x)}\,dx = \frac{1}{2}\Big[-\cos(x)\Big]_0^{\pi} = 1\,.$$

▶ **Bemerkung 10.5.10 Anwendung der Substitution** Die Anwendung der Substitution zur Berechnung eines Integrals bietet sich an, wenn die zu integrierende Funktion aus dem **Produkt zweier Funktionen** besteht, von denen **die eine i.W. die Ableitung des Arguments der anderen ist**, also die **Kettenregel** direkt ins Auge fällt. Leider ist das nicht immer so einfach, so dass in den meisten Fällen das Ziel einer Substitution darin besteht, das zu berechnende Integral schrittweise zu vereinfachen. Man wählt also die Substitutionsfunktion g so, dass komplizierte Verkettungen der zu integrierenden Funktionen wegfallen. Das führt leider häufig durch den benötigten Term g', den man mittels $\frac{1}{g'}g'$ künstlich in das Integral hinein baut, zu zusätzlichen Faktoren im Integral, die wiederum mit etwas Glück durch partielle Integration bearbeitet werden können. Insgesamt sollte natürlich wieder nach eventuell mehrmaliger Anwendung von Substitution und partieller Integration ein Integral entstehen, welches **einfacher** ist als das Ausgangsintegral. Um das zu Beginn einer Rechnung absehen zu können und direkt die richtige Strategie einzuschlagen, bedarf es einiger Übung und Erfahrung! Für verschiedene Situationen, z. B. spezielle Integrale mit gebrochenrationalen, trigonometrischen oder hyperbolischen Funktionen, sind effiziente Substitutionen bekannt, auf deren Angabe jedoch in diesem einführenden Buch verzichtet werden soll.

Beispiel 10.5.11

Für die integrierbare Funktion $h\colon [1, 2] \to \mathbb{R},\ t \mapsto \ln(t)$, erhält man mit der **Substitution** $g(t) := \ln(t)$, also $g'(t) = t^{-1}$, und anschließender **partieller Integration**

$$\int_1^2 \ln(t)\,dt = \int_1^2 \ln(t)\,t\,t^{-1}dt = \int_1^2 \ln(t)\exp(\ln(t))t^{-1}dt = \int_0^{\ln(2)} x\,\exp(x)\,dx$$

$$= \Big[x\,\exp(x)\Big]_0^{\ln(2)} - \int_0^{\ln(2)} 1\exp(x)\,dx = 2\ln(2) - \Big[\exp(x)\Big]_0^{\ln(2)}$$

$$= 2\ln(2) - 1\,.$$

Beispiel 10.5.12
Für die integrierbare Funktion $h\colon [1,4] \to \mathbb{R}, t \mapsto \exp(\sqrt{t})$, erhält man mit der **Substitution** $g(t) := \sqrt{t}$, also $g'(t) = \frac{1}{2\sqrt{t}}$, und anschließender **partieller Integration**

$$\int_1^4 \exp(\sqrt{t})dt = \int_1^4 \exp(\sqrt{t})2\sqrt{t}\frac{1}{2\sqrt{t}}dt = \int_1^2 \exp(x)2x\, dx$$

$$= \Big[\exp(x)2x \Big]_1^2 - \int_1^2 \exp(x)2\, dx = 4e^2 - 2e - 2\Big[\exp(x) \Big]_1^2$$

$$= 2e^2 .$$

10.6　Aufgaben mit Lösungen

Aufgabe 10.6.1　*Integrieren Sie die folgenden Funktionen über die gegebenen Intervalle:*

(a) $f\colon [0,\pi] \to \mathbb{R},\ t \mapsto t\,\sin(t)$,
(b) $f\colon [0,2] \to \mathbb{R},\ t \mapsto t\,\exp(-t^2)$,
(c) $f\colon [0,\pi] \to \mathbb{R},\ t \mapsto t\,\cos(t)$,
(d) $f\colon [0,2] \to \mathbb{R},\ t \mapsto t\,\exp(t^2)$.

Lösung der Aufgabe
(a) Mit partieller Integration ergibt sich

$$\int_0^\pi t\,\sin(t)dt = [t\,(-\cos(t))]_0^\pi - \int_0^\pi 1\,(-\cos(t))dt = \pi + [\sin(t)]_0^\pi = \pi .$$

(b) Mit der Substitution $g(t) := t^2$, also $g'(t) = 2t$, ergibt sich

$$\int_0^2 t\,\exp(-t^2)dt = \frac{1}{2}\int_0^2 \exp(-t^2)2t\, dt = \frac{1}{2}\int_0^4 \exp(-x)dx$$

$$= -\frac{1}{2}[\exp(-x)]_0^4 = -\frac{1}{2}(e^{-4} - 1) .$$

(c) Mit partieller Integration ergibt sich

$$\int_0^\pi t\,\cos(t)dt = [t\,\sin(t)]_0^\pi - \int_0^\pi 1\,\sin(t)dt = [\cos(t)]_0^\pi = -2 .$$

(d) Mit der Substitution $g(t) := t^2$, also $g'(t) = 2t$, ergibt sich

$$\int_0^2 t\,\exp(t^2)dt = \frac{1}{2}\int_0^2 \exp(t^2)2t\,dt = \frac{1}{2}\int_0^4 \exp(x)dx = \frac{1}{2}\left[\exp(x)\right]_0^4 = \frac{1}{2}(e^4 - 1)\,.$$

Aufgabe 10.6.2 *Berechnen Sie eine Stammfunktion für* $\arcsin\colon [-1, 1] \to [-\frac{\pi}{2}, \frac{\pi}{2}]$.

Lösung der Aufgabe Man erhält mittels partieller Integration und Einbau des Faktors 1 eine Stammfunktion gemäß

$$\int_0^x \arcsin(t)dt = \int_0^x \underbrace{1}_{f'(t)}\underbrace{\arcsin(t)}_{g(t)}\,dt = \left[\underbrace{t}_{f(t)}\underbrace{\arcsin(t)}_{g(t)}\right]_0^x - \int_0^x \underbrace{t}_{f(t)}\underbrace{\frac{1}{\sqrt{1-t^2}}}_{g'(t)}\,dt$$

$$= x\,\arcsin(x) + \left[\sqrt{1-t^2}\right]_0^x = x\,\arcsin(x) + \sqrt{1-x^2} - 1\,,$$

wobei $x \in [-1, 1]$ beliebig ist.

Selbsttest 10.6.3 Es seien $f\colon \mathbb{R} \to [1, \infty)$ und $g\colon \mathbb{R} \to \mathbb{R}$ zwei differenzierbare Funktionen auf $\mathbb{R}$ mit stetigen Ableitungen. Welche der folgenden Aussagen sind wahr?

?+? Die Funktion $F := f \circ g$ ist eine Stammfunktion von $(f' \circ g) \cdot g'$.
?+? Die Funktion $F := \ln \circ f$ ist eine Stammfunktion von $\frac{f'}{f}$.
?+? Die Funktion $F := f^2$ ist eine Stammfunktion von $2f \cdot f'$.
?−? Die Funktion $F := f^2$ ist eine Stammfunktion von $\frac{1}{2}f \cdot f'$.

10.7 Längen-, Flächen- und Volumenberechnung

Das Vorgehen zur Berechnung der **Länge des Graphen** einer **differenzierbaren Funktion** $f\colon [a, b] \to \mathbb{R}$ mit **stetiger Ableitung** macht man sich am einfachsten wie folgt klar: Es sei

$$x_k^{(n)} := a + (b - a)\frac{k}{n}\,, \quad 0 \le k \le n\,,$$

mit $n \in \mathbb{N}^*$ eine **Folge von n-Zerlegungen** des Intervalls $[a, b]$.

Wie in Abb. 10.6 skizziert, kann der **Abstand** des Punktes $(x_k^{(n)}, f(x_k^{(n)}))^T$ vom Punkt $(x_{k+1}^{(n)}, f(x_{k+1}^{(n)}))^T$ mit dem **Satz des Pythagoras** für jedes $k \in \{0, 1, \ldots, n-1\}$ berechnet werden als

$$A_k^{(n)}(f, [a, b]) := \sqrt{(x_{k+1}^{(n)} - x_k^{(n)})^2 + (f(x_{k+1}^{(n)}) - f(x_k^{(n)}))^2}\,.$$

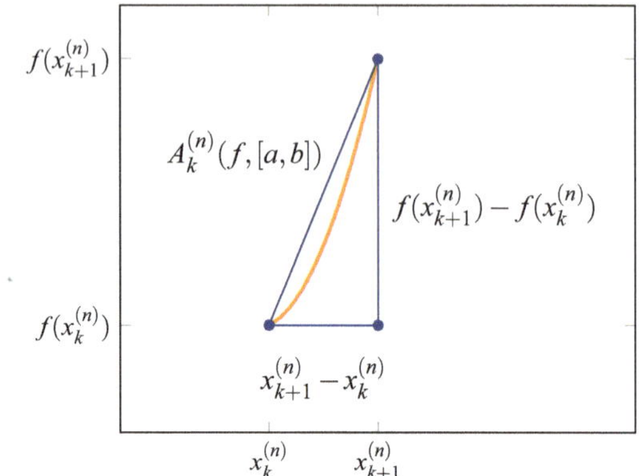

Abb. 10.6 Satz des Pythagoras für Bogenlängenberechnung

Summiert man nun diese Abstände auf, so erhält man für immer größer werdendes n eine immer besser werdende Näherung für die Länge des Graphen von f über dem Definitionsintervall $[a, b]$, genauer:

$$L^{(n)}(f, [a,b]) := \sum_{k=0}^{n-1} A_k^{(n)}(f, [a,b]) = \sum_{k=0}^{n-1} \sqrt{(x_{k+1}^{(n)} - x_k^{(n)})^2 + (f(x_{k+1}^{(n)}) - f(x_k^{(n)}))^2}$$

$$= \sum_{k=0}^{n-1} \sqrt{1 + \left(\frac{f(x_{k+1}^{(n)}) - f(x_k^{(n)})}{x_{k+1}^{(n)} - x_k^{(n)}} \right)^2} \, (x_{k+1}^{(n)} - x_k^{(n)}) \, .$$

Lässt man nun ganz formal n gegen unendlich laufen, dann erkennt man, dass der zweite Summand unter der obigen Wurzel Quadrate immer näher an die Ableitung von f kommender **Differenzenquotienten** liefert und die gesamte Summe einen ähnlichen Aufbau hat wie eine **Unter- oder Obersumme** zur Bestimmung eines Integrals. Führt man diesen Grenzwertprozess für $n \to \infty$ wirklich korrekt und in allen Details aus, so erhält man in der Tat als Maß für die Länge des Graphen von f über $[a, b]$ das Integral

$$L(f, [a,b]) := \int_a^b \sqrt{1 + (f'(t))^2}\, dt \, .$$

Das obige Vorgehen wird im Folgenden an einem einfachen Beispiel erläutert. Man betrachte die Funktion

$$f : [-1, 1] \to \mathbb{R} \, , \qquad x \mapsto \sqrt{1 - x^2} \, .$$

Wie man sich leicht überlegt, beschreibt der Graph dieser Funktion über $[-1, 1]$ genau einen **Halbkreis** mit Radius 1 um den Ursprung (vgl. Abb. 10.7).

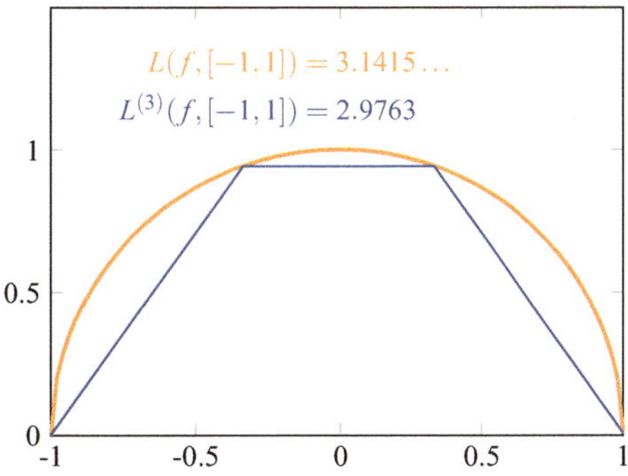

Abb. 10.7 Halbkreis mit Radius 1 mit Näherung für Länge des Graphen

Zur Berechnung der **Länge des Halbkreisbogens** wendet man nun die oben motivierte Formel an und erhält wegen

$$f'(x) = \frac{-2x}{2\sqrt{1-x^2}} = \frac{-x}{\sqrt{1-x^2}}$$

die Länge

$$L(f, [-1, 1]) = \int_{-1}^{1} \sqrt{1 + \left(\frac{-t}{\sqrt{1-t^2}}\right)^2}\, dt = \int_{-1}^{1} \sqrt{\frac{1}{1-t^2}}\, dt = \Big[\arcsin(t)\Big]_{-1}^{1}$$

$$= \frac{\pi}{2} - \left(-\frac{\pi}{2}\right) = \pi\,.$$

Für den **Vollkreis** mit Radius 1 ergibt sich damit, wie erwartet, der **Umfang** 2π. Man beachte ferner, dass in diesem Beispiel die Ableitung in den Punkten ± 1 nicht definiert ist und damit insbesondere nicht stetig auf $[-1, 1]$ ist und sich dennoch ein plausibles Ergebnis ergibt. Die Forderung der Stetigkeit der Ableitung ist also i. Allg. eine zu starke Bedingung, aber auf jeden Fall hinreichend.

Beispiel 10.7.1

Man betrachte die in Abb. 10.8 skizzierte Funktion

$$f : [1, 2] \to \mathbb{R}\,, \qquad x \mapsto \operatorname{arcosh}(x)\,.$$

Zur Berechnung der **Länge des Graphen** wendet man nun wieder die oben motivierte Formel an und erhält wegen

$$f'(x) = \frac{1}{\sqrt{x^2 - 1}}$$

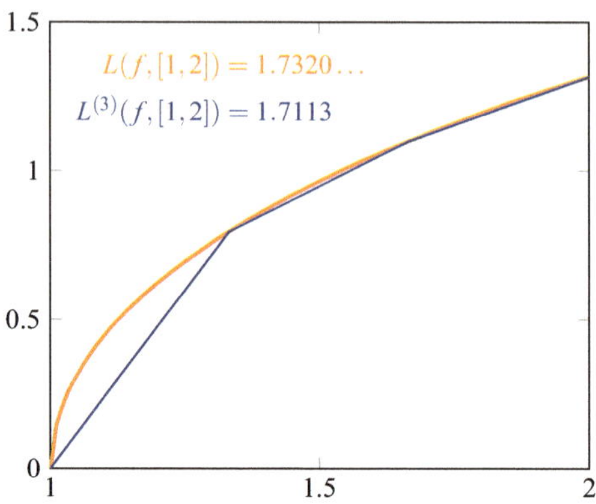

Abb. 10.8 arcosh mit Näherung für Länge des Graphen

die Länge

$$L(f,[1,2]) = \int\limits_{1}^{2} \sqrt{1 + \left(\frac{1}{\sqrt{t^2-1}}\right)^2}\, dt = \int\limits_{1}^{2} \sqrt{\frac{t^2}{t^2-1}}\, dt = \int\limits_{1}^{2} \frac{t}{\sqrt{t^2-1}}\, dt$$

$$= \left[\sqrt{t^2-1}\right]_{1}^{2} = \sqrt{3}\,.$$

Im nächsten Teil geht es um die **Berechnung von Flächen**. Man überlegt sich leicht, dass die **Einschlussfläche** zwischen zwei gegebenen **nicht negativen integrierbaren Funktionen** $f, g\colon [a,b] \to [0,\infty)$ einfach bestimmt werden kann als

$$A(f,g,[a,b]) := \int\limits_{a}^{b} |f(t) - g(t)|\, dt\,.$$

Wir machen uns die konkrete Anwendung nur kurz anhand zweier Beispiele klar, da die allgemeine Theorie der dazu nötigen Integration bereits bekannt ist. Man betrachte dazu die beiden Funktionen

$$f\colon [0,5] \to [0,\infty)\,, \qquad x \mapsto x^3 - 6x^2 + 9x + 1\,,$$
$$g\colon [0,5] \to [0,\infty)\,, \qquad x \mapsto -x^2 + 5x + 1\,.$$

Beide Funktionen sind auf ihrem gemeinsamen Definitionsintervall nicht negativ und schließen die in Abb. 10.9 skizzierte Fläche ein.

Abb. 10.9 Zwei Funktionen
mit Einschlussfläche

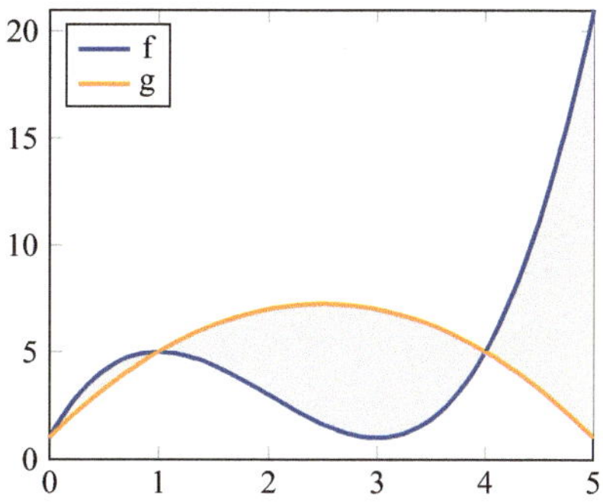

Zur **Berechnung dieser Einschlussfläche** geht man nun wie folgt vor. Zunächst bestimmt man die **Schnittpunkte** der beiden Funktionen durch Gleichsetzen:

$$f(x) = g(x)$$
$$x^3 - 6x^2 + 9x + 1 = -x^2 + 5x + 1$$
$$x^3 - 5x^2 + 4x = 0$$

Aus der letzten Gleichung ergeben sich die Schnittpunkte $x_1 = 0$, $x_2 = 1$ und $x_3 = 4$. Damit ist sichergestellt, dass die Differenzfunktion auf den Intervallen $[0, 1]$, $[1, 4]$ und $[4, 5]$ **keine Vorzeichenwechsel** hat. Also kann man den eingeschlossenen Flächeninhalt berechnen als

$$A(f, g, [0, 5]) = \int_0^5 |f(t) - g(t)|\, dt$$

$$= \left| \int_0^1 (f(t) - g(t))\, dt \right| + \left| \int_1^4 (f(t) - g(t))\, dt \right| + \left| \int_4^5 (f(t) - g(t))\, dt \right|$$

$$= \left| \left[\frac{1}{4}t^4 - \frac{5}{3}t^3 + 2t^2 \right]_0^1 \right| + \left| \left[\frac{1}{4}t^4 - \frac{5}{3}t^3 + 2t^2 \right]_1^4 \right| + \left| \left[\frac{1}{4}t^4 - \frac{5}{3}t^3 + 2t^2 \right]_4^5 \right|$$

$$= \left| \frac{7}{12} \right| + \left| -\frac{45}{4} \right| + \left| \frac{103}{12} \right| = \frac{245}{12} \; .$$

Beispiel 10.7.2

Man betrachte die beiden Funktionen

$$f \colon [0, 4] \to [0, \infty)\,, \qquad x \mapsto x^2 - 4x + 7\,,$$
$$g \colon [0, 4] \to [0, \infty)\,, \qquad x \mapsto -x^2 + 4x + 1\,.$$

Abb. 10.10 Zwei Funktionen mit Einschlussfläche

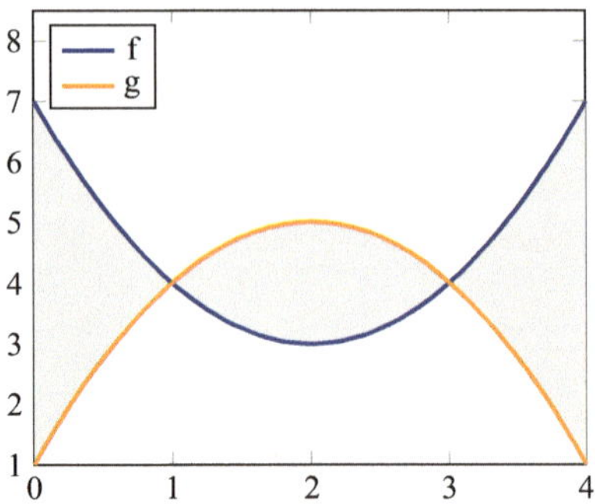

Beide Funktionen sind auf ihrem gemeinsamen Definitionsintervall nicht negativ und schließen die in Abb. 10.10 skizzierte Fläche ein.

Zur **Berechnung dieser Einschlussfläche** geht man nun wie folgt vor. Zunächst berechnet man die **Schnittpunkte** der beiden Funktionen durch Gleichsetzen:

$$f(x) = g(x)$$
$$x^2 - 4x + 7 = -x^2 + 4x + 1$$
$$x^2 - 4x + 3 = 0$$
$$(x - 1)(x - 3) = 0$$

Aus der letzten Gleichung ergeben sich die Schnittpunkte $x_1 = 1$ und $x_2 = 3$. Damit ist sichergestellt, dass die Differenzfunktion auf den Intervallen $[0, 1]$, $[1, 3]$ und $[3, 4]$ **keine Vorzeichenwechsel** hat. Also kann man den eingeschlossenen Flächeninhalt berechnen als

$$A(f, g, [0, 4]) = \int_0^4 |f(t) - g(t)|\, dt$$

$$= \left| \int_0^1 (f(t) - g(t))\, dt \right| + \left| \int_1^3 (f(t) - g(t))\, dt \right| + \left| \int_3^4 (f(t) - g(t))\, dt \right|$$

$$= \left| \left[\frac{2}{3}t^3 - 4t^2 + 6t \right]_0^1 \right| + \left| \left[\frac{2}{3}t^3 - 4t^2 + 6t \right]_1^3 \right| + \left| \left[\frac{2}{3}t^3 - 4t^2 + 6t \right]_3^4 \right|$$

$$= \left| \frac{8}{3} \right| + \left| -\frac{8}{3} \right| + \left| \frac{8}{3} \right| = 8 \, .$$

Im nächsten und letzten Teil geht es um die **Berechnung von Volumina**. Hier soll das spezielle Vorgehen zur Berechnung des **Volumens eines Rotationskörpers** zunächst für eine gegebene **nicht negative integrierbare Funktion** $f: [a, b] \to [0, \infty)$ erläutert werden. Rotiert man die vom Punkt $(a, 0)^T$ nach $(a, f(a))^T$ gehende Strecke um die x-Achse, so wird im Raum eine **Kreisfläche** überstrichen mit Flächeninhalt $\pi(f(a))^2$. Allgemein kann man nun wie folgt vorgehen: Es sei

$$x_k^{(n)} := a + (b - a)\frac{k}{n}, \quad 0 \le k \le n,$$

mit $n \in \mathbb{N}^*$ eine **Folge von n-Zerlegungen** des Intervalls $[a, b]$. Die Strecken zwischen den Punkten $(x_k^{(n)}, 0)^T$ und $(x_k^{(n)}, f(x_k^{(n)}))^T$ überstreichen bei Rotation um die x-Achse eine Fläche mit Flächeninhalt $\pi(f(x_k^{(n)}))^2$. Bewegt man diese Flächen jeweils parallel zur x-Achse um $\frac{b-a}{n}$ nach rechts, so wird ein **Zylinder** mit Rauminhalt $\pi(f(x_k^{(n)}))^2 \frac{b-a}{n}$ erzeugt. Summiert man nun all diese Zylindervolumina auf, so erhält man für immer größer werdendes n eine immer besser werdende Näherung für das **Volumen** des durch f über dem Definitionsintervall $[a, b]$ beschriebenen **Rotationskörpers** in $\mathbb{R}^3$, genauer

$$V^{(n)}(f, [a, b]) := \sum_{k=0}^{n-1} \pi(f(x_k^{(n)}))^2 \frac{b - a}{n} = \pi \sum_{k=0}^{n-1} (f(x_k^{(n)}))^2 (x_{k+1}^{(n)} - x_k^{(n)}).$$

Lässt man nun ganz formal n gegen unendlich laufen, dann kann man zeigen, dass die Folge der obigen Summen gegen das Integral

$$V(f, [a, b]) := \pi \int_a^b (f(t))^2 dt$$

konvergiert. Die allgemeine Formel ergibt sich nun für **zwei nicht negative integrierbare Funktionen** $f, g: [a, b] \to [0, \infty)$ einfach, indem man vom Volumen des **äußeren Rotationskörpers** das Volumen des **inneren Rotationskörpers** abzieht, also

$$V(f, g, [a, b]) := \pi \int_a^b (\max\{f(t), g(t)\})^2 dt - \pi \int_a^b (\min\{f(t), g(t)\})^2 dt \,.$$

Als erstes einfaches Beispiel sei zunächst nur die Funktion

$$f: [-1, 1] \to [0, \infty), \qquad x \mapsto \sqrt{1 - x^2},$$

gegeben (vgl. Abb. 10.7).

Rotiert man diese Funktion um die x-Achse, so entsteht offenbar eine **Kugel** (vgl. Abb. 10.11), deren **Volumen** nun nach der obigen Formel berechnet werden kann gemäß

$$V(f, [-1, 1]) = \pi \int_{-1}^1 (\sqrt{1 - t^2})^2 dt = \pi \int_{-1}^1 (1 - t^2) dt = \pi \left[t - \frac{1}{3} t^3 \right]_{-1}^1 = \pi \frac{4}{3} \,.$$

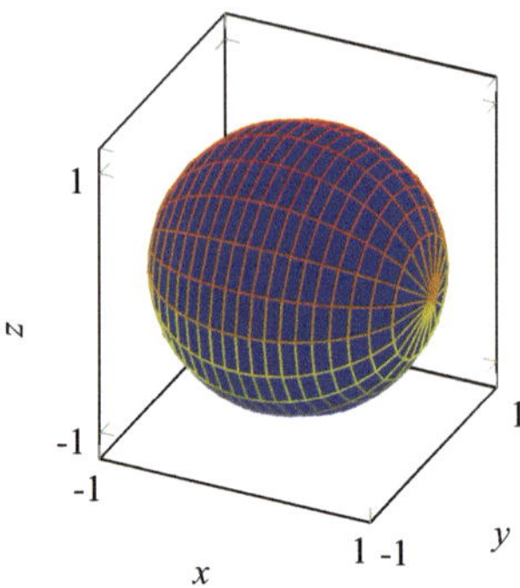

Abb. 10.11　Kugel als Rotationskörper

Wäre der Radius nicht 1, sondern $r > 0$ gewesen, so hätte man einfach mit der Funktion

$$f : [-r, r] \to [0, \infty) , \qquad x \mapsto \sqrt{r^2 - x^2} ,$$

arbeiten müssen und entsprechend die aus der Schule bekannte Formel für den **Rauminhalt einer Kugel** erhalten, nämlich $\frac{4}{3} \pi r^3$.

Beispiel 10.7.3

Man betrachte die in Abb. 10.12 skizzierten Funktionen

$$f : \left[-\frac{3}{5}, \frac{3}{5} \right] \to [0, \infty) , \qquad x \mapsto \sqrt{1 - x^2} ,$$

$$g : \left[-\frac{3}{5}, \frac{3}{5} \right] \to [0, \infty) , \qquad x \mapsto \sqrt{\frac{1}{2} - x^2} .$$

Rotiert man zunächst $\max\{f, g\} = f$ um die x-Achse, so entsteht offenbar eine **Kugelschicht** mit Radius 1 (vgl. Abb. 10.13).

Abb. 10.12　Zwei begrenzende Funktionen

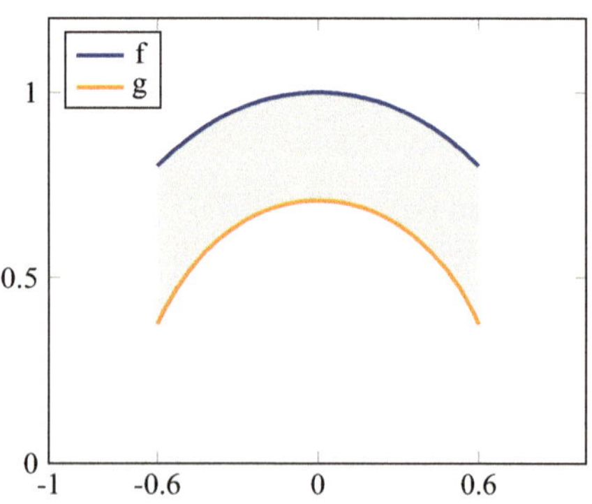

Abb. 10.13 Kugelschale als Rotationskörper

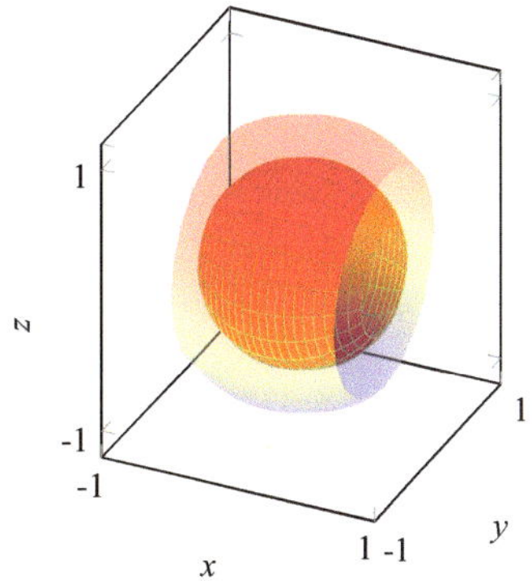

Rotiert man dann $\min\{f, g\} = g$ um die x-Achse, so entsteht eine **Kugelschicht** mit Radius $\frac{1}{\sqrt{2}}$. Das **Volumen**, welches nur vom ersten Rotationskörper und nicht auch vom zweiten überstrichen wird, ergibt sich damit als **Differenz der beiden Volumina**, also

$$
V\left(f, g, \left[-\frac{3}{5}, \frac{3}{5}\right]\right) = \pi \int_{-\frac{3}{5}}^{\frac{3}{5}} (\max\{f(t), g(t)\})^2 dt - \pi \int_{-\frac{3}{5}}^{\frac{3}{5}} (\min\{f(t), g(t)\})^2 dt
$$

$$
= \pi \int_{-\frac{3}{5}}^{\frac{3}{5}} \left((f(t))^2 - (g(t))^2\right) dt
$$

$$
= \pi \int_{-\frac{3}{5}}^{\frac{3}{5}} \left(\left(\sqrt{1 - t^2}\right)^2 - \left(\sqrt{\frac{1}{2} - t^2}\right)^2\right) dt
$$

$$
= \pi \int_{-\frac{3}{5}}^{\frac{3}{5}} \frac{1}{2} dt = \frac{3}{5}\pi .
$$

10.8   Aufgaben mit Lösungen

Aufgabe 10.8.1   *Berechnen Sie die Länge des Graphen der Funktion*

$$f : [0, 4] \to \mathbb{R} , \qquad x \mapsto \frac{3}{4}x .$$

Lösung der Aufgabe   Zur Berechnung der Länge des Graphen wendet man die bekannte Formel an und erhält wegen $f'(x) = \frac{3}{4}$ die Länge

$$L(f, [0, 4]) = \int_0^4 \sqrt{1 + \left(\frac{3}{4}\right)^2} \, dt = \int_0^4 \sqrt{\frac{25}{16}} \, dt = \int_0^4 \frac{5}{4} \, dt = 5 .$$

Aufgabe 10.8.2   *Berechnen Sie den Flächeninhalt der eingeschlossenen Fläche der Funktionen*

$$f : [-1, 1] \to [0, \infty) , \qquad x \mapsto x^2 + 1 ,$$
$$g : [-1, 1] \to [0, \infty) , \qquad x \mapsto -x^2 + 3 .$$

Lösung der Aufgabe   Beide Funktionen sind auf ihrem gemeinsamen Definitionsintervall nicht negativ. Ihre Schnittpunkte erhält man durch Gleichsetzen der Funktionen f und g:

$$x^2 + 1 = -x^2 + 3 \quad \Longleftrightarrow \quad 2x^2 - 2 = 0 \quad \Longleftrightarrow \quad x^2 - 1 = 0 .$$

Aus der letzten Gleichung ergeben sich die Schnittpunkte $x_1 = -1$ und $x_2 = 1$, also zufällig genau die Randpunkte des Definitionsintervalls der Funktionen. Damit ist sichergestellt, dass die Differenzfunktion auf dem gesamten Intervall $[-1, 1]$ keine Vorzeichenwechsel hat. Also kann man den eingeschlossenen Flächeninhalt berechnen als

$$A(f, g, [-1, 1]) = \int_{-1}^1 |f(t) - g(t)| dt = \left| \int_{-1}^1 (2t^2 - 2) dt \right|$$
$$= \left| \left[\frac{2}{3}t^3 - 2t \right]_{-1}^1 \right| = \left| \left(\frac{2}{3} - 2 \right) - \left(-\frac{2}{3} + 2 \right) \right| = \frac{8}{3} .$$

Aufgabe 10.8.3   *Berechnen Sie das Volumen des durch die Funktion*

$$f : [0, 4] \to [0, \infty) , \qquad x \mapsto \frac{3}{4}x ,$$

gegebenen Rotationskörpers, der hier genau ein Kreiskegel ist.

Lösung der Aufgabe   Zur Berechnung des Volumens des Rotationskörpers wendet man die bekannte Formel an und erhält

$$V(f, [0, 4]) = \pi \int_0^4 \left(\frac{3}{4} t \right)^2 dt = \pi \int_0^4 \frac{9}{16} t^2 dt = \pi \left[\frac{3}{16} t^3 \right]_0^4 = 12\pi \ .$$

Selbsttest 10.8.4   Welche der folgenden Aussagen sind wahr?

?+? Ein Würfel ist kein Rotationskörper.

?−? Ein Zylinder ist kein Rotationskörper.

?+? Die Länge eines Graphen kann u. U. mittels Differentiation und Integration bestimmt werden.

?+? Die Einschlussfläche zweier Funktionen ist das Integral über den Betrag ihrer Differenzfunktion.

?−? Die Einschlussfläche zweier Funktionen ist der Betrag des Integrals ihrer Differenzfunktion.

Literatur

1. Forster, O.: Analysis 1, 12. Aufl. Springer Spektrum, Wiesbaden (2016)
2. Forster, O., Wessoly, R.: Übungsbuch zur Analysis 1, 7. Aufl. Springer Spektrum, Wiesbaden (2017)
3. Kreußler, B., Pfister, G.: Mathematik für Informatiker. Springer, Berlin, Heidelberg (2009)
4. Teschl, G., Teschl, S.: Mathematik für Informatiker, Band 2. Springer, Berlin, Heidelberg (2014)
5. Walter, W.: Analysis 1, 7. Aufl. Springer, Berlin, Heidelberg, New York (2009)
6. Walter, W.: Analysis 2. Springer, Berlin, Heidelberg, New York (2013)

Sach-Index

A

Abbildung, 44
abelsche Gruppe, 11
Ableitung, 148, 149, 201
Ableitung der Umkehrfunktion, 154
Ableitung höherer Ordnung, 161
absolute Konvergenz, 119
Absolute-Konvergenz-Kriterium, 119
Abtastproblem, 68, 80, 172
Additionstheoreme, 131
Äquivalenzklassen, 36
Äquivalenzrelation, 36
algebraisches Polynom, 58
Archimedes-Konstante, 115
Arcuscosinusfunktion, 130
Arcuscotangensfunktion, 132
Arcussinusfunktion, 129
Arcustangensfunktion, 132
Areacosinusfunktion, 134
Areacotangensfunktion, 136
Areasinusfunktion, 133
Areatangensfunktion, 135
Argument, 44
Assoziativgesetz, 10
axiomatische Mengenlehre, 7

B

babylonische Methode, 98
Bernoulli-Ungleichung, 19, 103
Bernstein-Grundfunktionen
   – ganzrational, 65
   – gebrochenrational, 78
Bernstein-Grundpolynome, 65, 71
beschränkte Menge, 13
Betragsfunktion, 46

Bézier-Funktion, 81
Bézier-Kurve, 86, 88
Bézier-Polynom, 68
Bildbereich, 44
Binomialkoeffizient, 20
binomische Formel, 22
binomischer Lehrsatz, 22, 67, 103, 149
B-Spline, 167, 169, 181
   – approximierend, 172
   – interpolierend, 174
B-Spline-Kurve, 179, 182

C

Cantorsche Mengenlehre, 7
Cauchy-Folge, 105
Cauchy-Kriterium für Folgen, 105
Cauchy-Kriterium für Reihen, 123
ceil-Funktion, 47, 96, 138
Cosinusfunktion, 130
Cosinushyperbolicusfunktion, 134
Cotangensfunktion, 132
Cotangenshyperbolicusfunktion, 135
Curve-Fitting-Problem, 83, 86

D

de Casteljau-Algorithmus, 73
de Casteljau-Schema, 74
Definitionsbereich, 44
DIN-Normen, 5
Dirichletsche Sprungfunktion, 194
disjunkte Mengen, 8
Distributivgesetz, 10
Divergenz von Folgen, 95
Divergenz von Reihen, 112

Namen-Index

Mathe-Index